9

13
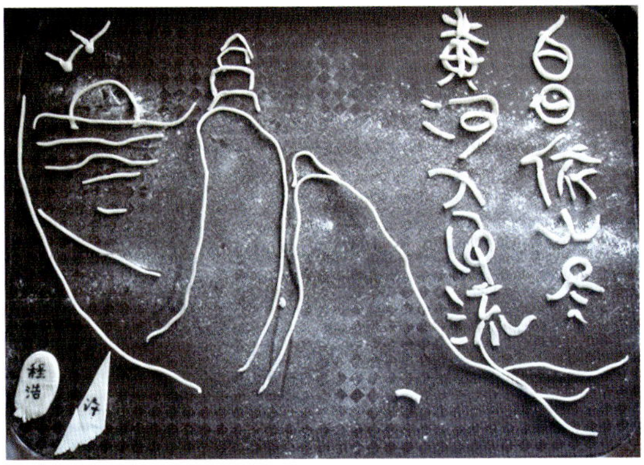
白日依山尽
黄河入海流

普通高等教育“十四五”规划教材

小麦面食品加工理论与实践

李保云　梁荣奇　主　编
张义荣　孙　辉　副主编

中国农业大学出版社
·北京·

内 容 简 介

小麦面食品是世界各地的主要食品之一，也是我国消费者的传统食品类型，与人们的生活密切相关。本教材参照我国农业人才培养目标，详细介绍了小麦面食品加工理论与技术，简明实用，可操作性较强，适用于不同专业背景的学生从事小麦面食品加工理论研究和实践。本教材主要包括 4 部分内容：①小麦和小麦粉的基本知识（包括小麦的起源、进化和传播；我国的小麦生产与消费；小麦粉的来源、加工和贮存；小麦及小麦粉中的营养物质等基本知识及原理）；②发酵食品（包括面包、馒头、包子、比萨等）的制作方法；③非发酵食品（包括面条、饺子、糯麦汤圆、蛋糕、曲奇饼干等）的制作方法；④中华传统面食文化和艺术。

本教材内容丰富，难易适当，编排合理，适用面广，既可作为农学相关专业本科生的教材，又可作为小麦面食品爱好者的技术手册。

图书在版编目(CIP)数据

小麦面食品加工理论与实践 / 李保云,梁荣奇主编. --北京:中国农业大学出版社,2023.1
ISBN 978-7-5655-2901-6

Ⅰ.①小… Ⅱ.①李…②梁… Ⅲ.①小麦-食品加工 Ⅳ.①TS211.4

中国国家版本馆 CIP 数据核字(2023)第 005172 号

书 名 小麦面食品加工理论与实践
作 者 李保云 梁荣奇 主 编

策划编辑 张秀环　　**责任编辑** 张秀环
封面设计 李尘工作室
出版发行 中国农业大学出版社
社 址 北京市海淀区圆明园西路 2 号　　**邮政编码** 100193
电 话 发行部 010-62733489,1190　　读者服务部 010-62732336
编辑部 010-62732617,2618　　出 版 部 010-62733440
网 址 http://www.caupress.cn　　**E-mail** cbsszs@cau.edu.cn
经 销 新华书店
印 刷 北京鑫丰华彩印有限公司
版 次 2023 年 1 月第 1 版　2023 年 1 月第 1 次印刷　彩插 2
规 格 185 mm×260 mm　16 开本　11.75 印张　290 千字
定 价 38.00 元

编审委员会

主　编　李保云（中国农业大学）

　　　　梁荣奇（中国农业大学）

副主编　张义荣（中国农业大学）

　　　　孙　辉（国家粮食和物资储备局科学研究院）

参　编　（按姓氏拼音排序）

　　　　洪　宇（国家粮食和物资储备局科学研究院）

　　　　位凤鲁（中国粮油学会发酵面食分会）

　　　　吴海彬（国家粮食和物资储备局科学研究院）

　　　　张玉峰（中国农业大学）

　　　　赵　悦（中国农业大学）

　　　　郑文寅（安徽农业大学）

主　审　田纪春（山东农业大学）

　　　　晏月明（首都师范大学）

　　　　宋健民（山东省农业科学院）

前言

自古以来，不乏人们对面食的赞美，面食文化与艺术也是中华民族生活艺术的具体体现。刀削面、炸酱面、烩面、担担面、热干面等面面俱全；花糕、枣糕等步步高(糕)升；面盏、巧花等吉祥如意；巴比、酷比、庆丰、灌汤、狗不理等包天下万物。

为了增加学生和消费者对小麦品质及其加工食品的认识和理解，我们组织了小麦品质育种、小麦加工与储藏、小麦国际贸易、面食品发酵、面食品加工等方面的专家学者对本教材内容进行多次讨论和审核，最终以《小麦面食品加工理论与实践》呈现给读者。

本教材围绕新农科背景下的专业改革与创新，在内容设置上，通过小麦起源史、进化史、传播史和餐桌史的介绍，使读者深入了解小麦；通过我国小麦生产、消费和贸易的介绍，使读者认识到小麦对于我们国家民生的重要性；通过小麦及小麦粉营养成分及营养价值的介绍，使读者感受到改善小麦品质的迫切性；通过小麦一次加工和二次加工品质及加工过程的介绍，使读者感知到小麦粉和面食品的来之不易；通过对面食制作原理的介绍，使读者能在相关研究和平时生活中，科学制作面食；通过面食文化和艺术的介绍，使读者深刻感受我们国家的面食文化源远流长；通过对特殊食品的制作方法的介绍，使读者在面食品制作实践中有更多的选择。本教材重视理论与实践密切结合，同时兼顾内容的基础性、新颖性、趣味性和可读性，适合不同层次的读者。

本教材是智慧树平台(https://www.zhihuishu.com)“小麦面食加工实验技术”在线课程(https://coursehome.zhihuishu.com/courseHome/1000000825#teachTeam)的配套教材，可作为我国高等院校的本科生教材，也可作为从事面食品加工相关人员的参考资料。

本教材第八章第五节内容选用了中国农业大学面食品加工大赛的部分参赛作品的配方和制作方法。彩插采用了中国农业大学生物学院黄蕴英老师和宣传部潘彩青老师的面食艺术作品、位凤鲁老师与部分同学提供的面食品照片。中国农业大学种子科学与工程191班许莞儿同学参与第九章的部分编校、中国农业大学研究生吴子彦和张东雪参与第七章的部分编校。本教材的出版得到了中国农业大学农学院和学校的支持和资助。

限于编者的学识水平和经验，书中缺点及错误在所难免，诚挚地希望读者批评指正，以便再版时修正。

编　者

2022年7月

目　录

第一章

小麦概论

小麦(*Triticum aesticvm* L.)是世界上最古老的栽培作物之一,其大面积栽培已有近万年历史。小麦是我国乃至世界范围内一半以上人口的主粮,保障了人类营养健康和粮食安全。小麦的颖果(也称小麦籽粒或小麦种子)是人类的主要食品原料之一,磨成面粉后可制作面包、馒头、面条和饼干等多种多样的面食品,在人类日常食物结构中占据重要位置。

第一节　小麦的分类

一、植物学分类

目前,生产上大面积种植的小麦属于植物界(Plantae)、种子植物门(Spermatophyta)、被子植物亚门(Angiospermae)、单子叶植物纲(Monocots)、禾本目(Poales)、禾本科(Gramineae)、早熟禾亚科(Pooideae)、小麦族(Triticeae)、小麦亚族(Triticinae)、小麦属(*Triticum*)、普通小麦种(*Triticum aestivum* L.)。

二、按染色体组分类

根据染色体组的组成,小麦属分为一粒系(Einkorn)、二粒系(Emmer)、普通系(Dinkel)、提莫菲维系(Timopheevii)和茹科夫斯基系(Zhukovskyi)(表 1-1)。其中一粒系的染色体组为AA,包括乌拉尔图小麦、野生一粒小麦和栽培一粒小麦;二粒系的染色体组为 BBAA,包括野生二粒小麦、栽培二粒小麦、科尔希二粒小麦、伊斯帕汗二粒小麦、波斯小麦、圆锥小麦、硬粒小麦、东方小麦、波兰小麦和埃塞俄比亚小麦;普通系的染色体组为 BBAADD,包括斯卑尔脱小麦、马卡小麦、瓦维洛夫小麦、密穗小麦、印度圆粒小麦和普通小麦;提莫菲维系的染色体组为AAGG,包括阿拉拉特小麦和提莫菲维小麦;茹科夫斯基系的染色体组为 AAAAGG,包括茹科夫斯基小麦(表 1-1)。

除小麦属外,小麦亚族中还有偃麦草属(*Agropyron*)、黑麦属(*Secale*)、山羊草属(*Aegilops*)、滨麦属(*Leymus*)和簇毛麦属(*Haynaldia*)等。其中山羊草属与小麦的多倍体进化密切相关。普通小麦中的 B 染色体组和 D 染色体组就分别来源于山羊草属中的拟斯卑尔脱山羊草和粗山羊草(也叫节节麦)。

表 1-1　小麦属(*Triticum* L.)的分类

系	染色体组	类型	种
一粒系(Einkorn)	Au	野生、带皮	乌拉尔图小麦(*T. urartu* Tum.)
	Am	野生、带皮	野生一粒小麦(*T. boeoticum* Boiss.)
	Am	栽培、带皮	栽培一粒小麦(*T. monococcum* L.)
二粒系(Emmer)	BAu	野生、带皮	野生二粒小麦(*T. dicoccoides* Körn.)
	BAu	栽培、带皮	栽培二粒小麦(*T. dicoccum* Sch.)
	BAu	栽培、带皮	科尔希二粒小麦(*T. karamyschevii* Nevski)
	BAu	栽培、带皮	伊斯帕汗二粒小麦(*T. ispahanicum* Heslot)
	BAu	栽培、裸粒	波斯小麦(*T. persicum* Nevski)
	BAu	栽培、裸粒	圆锥小麦(*T. turgidum* L.)
	BAu	栽培、裸粒	硬粒小麦(*T. durum* Desf.)
	BAu	栽培、裸粒	东方小麦(*T. turanicum* Jakubz.)
	BAu	栽培、裸粒	波兰小麦(*T. polonicum* L.)
	BAu	栽培、裸粒	埃塞俄比亚小麦(*T. aethiopicum* Jakubz.)
普通系(Dinkel)	BAuD	栽培、带皮	斯卑尔脱小麦(*T. spelta* L.)
	BAuD	栽培、带皮	马卡小麦(*T. macha* Dek. Et Men.)
	BAuD	栽培、带皮	瓦维洛夫小麦(*T. vavilovii* Jakubz.)
	BAuD	栽培、裸粒	密穗小麦(*T. compactum* Host)
	BAuD	栽培、裸粒	印度圆粒小麦(*T. sphaerococcum* Per.)
	BAuD	栽培、裸粒	普通小麦(*T. aestivum* L.)
提莫菲维系(Timopheevii)	GAm	野生、带皮	阿拉拉特小麦(*T. araraticum* Jakubz.)
		栽培、带皮	提莫菲维小麦(*T. timopheevii* Zhuk.)
茹科夫斯基系(Zhukovskyi)	GAmAm	栽培、带皮	茹科夫斯基小麦(*T. zhukovskyi* Men. Et Er.)

注:参考董玉琛等. 中国小麦遗传资源. 2000.

三、按籽粒皮色分类

按照小麦籽粒皮色的不同,可将小麦分为红皮小麦(也称红粒小麦,简称红麦)、白皮小麦(也称白粒小麦,简称白麦)和紫皮小麦(也称黑粒小麦,简称黑小麦)。红麦籽粒的表皮为深红色或红褐色;白麦籽粒的表皮为黄白色或乳白色;黑小麦籽粒的表皮为紫色(图 1-1 和数字资源 1-1)。

四、按籽粒质地分类

按照小麦籽粒质地的不同,可将小麦分为硬质(也称角质)小麦和软质(也称粉质)小麦,分别简称为硬麦和软麦。硬麦的胚乳结构紧密,呈半透明状;软麦的胚乳结构疏松,呈石膏状(图 1-2 和数字资源 1-2)。当小麦籽粒中部横截面 1/2 以上面积为角质时,称其为角质粒,为硬麦;而当其籽粒中部横截面角质面积不足 1/2 时,称其为粉质粒,为软麦(图 1-2 和数字资源 1-2)。对一批小麦而言,按中国标准,硬质小麦是指角质率不低于 70%的小麦;软质小麦是指粉质率不低于 70%的小麦。

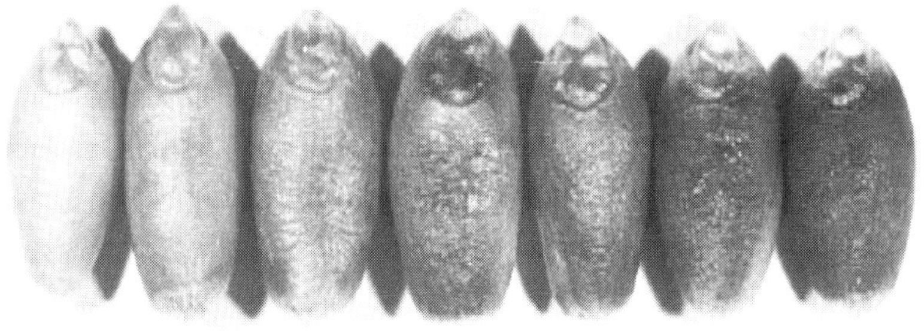

a b c d e f g

数字资源 1-1
小麦籽粒的皮色

图 1-1 小麦籽粒的皮色

a、b、c. 白麦; d、e. 红麦; f、g. 黑小麦

a c

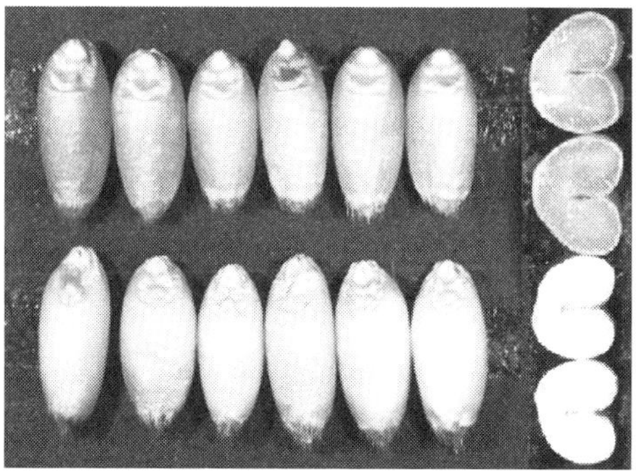

b d

数字资源 1-2
小麦籽粒的质地

图 1-2 小麦籽粒的质地

a、c. 硬质麦; b、d. 软质麦

五、按播种季节分类

按照播种季节的不同,可将小麦分为春小麦和冬小麦。春小麦是指春季播种,当年夏季或秋季收获的小麦;冬小麦是指秋季或冬季播种,翌年夏季收获的小麦。

第二节　小麦的起源、进化与传播

众所周知，小麦起源于西亚。在西亚，有两条河流——幼发拉底河和底格里斯河。在这两条河流的冲击下，形成了一块平原，称为两河流域。两河流域靠近水源，灌溉便利，气候温和，土壤肥沃，适宜作物生长和人类生活。两河流域不仅创造了古亚述文明和古巴比伦文明，也为小麦的孕育、产生和繁衍提供了客观条件。小麦的祖先正是在这里生长，并在这里完成了驯化和进化过程。

一、小麦的起源地

小麦的起源地位于两河流域的新月沃地（Fertile Crescent）。新月沃地是指西亚、北非地区两河流域及附近一连串肥沃的土地，包括黎凡特、美索不达米亚，位于今日的以色列、巴勒斯坦、黎巴嫩、约旦部分地区、叙利亚，以及伊拉克、土耳其的东南部和埃及东北部。从地图上看，这片土地好像一弯新月。美国芝加哥大学的考古学家詹姆士·布雷斯特德（James Henry Breasted）就把这一大片肥美的土地称为"新月沃地"。

新月沃地是地球上最早栽培小麦的地区。在西亚的广大地区，考古学家曾在距今约23 000年的加利利湖岸边的奥哈洛二世狩猎采集者定居营地发掘出许多残留的实物，其中包括野生二粒小麦炭化麦粒、麦穗和麦粒在硬泥上的印痕。这表明，在小麦被驯化之前，人类可能已经开始种植它了。到了公元前7 000年至公元前6 000年，在西亚的广大地区就已广泛栽培小麦了。目前，在土耳其、伊拉克等地仍有野生一粒小麦的分布；在土耳其与黎巴嫩等地仍有乌拉尔图小麦的分布；在以色列、伊拉克和黎巴嫩等国境内均有野生二粒小麦的分布。

二、小麦的驯化

人类从以狩猎采集生活为主向以农业种植和养殖生活为主的转变，始于大约公元前9 500年至公元前8 500年。农业的发源地之一——土耳其东南部、伊朗西部和地中海东部的丘陵地带便是小麦的起源地。西亚先民大约公元前9 000年就完成了小麦的驯化（尤瓦尔·赫拉利，2012）。

早在农业革命之前，人类祖先以狩猎采集为生。采集者对于所采集的植物了然于胸。距今约1万年前，小麦也不过是许多野草中的一种，只出现在西亚一个很小的区域。与其他植物相比，野生小麦籽粒较大，所以野生小麦早就被西亚先民们所利用，自然也就成为人类首批驯化的农作物之一。

不断穗是小麦驯化的首要标志。遗传学研究表明，在所有现代四倍体和六倍体小麦中发现的控制断穗的主要基因的单倍型起源于野生二粒小麦。基因染色体定位研究表明，野生二粒小麦的断穗基因（*Br-A1* 和 *Br-B1*）主要由位于3A和3B染色体短臂上，且与大麦的断穗基因 *Btr1* 和 *Btr2* 同源（Avni等，2017）。*Br-A1* 和 *Br-B1* 突变为隐性基因（*br-A1* 和 *br-B1*）后导致断穗功能的丧失，其中单基因突变（*br-A1* 或 *br-B1*）导致断穗功能的部分丧失；两个基因同时突变（*br-A1*，*br-B1*）导致小麦断穗功能的彻底丧失（Levy 等，2022）。

首先被人类驯化的野生小麦是野生一粒小麦。野生一粒小麦有两个主要特性：① 成熟后穗轴易断（易断穗），穗子散落在地上很难收集；② 颖壳很硬，且和籽粒紧紧地粘连在一起，很难去皮（难脱粒）。

栽培小麦和野生小麦的一个关键差异是其穗轴的强度不同。在野生小麦中，穗轴脆弱、易断，包含种子的小穗成熟时会脱离主穗，或落入土中，或被风吹走。这一特点，对野生小麦来说，非常有利。因为随着种子成熟，小穗会轻易落到地里，或自由地被风吹散，落在别处，生根发芽，繁衍后代。但是，对于人类来说，这一特点非常不好。因为人类的祖先要将野生小麦带回部落加工，而野生小麦的穗轴非常容易折断，所以在人们带野生小麦回部落的途中，就会在路上洒落很多种子。

当一粒小麦产生不易断穗的突变体后，其成熟小麦的穗子就会被完整保存下来。这一突变对人类来说是非常有利的。当大多数一粒小麦的主穗成熟时，易断穗的野生一粒小麦可能已经丢失了很多种子；但是对于不易断穗的一粒小麦来说，大部分小穗都还在穗轴上。一粒小麦被采收回来后，有的被人们吃掉，有的则被当作种子再种回地里。这样，拥有不易断穗特性的一粒小麦的种子和植株，其比例会随着时间的推移而增加。随着人类祖先一年又一年种植野生一粒小麦，这些不易断穗的类型所占的比例越来越大，野生一粒小麦逐渐被人类驯化成了栽培一粒小麦。在许多考古遗址中发现，9 000 年前的小麦已经不断穗了。

随后被驯化的野生小麦是野生二粒小麦。同样，野生二粒小麦在生长过程中，也会发生很多自然变异，尤其是不易断穗性状。这样，在人工选择下，不断穗的变异被人类祖先选择下来，野生二粒小麦逐渐被驯化成不易断穗的栽培二粒小麦。

落粒性是小麦驯化的另一个重要性状。落粒性突变使得农民很容易收获籽粒。但在野外，该性状突变体容易被鸟取食，对小麦抵抗逆境也不利，降低了小麦的适应性。小麦野生祖先的谷粒被紧紧地包裹在颖壳内，且颖壳大而硬，可以保护它不被鸟类和放牧者吃掉。而自由落粒小麦突变体的谷粒可以很容易地和颖壳分离（Levy 等，2022）。

Muramatsu（1986）研究表明，在已经驯化的不断穗四倍体小麦上出现了自由落粒（裸粒）的突变体，且四倍体小麦的所有裸粒突变体都带有一个显性等位基因 *Q*。*Q* 基因位于 5A 染色体的长臂上，具有一因多态性：改变了颖壳的形状和厚度，使籽粒容易脱落；使小穗在穗轴上的排列更紧凑；穗型更接近方形穗等（Levy 等，2022）。

远缘杂交发现，所有带壳或裸粒的四倍体小麦与 D 染色体供体山羊草的所有品系杂交产生的六倍体小麦只有野生带壳表型。进一步分析表明，控制裸粒的 *Q* 基因被位于山羊草 2D 染色体上的 *Tg* 基因（*Tg-D1*，图 1-3 和数字资源 1-3）所抑制，从 *Tg* 到 *tg* 的单一突变产生裸粒表型。二粒小麦 2A 和 2B 染色体上的显性同源基因（*Tg-A1* 和 *Tg-B1*）与野生型 *q* 基因一起，决定了带壳表型（图 1-3 和数字资源 1-3）。裸粒的四倍体小麦，是通过所有 3 个基因座的突变形成的，导致了 *tg-A1tg-A1*/*tg-B1tg-B1*/*Q-A1Q-A1* 基因型，每个突变对落粒性有加性效应，其中 *Q* 基因影响最大。然而，这些突变发生的时间、地点和顺序仍然未知。因此，通过裸粒的四倍体小麦与节节麦杂交形成的有壳六倍体小麦预计会有 *Q*/*tg-A1tg-A1*/*tg-B1tg-*

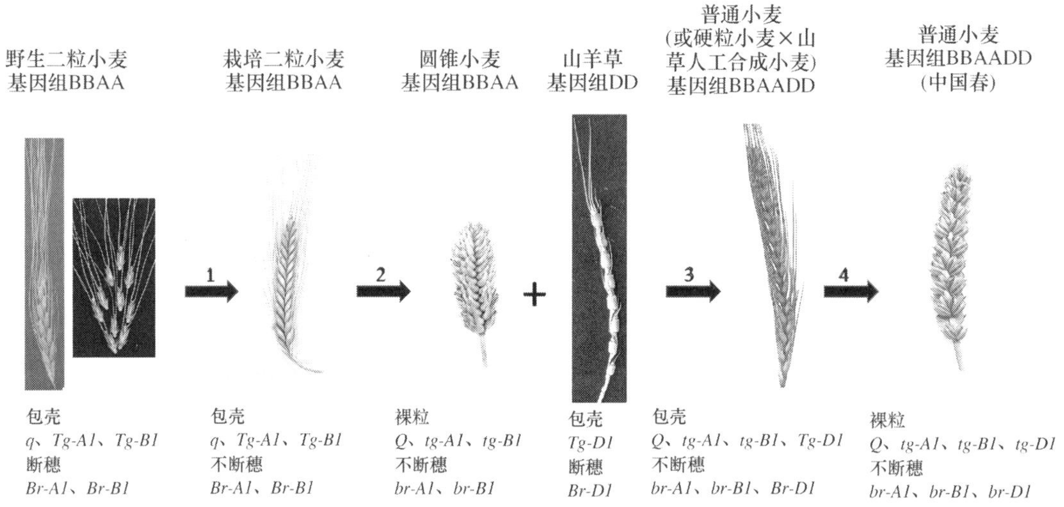

图 1-3　小麦驯化过程的主要基因突变和性状变化(levy，2022)

数字资源 1-3　小麦驯化过程的主要基因突变和性状变化

B1/*Tg*-*D1Tg*-*D1* 基因型(图 1-3 和数字资源 1-3)，这样的基因型在现存的有壳小麦中还没有被发现。事实上，迄今为止考察的大多数有壳六倍体斯卑尔脱小麦品系没有这种基因型，而是具有隐性的 *tg*-*D1* 等位基因和显性的 *Tg*-*B1* 和 *q* 等位基因，因此被认为是由裸粒六倍体小麦与四倍体有壳二粒小麦杂交而来。具有 *Q*/*tg*-*A1tg*-*A1*/*tg*-*B1*/*tg*-*B1*/*tg*-*D1tg*-*D1* 基因型的裸落粒普通小麦肯定是该地区早期农民的首选(图 1-3 和数字资源 1-3)(Levy 等，2022)。

除了上述驯化性状外，直立、多粒、大粒、短休眠时间的驯化性状也被选择固定下来。

西亚的先民们不断选择具有优异变异的普通小麦，获得了易脱粒、大穗、大粒、抗病、抗虫等变异类型，且扩大了其种植面积。久而久之，小麦便被栽培驯化成粮食作物，成为今天这个样子。从这一方面来说，是人类驯化了小麦。

三、小麦的进化

小麦的进化过程充满了传奇色彩。其中涉及两次远缘杂交和杂交 F_1 的染色体组加倍。远缘杂交的亲本包括乌拉尔图小麦、拟斯卑尔脱山羊草和粗山羊草 3 个二倍体小麦族物种。

距今约 650 万年前，小麦属和拟斯卑尔脱山羊草属从一个共同的祖先中分化出来，形成了彼此生殖隔离的两个物种，分别为普通小麦 A 染色体组和 B 染色体组的祖先。距今约 550 万年前，普通小麦 A 染色体组和 B 染色体组的祖先种偶然发生了自然杂交，随后经杂交后代染色体组融合产生了具有 D 染色体组的新物种——粗山羊草(Marcussen 等，2014；Sandve 等，2015)(图 1-4 和数字资源 1-4)。

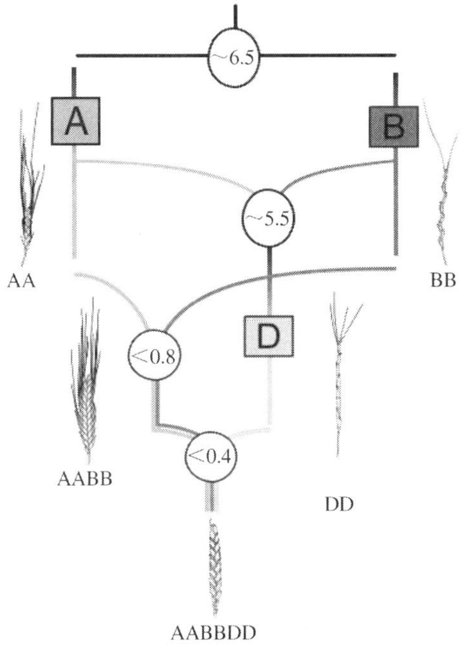

数字资源 1-4 小麦的进化过程

图 1-4 小麦的进化过程(Marcussen，2014)

距今约 250 万年前，小麦属只有一个种，也就是小麦的祖先种。这个种是什么，我们不得而知。距今约 100 万年前，小麦的祖先种又分化成彼此生殖隔离的 2 个种，即野生一粒小麦和乌拉尔图小麦。野生一粒小麦后经人类驯化成为栽培一粒小麦(Huang 等，2002；Marcussen 等，2014)。乌拉尔图小麦为小麦的多倍体进化提供了 A 染色体组。

距今约 50 万前，二倍体山羊草属的拟斯卑尔脱山羊草(S 染色体组，为普通小麦 B 染色体组的供体)和二倍体乌拉尔图小麦(普通小麦 A 染色体组的供体)幸运地克服了生殖隔离，偶然发生天然杂交；经杂交 F_1 染色体组的自然加倍，形成了四倍体野生二粒小麦(染色体组成为 BBAA)(Huang 等，2002；Marcussen 等，2014)(图 1-4 和数字资源 1-4)。

直到距今约 1.4 万年前，小麦属已有 4 个野生种了，即小麦的祖先种、野生一粒小麦、乌拉尔图小麦和野生二粒小麦(Huang 等，2002)。

与其他植物相比，小麦属的成员籽粒较大，非常适合人类采食。我们可以推测和想象：最早生活在西亚的先民过着狩猎采集的生活，那时没有任何收割工具，在采集植物籽粒过程中，他们发现野生一粒小麦成熟时轻轻一碰穗子就断了，种子比较大且紧紧地被包在颖壳里。那时的烹饪方式是烧烤，所以，先民们在烧烤的余烬中就会发现一些烤过的小麦籽粒，在当时可以说是色香味俱全了。这种食用方式在当今的中原山西、河南等地仍有存在。因此，他们便将野生一粒小麦作为觅食的对象。野生一粒小麦自然成为人类首批驯化的农作物之一。后来，他们在地里有意或无意地播下了一些野生一粒小麦的种子，观察到这些种子能萌发、生长、又结出麦粒。他们惊喜地发现，自己可以通过种植来获取食物。这样，他们便在新月沃地定居下来，不再逐水草而居。驯化是一个人类有意识的选择过程，是早期人类积极选择了适应耕作的突变体。在自然条件下，野生一粒小麦发生了各种性状的遗传变异，如穗轴坚韧不断、颖壳松软且易脱粒、密穗、穗子粗短、大粒等，这些变异的发生是一个长期缓慢的过程。随着时间的推移，野生一粒小麦的遗传多样性逐渐增加，那些对人类有益突变体的种植面积不断增加，在自然种群中占到的比例越来越大。

随着人口的增长和人类社会的发展，制造业也逐渐发展起来，人类渐渐发明并学会使用原始的收割工具，在这种情况下，不易断穗、易脱粒、大穗大粒野生一粒小麦被人类选择并得到大面积种植。这样，人类祖先就逐渐将一粒小麦驯化成适合大面积种植的栽培一粒小麦。

在新月沃地的西南部（包括以色列的西北部、叙利亚的西南部和黎巴嫩的东南部）是野生二粒小麦的起源地和遗传多样性中心。野生二粒小麦具有以下特性：① 芒较长且较粗糙、颖壳质硬、茎秆较细、穗轴脆弱，成熟时穗轴易断；② 籽粒细长、质地较硬、大部分为浅红色；③籽粒蛋白质含量较高；④ 抗病性非常好，对常见的小麦病害（如小麦条锈病、叶锈病和白粉病等）均具有抗性；⑤ 抗逆性（如耐旱性、耐寒性等）表现很突出。所以，野生二粒小麦在目前小麦遗传改良中仍具有重要作用。野生二粒小麦在新月沃地的西南部被驯化为栽培二粒小麦，且种植面积迅速扩大，成为近东早期农业中重要谷物之一（徐乃瑜，1988）。

同野生一粒小麦一样，野生二粒小麦也存在着穗轴坚韧不断；颖壳松软、易脱粒；密穗；穗子粗短；大粒等丰富的遗传变异。通过有益遗传变异的积累和人类的选择，野生二粒小麦逐渐被驯化为栽培二粒小麦。随着人类的迁移和交流，栽培二粒小麦种植地区迅速扩大，甚至推广到外高加索地区的里海沿岸，并成为近东早期农业中最重要的谷物之一。当时，人类的祖先已经育成了多个栽培一粒小麦品种和栽培二粒小麦品种，人们依靠栽培一粒小麦和栽培二粒小麦得到了营养丰富的可口食物。

栽培二粒小麦通过有益突变的积累，产生了较易脱粒的硬粒小麦。硬粒小麦在干旱地区生长良好，至公元前约 1 000 年，它已在原来栽培二粒小麦分布地区大量地取代了栽培二粒小麦。今天，栽培二粒小麦仅生长在埃塞俄比亚、伊朗、外高加索、东土耳其及巴尔干半岛。其他两个裸粒四倍体小麦——圆锥小麦和波兰小麦都是从硬粒小麦演化而来的，仅在某些性状上有差异（徐乃瑜，1988）。

粗山羊草是小麦进化过程中发生第二次远缘杂交的参与者。粗山羊草主要分布在外高加索地区至中亚一线。当栽培二粒小麦、硬粒小麦等四倍体小麦在这一地区推广种植后，田地里除了这些四倍体小麦外，还生长有大量的粗山羊草。距今约 8 000 年前，一次偶然，在人们种植的硬粒小麦的农田里，四倍体硬粒小麦与二倍体粗山羊草邂逅，并发生了天然杂交；之后，杂交 F_1 染色体组经过了天然加倍，最终形成具有 6 个染色体组的六倍体普通小麦（BBAADD）（图 1-5 和数字资源 1-5），这个推测已通过近 500 份来自世界各地的普通小麦材料的外显子组测序得到证实（Pont 等，2019）。在这次意外的事件之后，人们发现了普通小麦这一新物种。

二倍体小麦和四倍体小麦起源于近东，适应冬季温暖、夏季少雨的气候条件。通过远缘杂交和基因渗入，普通小麦从三个不同的二倍体物种获得遗传物质，具有明显的进化优势。尤其是当加入起源于中亚（里海沿岸）的粗山羊草的 D 染色体组后，有利于六倍体小麦对冬季严寒的大陆性气候的适应，所以，六倍体普通小麦表现出对逆境更强的忍耐性。

数字资源 1-5　小麦属网状进化模型

从普通小麦的进化过程可以看出，六倍体普通小麦有一个比较完美的遗传系统，比二倍体小麦和四倍体小麦具有进化优势。具体表现在多倍体小麦具有广泛的形态和生态上的变异，这也是栽培的多倍体小麦适应范围较广的原因（徐乃瑜，1988）。

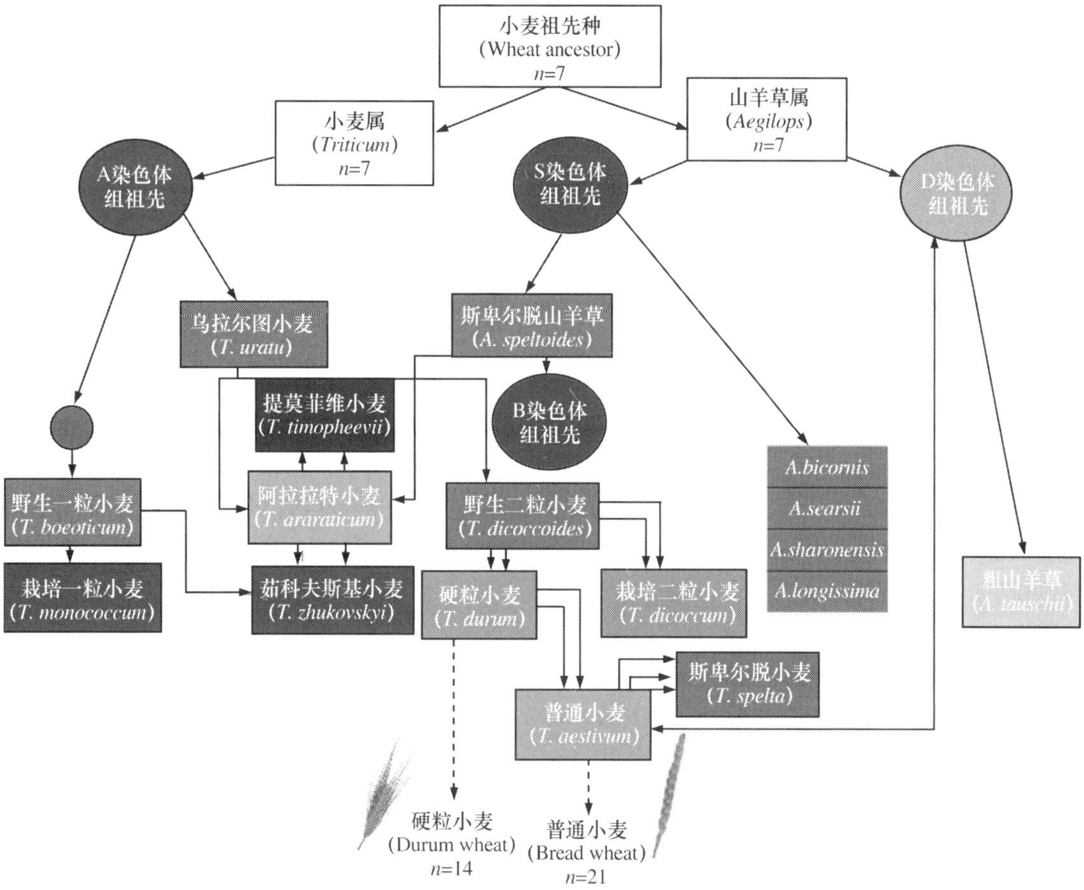

图 1-5 小麦属网状进化模型(根据 Pont 等,2019 修改)

六倍体普通小麦的神奇之处还在于其中的面筋蛋白(Gluten)。小麦中的面筋蛋白主要包括麦醇溶蛋白和麦谷蛋白,其中麦醇溶蛋白为单体蛋白,分子质量为 30～75 kDa,以单体状态存在,占小麦蛋白的 40%～50%。麦醇溶蛋白亚基通过分子内二硫键、氢键和疏水作用形成球状结构。由于麦醇溶蛋白分子质量小,连接麦醇溶蛋白的疏水键、氢键键能低,使得麦醇溶蛋白链容易断裂,因此麦醇溶蛋白使得面筋蛋白具有很好的延展性。麦谷蛋白分子质量为 80 kDa 至 10^6 Da,分子质量大,且呈聚合状态。麦谷蛋白占小麦面筋蛋白的 30%～40%。麦谷蛋白亚基通过分子间二硫键(SS)和分子内二硫键连接在一起,就好似在蛋白质之间拉上很多弹簧,把它们拧在一起,赋予了面团的弹性。因此,小麦粉和成的面团具有一定的弹性和延展性,面团可以很容易地揉搓、拉成长条,也可以很容易地塑成各种各样的形状。

基于以上原因,六倍体普通小麦很快就取代了早先种植的栽培一粒小麦和栽培二粒小麦,成为今天种植面积最大、我们最熟悉的普通小麦了。

四、小麦进化的科学依据

根据达尔文的进化论,地球上现存的各种动物、植物都是长期进化的结果,其中自然选择起了决定性作用。在物种进化过程中,生存斗争不断地进行,因而自然选择也在不断地进行着。通过一代代的生存环境的选择作用，物种变异被定向地朝着一个方向积累，于是动、植物性状逐渐和原来的祖先不同了，这样新的物种就形成了。人类在为生存的斗争过程中，也对适合自己的植物不断进行选择，即人工选择，因此人工选择对植物的进化过程和进化方向也起到了举足轻重的作用。

小麦也是一样，经过自然选择和人工选择，进化成了现在的样子。

许多科学家对小麦属物种间的具体进化关系进行了深入细致的研究，发现小麦属的不同种形成了以 $x=7$ 为基数的二倍体和多倍体系列，包括二倍体（$2n=2x=14$）、四倍体（$2n=4x=28$）和六倍体（$2n=6x=42$）三个不同倍性水平的物种。三者的染色体数刚好是 1∶2∶3的关系，说明小麦属的多倍体物种是通过二倍体进化而来的。

坂村（1918；1920）和 Kihara（1919；1921）从细胞学角度证明二倍体小麦、四倍体小麦和六倍体小麦的染色体数都是 7 的倍数（陈庆富，1997）。科学家从形态学（Sarkar 等，1956）、染色体核型及染色体配对（Riley，1958；Aniole，1974）、免疫化学（Aniole，1974）、核基因控制和叶绿体基因控制（Jaaska，1976）等方面的研究支持 B 染色体组来自拟斯卑尔脱山羊草，且多倍体小麦细胞质也来源于拟斯卑尔脱山羊草（Feldman，1966；Dvorac，1990）。此外，从地理分布上来看，野生一粒小麦与拟斯卑尔脱山羊草在地中海东岸的土耳其东部及中部、叙利亚、约旦、黎巴嫩、巴基斯坦一带，共同组成一年生植物群落，有天然杂交的可能性（徐乃瑜，1988；何瑞锋等，1999）。

小麦中的关键基因序列测定及系统发育分析（Petersen，2006）、BAC 文库分析（Akhunov 等，2005）、转座子与突变体分析（Sandve 等，2015；Baidouri 等，2017）、基因组组装（Marcussen 等，2014；Levy 等，2022）、外显子组测序（Pont 等，2019）等证明乌拉尔图小麦、拟斯卑尔脱山羊草和粗山羊草分别为普通小麦 A、B 和 D 染色体组的供体物种。

五、小麦进化的考古证据

小麦原产于西亚。在古埃及的石刻中，已有栽培小麦的记载。与小麦相关的最早数据来自旧石器时代末次冰盛期的考古记录，距今约 23 000 年（Levy 等，2022）。据考古学家研究，大约在距今 1 万年前，人类就开始把野生小麦当作食物（辛斯卡亚，1958）。

在中欧、东欧的很多考古遗址中都出土了距今约 7 000 年脱壳的斯卑尔脱小麦（Hulled spelta wheat）；在中亚、安那托里亚高原中部、印度和中东欧洲普遍出土了距今约 5 000 年的普通小麦的另一个种。普通小麦传播到中国后，经过几千年的种植和推广，出现了很多变异，如云南小麦（*T. aestivum* ssp. Yunnanense King）、西藏半野生小麦（*T. aestivum* ssp. Tibetanum Shao）、新疆稻麦（*T. aestivum* ssp. Petropavlovshyi Dong）等，这都是小麦在不同地区对环境适应的结果。

六、小麦的传播

小麦最早的栽培地是位于两河流域的新月沃地。按照考古学家在中亚许多地方发掘的小麦遗存推论，小麦是新石器时代的人类对其野生祖先驯化的产物，栽培历史已有 1 万年以上。其后，从西亚、近东一带往西传入欧洲和非洲；向东传播到印度、阿富汗、中国等地。

小麦最初的起源地为地中海周围，这里冬季温和湿润，夏季高温干燥。原始小麦已经适应了在秋冬季节发芽，越冬后，来年春天旺盛生长，在夏季高温来临前种子成熟。

小麦在从西亚向世界各地传播过程中，在东方遇到了寒冷的冬季，但六倍体小麦的耐寒能力较强，使得普通小麦向更远的区域传播，并渐渐取代了栽培一粒小麦和栽培二粒小麦。

通过人类的迁徙、物物交换和贸易，普通小麦被带往世界各地，并扎根在大部分的温带地区。约公元前 6000 年至公元前 4000 年，小麦从起源中心传播到古埃及和美索不达米亚平原。从此开始，小麦通过安纳托利亚（现土耳其）和希腊，途经巴尔干沿多瑙河传入欧洲腹地；约公元前 3000 年至公元前 2000 年，通过伊朗和中亚传入东亚（Liu 等，2016；Lu 等，2019）（图 1-6 和数字资源 1-6）。再近一些时候，15 世纪末，带货大佬哥伦布将小麦传到了美洲（Crosby，2003）；16 世纪初，西班牙人将小麦传到了墨西哥；18 世纪末，英国人将小麦传到了澳洲。至此，小麦得以在南极洲以外的各个大洲生存繁衍。

《中国农业百科全书 · 农作物传》记载：早在公元前 7000 年至公元前 6000 年，在土耳其、伊朗、巴勒斯坦、伊拉克、叙利亚、以色列就已广泛栽培小麦；公元前 6000 年在巴基斯坦，公元前 6000 年至公元前 5000 年在欧洲的希腊和西班牙，公元前 5000 年至公元前 4000 年在苏联的外高加索和土库曼，公元前 4000 年在非洲的埃及，公元前 3000 年在印度，公元前 2000 年在中国，都已先后种植小麦。

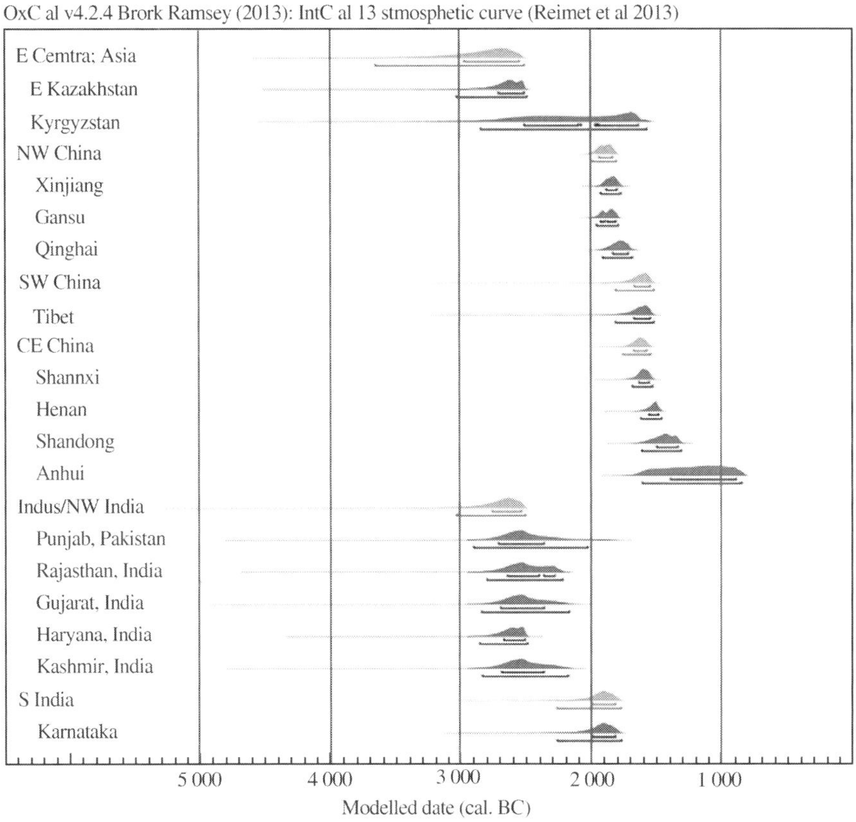

图 1-6　来自贝叶斯统计模型的 16 个区域的小麦“首次出现日期”（Liu 等，2016）

每个概率密度函数下方的水平条分别反映了 68.2% 和 95.4% 的最高概率密度范围。这些结果显示了中东亚的东西向年代序列和南亚的南北向年代序列。

数字资源 1-6　来自贝叶斯统计模型的 16 个区域的小麦“首次出现日期”

随着人口的增长和人类的发展、人类的迁徙和传播，小麦的生长地越来越广泛，从原始的小麦起源中心地传播到了世界各个大陆。小麦在不同的生态环境下进行栽培种植，经过自然选择和人工选择，形成了形形色色的不同类型。

小麦具有强大的适应能力。在小麦的生长季节，只要日照充足，灌溉有保障，小麦就能够正常生长。从世界范围的小麦种植分布来看，亚洲、北美洲、南美洲、大洋洲、欧洲均有种植，甚至非洲地区也有少量的种植。

第三节　小麦的生长发育过程

小麦(冬小麦)从播种到收获，饱受四季光阴的眷顾和磨炼，主要经过以下几个阶段。

一、播种期

冬麦一般在秋季或冬季播种，不同冬麦区稍有不同。相对而言，北方播种稍早些，南方播种稍晚些。北部冬麦区在国庆节前播种，农谚有“白露早，寒露迟，秋分种麦正当时”；黄淮冬麦区在十月上旬播种，农谚有“秋分早，霜降迟，寒露种麦正当时”；长江中下游地区一带的冬小麦在冬季播种，农谚有“农历九(月)油(菜)十(月)麦”之说。

二、苗期

包括出苗期(小麦的第一片真叶露出地表 2～3 cm 时为出苗。田间有 50%以上麦苗达到出苗标准时的日期，为该田块的出苗期)和三叶期(田间 50%以上的麦苗主茎第三片绿叶伸出 2 cm 左右的日期，为三叶期)(图 1-7a 和数字资源 1-7a)。

三、分蘖期

田间有 50%以上麦苗第一分蘖露出叶鞘 2 cm 左右时的日期为分蘖期(图 1-7b 和数字资源 1-7b)。

四、越冬期

冬麦区冬前平均气温稳定降至 0～1 ℃及以下，小麦地上部分基本停止生长，分蘖也不再发生，这段停止生长的时期称为越冬期。这个阶段也处于小麦的春化阶段(图 1-7c 和数字资源 1-7c)。

五、返青期

有越冬期的冬麦区，翌年春季，当气温升到 3 ℃以上时，小麦叶色由灰绿转为青绿，部分心叶露头时，为返青期。这个阶段也处于冬小麦春分蘖产生阶段（图 1-7d 和数字资源 1-7d）。

六、起身期

有越冬期的冬麦区，翌年春季，麦苗由匍匐状开始挺立，主茎第一叶叶鞘拉长并和年前最后叶叶耳距相差 1.5 cm 左右，茎部第一节间开始伸长，但尚未伸出地面时，为起身期。这个阶段，冬小麦春分蘖停止分化，麦苗的茎由匍匐状转向直立状，叶鞘开始增长增厚，主茎第一节开始伸长（图 1-7e 和数字资源 1-7e）。

七、拔节期

全田 50%以上植株茎部第一节间露出地面 1.5～2 cm 时，为拔节期（图 1-7f 和数字资源 1-7f）。

八、挑旗期

全田 50%茎蘖旗叶叶片全部抽出叶鞘，为挑旗期（图 1-7g 和数字资源 1-7g）。这个时期，可看到小麦叶舌。

九、孕穗期

全田 50% 茎蘖旗叶包着的幼穗明显膨大，但穗子未抽出，为孕穗期（图 1-7h 和数字资源 1-7h）。

十、抽穗期

全田 50%以上麦穗由叶鞘露出叶长的 1/2 时，为抽穗期（图 1-7i 和数字资源 1-7i）。

十一、扬花期

麦穗中上部小花的内外颖张开，花药散粉，小麦开花。全田 50%以上植株开花时，为扬花期。

十二、灌浆期

小麦开花后 10 天左右，籽粒开始合成淀粉和蛋白质，为灌浆期(图 1-7j 和数字资源 1-7j)。灌浆期间，营养物质迅速运往籽粒并累积起来；籽粒开始沉积淀粉，胚乳呈炼乳状。

十三、成熟期

数字资源 1-7　小麦的生长发育过程

籽粒变硬，且具有本品种特性的籽粒大小和色泽，手搓不碎(图 1-7k 和数字资源 1-7k)。此时为最适收获期。

小麦的一生涉及从种子萌发到新种子形成的过程。小麦的整个生长发育过程，逐步长出根、茎、叶、穗、花、果实(小麦为颖果，也称为种子或籽粒)等一系列器官，由一粒种子繁殖出上百粒种子。

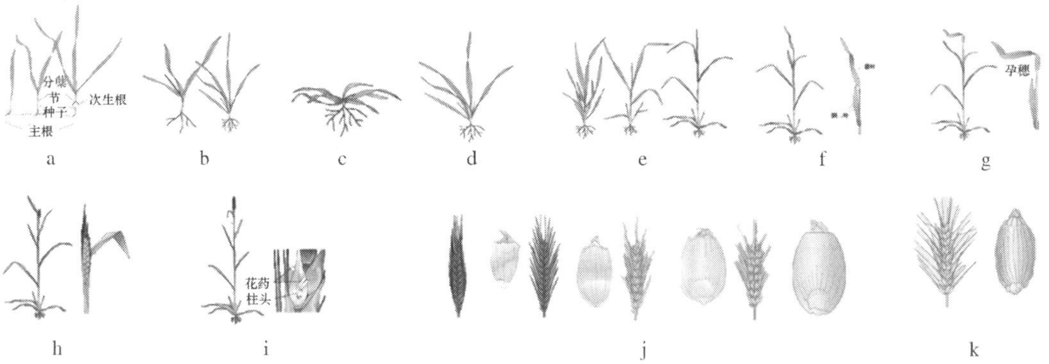

图 1-7　小麦的生长发育过程

a. 苗期；b. 分蘖期；c. 越冬期；d. 返青期；e. 起身期；f. 拔节期；

g. 挑旗期；h. 孕穗期；i. 抽穗期；j. 灌浆期；k. 成熟期

(根据堪萨斯州立大学农学院 Romulo Lollato 教授绘制的小麦生长发育图改编)

第四节　我国的小麦种植

小麦起源于西亚。中国是普通小麦的变异中心和次生起源中心(董玉琛，2000)。由于我国没有发现野生一粒小麦、栽培一粒小麦、野生二粒小麦、栽培二粒小麦以及小麦 B 染色体组的供体(山羊草属植物)，所以我国小麦起源的外来起源说仍是主流观点。

考古学家的研究显示，在距今 7 000 年前后，小麦已经东传到中亚地区的西南部，但意外地停滞了数千年后才继续向东进入东亚地区。目前认为，小麦向东传播受阻的主要因素是西亚和东亚的气候特点不同。小麦起源的西亚地区属于地中海气候，夏季炎热干燥，冬季阴冷湿润，主要降雨集中在冬、春两季；而包括中国、朝鲜半岛和日本列岛在内的东亚地区属于季风气候，夏季高温多雨，冬季寒冷干燥，主要降水集中在夏季，这对小麦的生长非常不利。小麦是夏收作物，秋（或冬）播夏收，春季是生长时期，但东亚地区的春季普遍缺少雨水，夏季频繁的降雨又会影响小麦的成熟和收获，这应该是造成小麦东传延缓的主要原因。

在小麦传入我国以前，我国的南方和北方都早已进入到农耕文明阶段。南方以水稻种植为主；北方则以粟、黍等旱地作物种植为主。对于我国稻作区和粟作区来说，小麦则是闯入者。到目前为止，这个后来闯入者已在我国北方替代了粟的重要地位，上升到农作物的前三名了。

在我国，小麦最早用“来”表示，可推断其为引进物。小麦传入我国后，在我国不同独特封闭的自然环境下，形成了与环境相适应的、具有各地特色的小麦类型，如西藏半野生小麦、云南铁壳麦和新疆稻麦等。

我国地域辽阔，环境多样，经过数千年的小麦育种和栽培，已经培育了丰富的、适应我国不同气候条件的普通小麦种质资源。我国的普通小麦在高产、早熟、广适性等方面有着巨大的优势。中华人民共和国成立 70 多年来，我国育成了 3 000 多个小麦品种，为解决百姓温饱、维护社会稳定发挥了举足轻重的作用（Hao 等，2020）。

关于小麦传入中国的路线主要有 3 种观点。①丝绸之路通道：丝绸之路通道的传播路线是：西亚—中亚—新疆—河西走廊—中原腹地。②草原通道：草原通道的传播路线是：西亚—中亚—欧亚草原诸青铜文化区—中国北方文化区—黄河中下游地区（赵志军，2015）。③绿洲通道：绿洲通道的传播路线是：西亚—中亚—帕米尔高原—塔里木盆地南北两侧的绿洲—河西走廊—黄土高原地区（赵志军，2015）。

近几年来，对我国出土的 100 多例小麦炭化籽粒进行^{14}C加速器质谱测年，尽管小麦碳化籽粒的来源地不同，但是测年结果都很一致，均指向了龙山时期。距今约 5 000 年前，小麦最先进入中国的西北地区（宋亦箫，2016），当时小麦面临的最大不适应便是干旱。小麦虽属旱地作物，但和其他旱地作物相比，需要有较好的灌溉条件才能正常生长。由于古代灌溉条件不好，不能满足小麦需水要求。在古代一般选择低地种植，因此，在小麦传入我国后的很长时间内，种植面积很小。北魏的一首民歌很好地反映了当时的种植情况：“高田种小麦，稴穇不成穗。”意思是说，在水分不足的高田上种麦子，没有好的收成。

宋亦箫（2016）通过对 28 处中国早期小麦遗存的时空分析（表 1-2），认为起源于西亚的小麦在仰韶时代末期和龙山时代分别从黄河上游的甘陕和黄河下游的山东两地进入中国。以这两地为中心，小麦先在黄河流域传播，然后又继续传播到西北的青海、新疆、西藏等地和以长江流域为中心的广大南方。分别传入甘陕和山东地区的小麦，其发展并不平衡：西边的甘陕直到西汉仍有“关中俗不好种麦”的现象，而汉代以前的山东地区，却是中国小麦的主产区，留下“东方多麦”的名言。

小麦这位外来户和后来者，经过长时间的摸爬滚打和种植技术、食用方式的改良，终于在华夏立足，甚至喧宾夺主，取得一谷之下百谷之上的地位。

表 1-2 中国早期小麦遗存时空分布

序号	遗址名称	遗存特征	地理位置	距今年代	考古学年代	区域
1	赵家庄	炭化小麦	山东胶州	4 600～4 300 年	龙山时代	山东地区
2	两城镇	炭化小麦	山东日照	4 600～4 200 年		
3	六甲庄	炭化小麦粒	山东日照	4 600～4 000 年		
4	教场铺	炭化小麦	山东茌平	4 400～4 000 年		
5	大辛庄	炭化小麦	山东济南	3 500～3 200 年	夏商周时期	
6	唐冶	炭化小麦	山东济南	周代		
7	孟庄	小麦植硅体	山东滕州	春秋时期		
8	张沟	小麦植硅体	山东济南	春秋时期		
9	瓦店	炭化小麦	河南禹州	龙山晚期	龙山时代	中原地区
10	西金城	炭化小麦粒	河南博爱	龙山晚期		
11	新砦	炭化小麦	河南新密	夏代早期	夏商周时期	
12	皂角树	小麦	河南洛阳	二里头文化		
13	二里头	陶尊残片上麦穗纹	河南偃师	3 610～3 555 年		
14	王城岗	炭化小麦	河南登封	二里头文化		
15	偃师商城	炭化小麦	河南偃师	商代早期		
16	殷墟	炭化小麦	河南安阳	商代晚期		
17	钓鱼台	炭化小麦	安徽亳县	西周		
18	东灰山	炭化小麦	甘肃民乐	5 000～4 500 年	仰韶时代末期至龙山时代	西北地区
19	西山坪	炭化小麦	甘肃天水	4 600 年		
20	赵家来	炭化小麦秆	陕西武功	4 400～4 000 年		
21	周原	炭化小麦	陕西岐山	龙山文化		
22	小河	炭化小麦	新疆若羌	4 000～3 300 年	夏商周时期	
23	古墓沟	炭化小麦	新疆若羌	4 000～3 300 年		
24	东黑沟	炭化小麦	新疆巴里坤	3 500～3 000 年		
25	兰州湾子	炭化小麦	新疆巴里坤	3 200～3 000 年		
26	石人子乡	炭化小麦	新疆巴里坤	3 500～3 300 年		
27	丰台	炭化小麦	青海互助	卡约文化		
28	昌果沟	小麦	西藏贡嘎	3 370 年		

注：引自宋亦箫．小麦最早入华的两地点考论．2016．

一、我国古代的小麦种植

有关古文献和古文字资料表明，我国的小麦在黄河流域种植的历史十分悠久。在黄河流域的一些地区，从新石器时代晚期到殷周，都是以粟为主要粮食，史前遗址的考古发现与研究，甲骨卜辞及史书中均有记载。由于麦成熟期早于粟，正当旧谷断绝，新谷未登，粮食短缺时收获，对于备荒有重要意义，因而历来受到重视，很早就成为与黍稷相提并论的常见农作物。

关于小麦的文字最早出现在商代象形文字——甲骨文中。甲骨文中有两个字和“麦”有关，其中的“麦”代表大麦；而“来”代表小麦，正如《广雅》中的解释：来，小麦也。

到了周朝，不认识小麦的人，被认为是愚昧无知之人。正如《左传·成公·成公十八年》中所述：周子有兄而无慧，不能辨菽麦，故不可立。成语“不辨菽麦”便由此而来。

关于小麦最早的记载出现在《诗经》中。如《诗经·周颂·清庙之什·思文》中“思文后稷，克配彼天。立我烝民，莫菲尔极。贻我来牟，帝命率育，无此疆尔界，陈常于时夏”。其中的“来”指小麦。《魏风·硕鼠》中“硕鼠硕鼠，无食我黍！三岁贯女，莫我肯顾。……硕鼠硕鼠，无食我麦！三岁贯女，莫我肯德”。其中的“麦”指小麦。

与《诗经》同时期的古籍《左传》(先秦左丘明)中也有对小麦的记载，如《左传·周郑交质》中的“四月，郑祭足帅师取温之麦”。其中的“麦”也是指小麦。

虽然小麦传入我国的时间很早，但在秦始皇统一中国以前，因为需要特殊的种植环境和条件，其种植面积并不大，主要是因为灌溉不利。一直到秦国的重要水利工程——郑国渠完成以后，郑国渠两岸的土地变成了良田，使秦国灌溉土地面积达四万多公顷。尤其是在关中平原，小麦得到大面积种植，产量翻了几翻。秦始皇把小麦作为充足的食粮武装士兵，统一了中国。因此有人说：吃小米饭长大的秦始皇依靠小麦统一了中国。

汉朝继承了秦朝的水利工程，并在此基础上进一步兴修水利，小麦种植面积进一步扩大。这时已有小麦的种植、收获和栽培管理的文献记载，如《氾胜之书·大、小麦篇》的“凡田有六道，麦为首种。种麦得时无不善。夏至后七十日，可种宿麦。早种则虫而有节，晚种则穗小而少实。当种麦，若天旱无雨泽，则薄渍麦种，以酢浆并蚕矢，夜半渍，向晨速投之，令与白露俱下。酢浆令麦耐旱，蚕矢令麦忍寒。麦生黄色，伤于太稠。稠者，锄而稀之。秋锄以棘柴耧之，以壅麦根。故谚曰：‘子欲富，黄金覆。’黄金覆者，谓秋锄麦，曳柴壅麦根也。至春冻解，棘柴曳之，突绝其干叶。须麦生复锄之。至榆荚时，注雨止，候土白背复锄，如此则收必倍。冬雨雪止，以物辄蔺麦上，掩其雪，勿令从风飞去，后雪复如此，则麦耐旱、多实。春冻解，耕和土，种旋麦。麦生根茂盛，莽锄如宿麦。区种麦，区大小如上农夫区。禾收，区种。凡种一亩，用子二升；覆土厚二寸，以足践之，令种土相亲。麦生根成，锄区间秋草。缘以棘柴律土壅麦根。秋旱，则以桑落时浇之。秋雨泽适，勿浇之。春冻解，棘柴律之，突绝去其枯叶。区间草生锄之。大男大女治十亩，至五月收，区一亩，得百石以上，十亩得千石以上。小麦忌戌，大麦忌子，除日不中种”。书中对于小麦从种植、田间管理到收获都有了系统的阐述。这里的“宿麦”指的是冬小麦。

从汉朝开始，小麦完成了逆袭，成为人们餐桌上的主流。小麦在汉代普及的另一个关键推动因素是战国时期发明的石磨转盘在汉代得到推广，使小麦可以磨成面粉。至此，小麦不再以粒食为主，在很短的时间内，面食成为小麦的主要食用方式了。

北魏是一个非常重视农业的时代，其间，小麦逐渐代替了小米。此时对小麦播种、栽培管理、收获等方面的记载更为详细。如《齐民要术》中关于小麦播种方面的叙述有“凡种大、小麦，得白露节，可种薄田，秋分，种中田，后十日，种美田。唯穬，早晚无常。正月，可种春麦、豍豆，尽二月止……”

在盛唐时期，我国北方地区主要有粟和小麦。但作为一种外来物种，这个时候的小麦已经完全站稳了脚跟，并且经过了多少代的培育，有超越本土粮食——粟的趋势。唐朝出版的《四时纂要》中，已有粟、麦、稻并称的记述。

至宋朝，小麦正式超过小米，成为北方作物的主流，麦已取代了粟的地位，成为仅次于稻的第二大粮食作物。如《太平御览》中记载的贮麦法“麦之为蝶蹊湿也，万物之变皆有化也，止麦之化，区之以灰法，于伏天晒极幹，乘熟覆以石灰则不生虫，又以蚕沙和之，辟蠹，苍耳或艾曝幹剉碎同收亦不蛀，若稍湿必生虫”。既然开始储藏，则说明小麦产量有富余了。

元朝时，已有保护麦子的做法，如《农桑辑要》中“防露伤麦，但有沙雾，将茼麻散拴长绳上，侵晨令两人对持其绳，于麦上牵拽，抹去沙雾，则不伤麦”。

二、我国近代的小麦种植

明清时期，小麦的栽培技术日益完善，如《群芳谱·五谷部》中系统介绍了小麦的由来、种植和食用。其中有这样的描述“小麦：一名来，苗生如韭，成似稻，高二三尺，实居壳中，芒生壳上，生青，熟黄，秋种，夏熟，具四时中和之气，兼寒热温凉之性，继绝续乏，为利甚普，故为五谷之贵，亦可春种，至夏便收，然不及秋种者，性有南北之异，北地燥，冬多雪，春少雨，麦昼花，薄皮多面，食之宜人，南方卑湿，冬无雪，春多雨，麦受卑湿之气，又夜花，食之生热，腹痛难消，亦地气使然也，北麦固佳，陈者更良”。《农政全书》里记载着收麦的方法和重要性：“凡农家所种宿麦早熟，最宜早收，故韩氏直说云，五六月麦熟，带青收一半，合熟收一半，若候齐熟，恐被暴风急雨所摧，必至抛费，每日至晚即便载麦上场堆积，用苫密覆以防雨作，如搬载不及即于地内苫积……大抵农家之忙，无似蚕麦，古语云，收麦如救火。”

三、中华人民共和国成立后的小麦生产

中华人民共和国成立以后，我国的小麦育种和栽培科学家深入系统地进行了小麦品种的遗传改良及其高产栽培技术研究，为我国小麦产量的不断提高和品质的持续改良做出了很大的贡献。

小麦从最开始传入我国小面积种植，到汉唐时期的快速推广，再到宋明清的逐步完善，再到现在的屡屡高产，反映出我们劳动人民和农业科技人员努力拼搏的结果。

到目前为止，小麦在我国的分布已非常广泛了。从东到西，从南到北，都有小麦种植。在我国黑龙江、内蒙古和西北地区种植春小麦，于春天 3～4 月份播种，当年 7～8 月份成熟，生育期短，100 天左右；在辽东、华北、新疆南部、陕西、长江流域各省及华南一带种植冬小麦，8～12 月份播种，翌年 5～7 月份成熟，生育期长达 300 天左右。

根据不同地区气候条件对小麦生产的不同影响，我国对不同小麦生产地区进行了小麦生态区划。自 20 世纪 80 年代以来，小麦分区信息不断丰富，对小麦生态区划的认识不断深化。通常，不同地区播种的小麦品种、播期、成熟期都会有所不同。根据小麦种植的地理位置，由南到北，小麦收割时间大体是南早北迟，冬(小麦)早春(小麦)迟。

第五节　小麦走向餐桌

小麦面食品深受世界各国人民的喜爱。从小麦的消费形态来看，主要是小麦粉及由其制

作的面食品。小麦粉中富含面筋蛋白，由小麦粉和成的面团具有很强的黏弹性和延展性，可塑性很高，能够加工成各种形状的面食品。在欧美等西方国家，面包是主要的加工形式。在亚洲大部分国家，面条、馒头、饼类等是主要的加工形式。总之，面食可以煎、炸、蒸、烤、煮，口感多变，吃法也很多。因此，小麦成为我们餐桌上的主粮。

西亚的先民最先食用的是野生一粒小麦。石镰的发明，使先民们能够更方便采集野生小麦；杵臼的发明，使先民们更容易将野生小麦去壳磨粉。随着小麦的多倍体进化和小麦收获、加工工具的创新，由四倍体二粒小麦和六倍体普通小麦制作的各种各样的面食品逐渐在人们的饭桌上占据主要位置（辛斯卡亚，1958）。

一、西方国家主要面食种类

小麦粉是制作面包的主要原料。在西方国家，面包甚至有着"食品之母"的美誉。在法国，有法式长棍面包（Baguette，原意为"长条形的宝石"）、牛角包（Croissant，意指"新月沃土"）等，面包代表着法国人的饮食文化；在意大利，有佛卡夏（Focaccia，源于拉丁语"炉膛"）、夏巴塔（Ciabatta，意为"拖鞋"）和意式薄饼等；在美国，有甜甜圈（Donuts）；在荷兰，有老虎面包；在爱尔兰，有苏打面包；在苏格兰，有薄麦饼（Bannock）；在捷克，有芝士面包（Vanocka）；在北美，有炸面包；在古巴，有古巴面包（Cuban bread）；在印度，有印度薄煎饼（Chapati，源于北印度语"打掌"）、飞饼（Naan）、抛饼等。以上面包的名称已成为不同国度的名片。

二、我国主要面食种类

在粒食传统背景下，我国古代的小麦和水稻、粟一样被煮着吃，很难下咽。因此在北方的播种面积和产量并不大。直到秦汉时期，将小麦磨成面粉后蒸成馒头，它的种植面积与产量才大大提高，并最终代替了粟与黍。与西方烘烤的面包不同，馒头是中国蒸食传统的代表，和面条一样深得人心。

据说公元前 200 年左右的汉朝，中国开始大面积种植小麦，距离美索不达米亚人最早种植小麦的时间已经过了 6 800 年；距离埃及人在面团里放进酵母开始吃发酵面包也过了 2 800 年。在汉朝之前，还没有意识到小麦价值的汉人，主要把小麦籽粒蒸煮后来吃。后来，创造力丰富的厨子们用小麦粉做成了面条和饺子，肉馅饺子也开始出现在权贵们的餐桌上（蕾切尔·劳丹，2021）。汉代以后，面条和饺子的普及率逐年升高。从此，由小麦粉制成的各种各样的面食品就成为人类餐桌上的主角。面条在宋朝非常大众化，是北宋时代又快又方便的面食品，受到消费者的广泛喜爱（李旭正，2013）。

烧饼也是小麦提供给人类食物营养的一种面食形态。据我国的考古推测，直到汉朝，随着中原的汉族涌入新疆，被汉族称为"胡"（汉字里的"胡"代表西方和北方少数民族）的中亚民族将小麦和小麦粉传到了汉王朝和唐王朝时期的西安。唐朝时，身份高的人流行吃胡食，就像现在的人吃西餐一样。新颖的胡食受到唐朝人们的喜爱，华丽多样的西域面食在当时非常流行。胡饼就是当时非常流行的面食之一。胡饼不需要其他工具，只需用火烤，非常简单。因为干燥又容易保存，便于携带，吃起来也很方便，配水吃就很美味，适合长期在丝绸之路上来往的商人食用。所以我们可以通过胡饼的制作方法和特征得知，胡饼是在"丝绸之路"上来往的西域商人留下的(李旭正,2013)。直到汉朝末年,磨面技术从中亚传到了内地,中国人学会了磨面和烙饼,发明了馒头和面条,从此中国从粒食时代进入粉食时代,小麦才代替黍、粟成为我国老百姓的主食之一。当小麦粉遇上中原的汤文化和蒸食文化后,让西域的面食产生了新的形态——面条和馒头,并形成了独特的中华民族的面食文化。这是东西文明的完美结合。

来源于六世纪的农业、食用加工和烹饪手册——《齐民要术》中提供了 13 种将面团变成面条的方法,包括蒸、煮、煎、炸等。那时,小麦不仅可以做成各种面食,还可以加工成甜麦芽糖浆等肉类替代品,也可用作酿酒工艺中的发酵剂等。小麦制成各种美食的方法,一直传承至今。

小麦传入中国以后,经过数千年的遗传改良,在不同的地区,依照其自然环境、人文风俗的不同,小麦有了不同的吃法。面条如兰州的拉面、四川的担担面、山西的刀削面、北京的炸酱面、河南的烩面、陕西的浆水面、上海的阳春面、武汉的热干面等。饼有天津的煎饼果子、台湾的手抓饼、新疆的馕、陕西和甘肃的锅盔、河南的鸡蛋灌饼、广东的鸡仔饼、山东的葱花饼和具有各地特色风味的烧饼等。它们成为中华民族饮食文化的重要组成部分,甚至成为某些省份的人文名片。如在遇到自然灾害或疫情时,我们经常会听到热干面加油、炸酱面加油、刀削面加油、肉夹馍加油等,也见证了我们中华民族团结一心抗灾、抗疫的决心。

思考题

1. 简述小麦的起源和进化过程。
2. 简述小麦走上餐桌的历程。

参考文献

[1] 陈庆富. 小麦染色体组的起源与进化探讨. 广西植物，1997，17(3)：276-282.

[2] 董玉琛，郑殿升. 中国小麦遗传资源. 北京：中国农业出版社,2000.

[3] 何瑞锋. 小麦染色体组的起源与进化. 生物学通报，1999，34(5)：17-18.

[4] [美]蕾切尔·劳丹. 美食与文明. 杨宁，译. 北京：民主与建设出版社，2021.

[5] 罗琨. 从先秦文献探索我国小麦的起源. 中国史研究，1990(3)：45-53.

[6] 李约瑟. 中国科学技术史(第六卷第五分册:生物学及相关技术)：发酵与食品科学. 韩北忠，译. 北京：科学出版社，2008.

[7] 李璠，李敬仪，卢晔，等. 甘肃省民乐县东灰山新石器遗址古农业遗存新发现. 农业考古，1989(1)：56-69，73，2.

[8] [韩]李旭正. 面条之路. [韩]韩亚仁，洪微微，译. 武汉：华中科技大学出版社，2013.

[9] 宋亦箫. 小麦最先入华的两地点考论. 华夏考古，2016(2)：31-38.

[10] 魏益民. 中国小麦的起源、传播及进化. 麦类作物学报，2021，41(3)：305-309.

[11] 辛斯卡亚 E H. 小麦的起源. 王月兰，译. 北京：科学出版社，1958.

[12] 徐乃瑜. 小麦的分类、起源与进化. 武汉植物学研究，1988，6(2)：187-194.

[13] 尤瓦尔·赫拉利. 人类简史. 林俊宏，译. 北京：中信出版社，2012.

[14] 赵志军. 小麦传入中国的研究——植物考古资料. 南方文物，2015 (3)：44-52.

[15] Akhunov E D, Akhunova A R, Dvorák J. BAC libraries of *Triticum Urartu*,

Aegilops speltoides and *Ae. Tauschii*, the diploid ancestors of polyploidy wheat. Theoretical and Applied Genetics, 2005, 111(8): 1617-1622.

[16] Aniol A. A serological investigation of wheat evolution. Zeitschrift fur Pflan zenzuchtung-Journal of Plant Breeding, 1974, 73(1-4):194-203.

[17] Avni R, Nave M, Barad O, *et al*. Wild emmer genome architecture and diversity elucidate wheat evolution and domestication. Science, 2017, 357(6346): 93-96.

[18] Crosby A W. The Columbian exchange: biological and cultural consequences of 1492. Westport: Greenwood Publishing Group, 2003.

[19] Dvora K J, Zhang H B. Variation in repeated nucleotide sequences sheds light on the phylogeny of the wheat B and G genomes. Proceedings of the National Academy of Sciences of the United States of America, 1990, 87(24): 9640-9644.

[20] El Baidouri M E, Murat F, Veyssiere M, *et al*. Reconciling the evolutionary origin of bread wheat (*Triticum aestivum*). New Phytologist, 2017, 213(3):1477-1486.

[21] Feldman M. Identification of unpaired chromosomes in F_1 hybrids involving *Triticum aestivum* and *T. timopheevii*. Canadian Journal of Genetics and Cytology, 1966, 8(1): 144-151.

[22] Hao C Y, Jiao C Z, Hou J, *et al*. Resequencing of 145 Landmark Cultivars Reveals Asymmetric Sub-genome Selection and Strong Founder Genotype Effects on Wheat Breeding in China. Molecular Plant. 2020, 13(12): 1733-1751.

[23] Huang S X, Sirikhachornkit A, Su X J, *et al*. Genes encoding plastid acetyl-CoA carboxylase and 3-phosphoglycerate kinase of the Triticum / Aegilops complex and the evolutionary history of polyploid wheat. Proceedings of the National Academy of Sciences of the United States of America, 2002, 99(12): 8133-8138.

[24] Jaaska V. Alcohol dehydrogenase in polyploidy wheats and their diploid relatives. On the origin of tetraploid wheats. Biochemie und Physiologie der Pflanzen, 1976, 170(2): 159-171.

[25] Kihara H. Discovery of the DD-analyser, one of the ancestors of *Triticum vulgare* (in Japanese). Agriculture Horticulture Japan, 1944, 19: 889-890.

[26] Levy A A, Feldman M. Evolution and origin of bread wheat. The Plant Cell, 2022, 34(7): 2549-2567.

[27] Liu X Y, Lister D L, Zhao Z J, *et al*. The virtues of small grain size: Potential pathways to a distinguishing feature of Asian wheats. Quaternary International, 2016, 426: 107-119.

[28] Lu M X, Chen L, Wang J X, *et al*. A brief history of wheat utilization in China. Frontiers of Agricultural Science and Engineering, 2019, 6(3): 288-295.

[29] Marcussen T, Sandve S R, Heier L, *et al*. Ancient hybridizations among the ancestral genomes of bread wheat. Science, 2014, 345(6194): 286-287.

[30] Petersen G, Seberg O, Yde M, *et al*. Phylogenetic relationships of Triticum and Aegilops and evidence for the origin of the A, B, and D genomes of common wheat (Triticum

aestivum). Molecular Phylogenetics and Evolution, 2006, 39(1): 70-82.

[31] Pont C, Leroy T, Seidel M, *et al*. Tracing the ancestry of modern bread wheats. Nature Genetics, 2019, 51(5): 905-911.

[32] Riehl S, Zeidi M, Conard N J. Emergence of Agriculture in the Foothills of the Zagros Mountains of Iran. Science, 2013, 341(6141): 65-67.

[33] Riley R, Unrau J. Chapman V. Evidence on the origin of the B genome of wheat. Journal of Heredity, 1958, 49(3): 91-98.

[34] Sandve S R, Marcussen T, Mayer K, *et al*. Chloroplast phylogeny of *Triticum*/*Aegilops* species is not incongruent with an ancient homoploid hybrid origin of the ancestor of the bread wheat D-genome. New Phytologist, 2015, 208: 9-10.

[35] Sarkar P, Stebbins G L. Morphological evidence concerning the origin of the B genome in wheat. American Journal of Botony, 1956, 43(4): 297-304.

（李保云）

第二章

我国小麦的生产和消费

小麦生产对全球粮食安全至关重要，全球约40%的人口以小麦为主食，满足了人类约20%的热量和蛋白质需求。联合国粮食及农业组织（Food and Agriculture Organization of the United Nations，简称FAO）统计数据显示，2000—2020年全球小麦产量从58 499.9万t增长到76 092.6万t。我国是世界上最大的小麦生产国，2020年和2021年小麦产量分别为13 425万t和13 694.6万t，居全球首位。

我国也是世界上最大的小麦消费国，常年消费量在1.2亿t左右；近两年受饲料消费增加影响，2020年和2021年消费量分别达到1.50亿t和1.49亿t。2021年我国粮食产量达到68 285.1万t，其中小麦占比20.1%；人均粮食占有量超过470 kg，已经连续多年高于世界平均水平。小麦生产在保障我国粮食安全和国民食品消费中具有举足轻重的地位。

第一节　小麦种植和生产

一、全球小麦生产和贸易概况

得益于品种改良和化肥、农药的投入，近几十年来全球小麦单产持续增加，带动全球小麦总产量显著增加。从1961年至2021年，全球小麦种植面积由2.03亿hm^2增加到2.23亿hm^2，单产量则由1 082 kg/hm^2提高到3 485 kg/hm^2，总产量从2.2亿t增加到7.78亿t，出口量由0.48亿t增加到2.07亿t（图2-1）。2021年，全球小麦产量前10位的欧盟、中国、印度、俄罗斯、美国、乌克兰、澳大利亚、巴基斯坦、加拿大和阿根廷的小麦产量约占全球小麦总产量的80%。

2021年，全球小麦总产量约占全球谷物总产量的28%。全球小麦整体供需基本平衡，但区域间生产和消费不平衡，导致小麦成为全球谷物贸易量最大的贸易品类，也是全球粮食贸易量最大的单一品类。2021年，小麦贸易量（以出口量计）为2.07亿t，占全球小麦总产量的

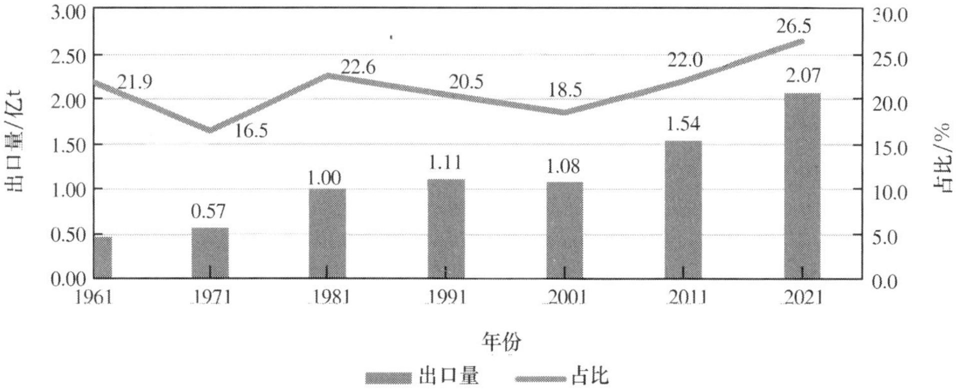

图 2-1　全球小麦出口量及其占小麦总产量的百分比

26.5%，约占全球谷物贸易总量的40%。

美国农业部对外农业服务局贸易年度统计数据显示：2021年，俄罗斯、欧盟、美国、澳大利亚、加拿大、乌克兰和阿根廷等国家小麦出口量占全球小麦总出口量的80%左右。其中欧盟和俄罗斯是全球最大的小麦出口地区和国家。小麦进口国家相对分散，其中北非、中东和东南亚是全球最大的小麦进口地区，合计小麦进口量约占全球小麦总进口量的37%。

二、我国小麦的种植区域

中国种植小麦的地区极为广泛，南起海南省的热带地区（18°N），北至黑龙江漠河的严寒地带（53°29′N），西自新疆的西界，东到中国台湾地区及沿海诸岛屿。小麦在我国的主要分布范围为20°N～41°N。

我国以冬小麦种植为主，兼种春小麦。冬小麦面积占小麦总面积的84%～90%，年际间略有差异。我国冬小麦主要分布在长城以南、岷山以东地区，并以秦岭和淮河为界，分为南、北两大冬小麦种植区域。种植面积较大的主要有河南、山东、安徽、河北、江苏、四川、新疆、陕西、湖北和山西等省（自治区），其中河南省种植面积最大，山东省次之。春小麦主要分布在长城以北、岷山以西的地区。近些年来，由于气候变暖、种植结构调整等原因，冬小麦种植面积有所增加。同时，由于气候特点和种植习惯的原因，部分地区有冬麦区和春麦区交叉种植的现象。

由于各地气候条件、土壤类型、种植制度、品种类型和生产管理水平存在差异，我国形成了明显的小麦生态区划。随着对各种植区域小麦生育期的积温、降水量、日照时数和太阳总辐射量等研究的不断深入，小麦生态区划分日趋合理，有效促进了小麦生产的发展。结合历次小麦种植生态区划，根据气候特征、地势地形、土壤类型和品种生态类别等的不同，我国的小麦种植区域划分为4个主区和10个亚区（表2-1）。根据各地降水、积温、生态类型和种植结构进一步划分为30个副区。

表 2-1　中国小麦种植区域的划分

主　区	亚　区
北方冬(秋播)麦区	北部冬(秋播)麦区
	黄淮冬(秋播)麦区
南方冬(秋播)麦区	长江中下游冬(秋播)麦区
	西南冬(秋播)麦区
	华南冬(晚秋播)麦区
春(播)麦区	东北春(播)麦区
	北部春(播)麦区
	西北春(播)麦区
冬春兼播麦区	新疆冬春兼播麦区
	青藏春冬兼播麦区

小麦种植区划的 4 个主区分别为北方冬(秋播)麦区、南方冬(秋播)麦区、春(播)麦区和冬春兼播麦区;10 个亚区包括 3 个春麦区(东北春麦区、北部春麦区和西北春麦区)、5 个冬麦区(北部冬麦区、黄淮冬麦区、长江中下游冬麦区、西南冬麦区和华南冬麦区)和 2 个冬春麦兼播区(新疆冬春兼播麦区和青藏春冬兼播麦区)。其中黄淮冬麦区、长江中下游冬麦区、西南冬麦区、北部冬麦区、东北春麦区和西北春麦区为优势区,这些区域自然资源条件和小麦产业发展较好。各亚区分述如下。

北部冬麦区:北部冬麦区包括河北省长城以南、山西省中部和东南部、陕西省长城以南的北部地区、辽宁省辽东半岛、宁夏回族自治区南部、甘肃省陇东地区、北京与天津两市。该地区一般为一年两熟或两年三熟,种植的小麦一般为强冬性小麦品种,从播种到成熟一般需要 8～9 个月。小麦播种期一般在每年的国庆节前。

黄淮冬麦区:黄淮冬麦区包括河南、山东、江苏、安徽、陕西等部分地区。该区域由于包括的地区比较多,作物的熟制也比较多,有一年两熟的区域,也有一年一熟和两年三熟的地区。因为该生态区属于冬麦区,所以种植的小麦一般属于冬性和弱冬性小麦品种,从播种到成熟一般需要 7～8 个月。小麦播种期一般在每年的秋收后(10 月上旬)。

长江中下游冬麦区:长江中下游冬麦区包括安徽、江苏、湖南等地区。由于该生态区光热条件比较好,小麦的单产水平比较高。该生态区小麦的生长期一般在 7 个月左右,最适合的种植时间是每年的 10 月底至 11 月 20 日。

西南冬麦区:西南冬麦区主要包括四川、云南、贵州等西南地区。小麦生长时间一般 6～7 个月,种植时间一般在每年的 10 月底至 11 月初。

华南冬麦区:华南冬麦区包括福建、广东、广西和中国台湾地区全部以及云南省南部,小麦种植面积和总产量较少。该区种植制度主要为一年三熟,部分地区稻麦两熟或两年三熟。小麦品种属春性,对光照反应迟钝。小麦播种适期在 11 月中下旬,成熟期一般为翌年 3 月下旬至 4 月上旬。

东北春麦区:东北春麦区主要包括东北三省和内蒙古的部分地区,东北春麦区由于种植面积比较大,产量比较高,所以这里也是小麦的主产区。一般多在 4 月 10 日左右开始播种,一年一熟,小麦生长期需要 3 个月以上。

北部春麦区：北部春麦区主要包括内蒙古、河北、陕西等部分地区。该区受气候和土壤等条件的影响，小麦单产水平比较低。该区适合种植春小麦，一年一熟，一般在每年的 3 月份到 4 月份期间种植。小麦生长需要 3～4 个月的时间。

西北春麦区：西北春麦区主要包括甘肃和宁夏地区，该区域的小麦生长时间比较长，一般在 4 个月以上，种植时间一般在每年的 3 月份。

青藏春冬麦区：青藏春冬麦区包括西藏自治区、青海省大部、甘肃省西南部、四川省西部和云南省西北部。小麦种植面积及总产量占比很少，一年一熟。种植的小麦以春小麦为主，3 月下旬至 4 月上旬播种，8 月下旬至 9 月中旬成熟。

新疆冬春麦区：全区小麦种植面积和总产量占比较低。依照天山走向，该区可分为南疆与北疆两个副区。其中北疆以春麦为主，单产高于南疆；南疆则以冬小麦为主。北疆以一年一熟为主，南疆兼有一年两熟。冬小麦品种属强冬性，对光照反应敏感。冬小麦播期为 9 月中旬左右，翌年 7 月底或 8 月初成熟。北疆春小麦于 4 月上旬前后播种，8 月上旬左右成熟；南疆则于 2 月下旬至 3 月初播种，7 月中旬成熟。

三、我国小麦的生产情况

我国小麦种植面积占粮食作物（谷物、豆类和薯类）种植总面积的 20%～27%；占谷物（稻谷、小麦和玉米）种植面积的 24%～34%。1978—1999 年，我国小麦播种面积稳定在 4.4 亿亩（1 公顷＝15 亩）左右。1991 年，我国小麦播种面积最大，为 4.64 亿亩。1997 年，我国小麦播种面积为 4.51 亿亩，但总产量达历史最高水平。受农业结构调整、生态退耕和非农建设用地等因素影响，1996—2007 年，我国耕地面积年均减少 1 100 万亩左右；其中 2004 年小麦播种面积降到谷底，为 3.24 亿亩。近些年来，在国家重大支农惠农政策的激励下，2009 年，我国小麦种植面积恢复到 3.64 亿亩。此后，小麦播种面积基本稳定在 3.6 亿亩左右（图 2-2）。但与 1991 年相比，还是下降了 1 亿亩（其中春小麦面积下降约占一半）。随着工业化和城镇化进程的加快，耕地仍将呈现继续减少态势，稳定小麦种植面积成为小麦生产发展的主要因素。

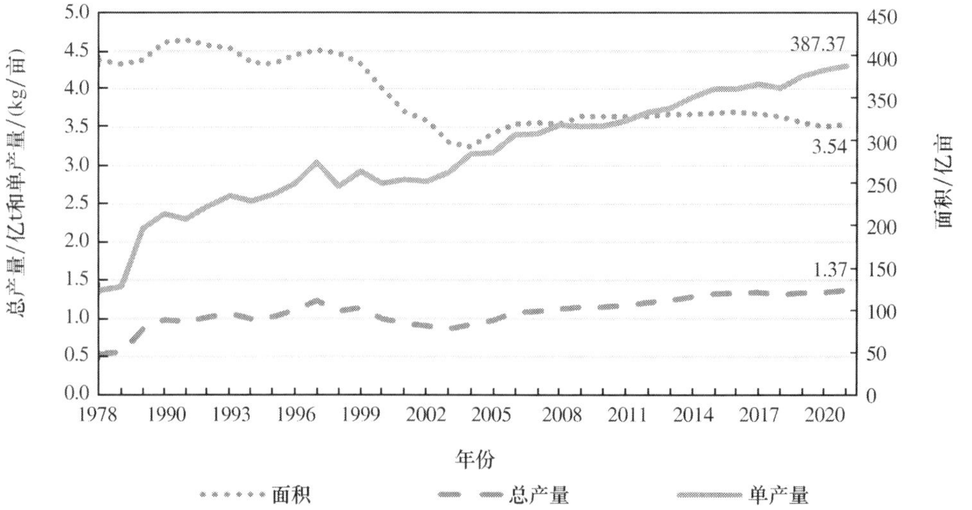

图 2-2 中国小麦种植面积、总产量和单产量(1978—2021 年)

我国小麦总产量占粮食总产量的17%～25%，占谷物总产量的21%～28%。小麦总产量一方面受播种面积变化的影响；另一方面受品种改良和生产条件(如农药、化肥的投入等)的影响。虽然存在耕地减少、小麦种植面积下降等不利因素，但由于小麦单产量的不断提高，国内小麦总产量仍然呈逐渐上升的趋势。1992年，小麦总产量为1.02亿t，首次超过1亿t。此后持续增长，到1997年，小麦总产量和单产量达到第一个峰值，总产量达到1.23亿t，单产量达到4 101.9 kg/hm^2。之后，受种植面积下降、卖粮难和投入减少等多因素影响，小麦总产量和单产量出现下降，到2003年，小麦总产量仅为0.86亿t，达历史最低水平，较1997年减少0.37亿t。至2004年，小麦单产量才恢复到1997年的水平，达到4 251.9 kg/hm^2。近年来，在国家重大支农惠农政策(如种粮补贴、最低保护价收购、粮食购销市场放开和农业科技投入增加等)的激励下，小麦种植面积逐步回升。随着品种改良和科技投入的增加，我国小麦品种不断更新换代，单产量持续提高。2021年，小麦单产量达到5 810.55 kg/hm^2，较2013年提高14.86%；小麦总产量达到1.37亿t，较2013年增长10.76%。

国内小麦生产主产区效应明显，生产大省较为集中。其中河南省、山东省、安徽省、河北省、江苏省、山西省、湖北省、四川省、陕西省、甘肃省和新疆维吾尔自治区11个主产省(自治区)的小麦种植面积和总产量分别占全国的90%和95%。按生态区分，黄淮冬麦区是我国最大的小麦主产区，小麦种植面积和产量分别约占我国小麦种植总面积和总产量的45%和50%，该区域小麦生产对保障国家粮食安全具有举足轻重的作用。处于该区域的河南省、山东省、安徽省、河北省、江苏省和陕西省(部分区域在黄淮冬麦区以外)的小麦种植面积和产量分别约占全国的75%和80%。其中河南省、山东省和河北省的小麦单产量水平较高，远高于全国平均单产量水平(表2-2)。

表2-2 2011—2020年全国小麦和主产区小麦面积、总产量和单产量

年度	指 标	河南省	山东省	安徽省	河北省	江苏省	陕西省	全国	六省占比/%
2011	面积/万 hm^2	532.3	359.4	238.3	239.6	211.2	113.7	2 427.0	69.8
	总产量/万 t	3 123	2 104	1 216	1 276	1 023	411	11 740	78.0
	单产量/(kg/hm^2)	5 867	5 855	5 102	5 326	4 844	3 615	4 837	
2012	面积/万 hm^2	534.0	362.6	241.6	241.0	213.3	112.8	2 426.8	70.3
	总产量/万 t	3 177	2 180	1 294	1 338	1 049	436	12 102	78.3
	单产量/(kg/hm^2)	5 950	6 011	5 357	5 551	4 918	3 862	4 987	
2013	面积/万 hm^2	536.7	367.3	243.3	237.8	214.7	109.5	2 411.7	70.9
	总产量/万 t	3 226	2 219	1 332	1 387	1 101	390	12 193	79.2
	单产量/(kg/hm^2)	6 012	6 040	5 475	5 834	5 130	3 560	5 056	
2014	面积/万 hm^2	540.7	374.0	243.5	234.3	216.0	108.3	2 406.4	71.3
	总产量/万 t	3 329	2 264	1 394	1 430	1 160	417	12 617	79.2
	单产量/(kg/hm^2)	6 157	6 053	5 724	6 104	5 372	3 853	5 243	
2015	面积/万 hm^2	542.6	380.0	245.7	231.9	217.9	108.6	2 414.1	71.5
	总产量/万 t	3 501	2 347	1 411	1 435	1 174	458	13 019	79.3
	单产量/(kg/hm^2)	6 453	6 176	5 743	6 188	5 388	4 220	5 393	

续表 2-2

年度	指标	河南省	山东省	安徽省	河北省	江苏省	陕西省	全国	六省占比/%
2016	面积/万 hm^2	546.6	383.0	244.7	231.4	219.0	108.3	2 418.7	71.6
	总产量/万 t	3 466	2 345	1 386	1 433	1 120	445	12 885	79.1
	单产量/(kg/hm^2)	6 341	6 121	5 664	6 193	5 113	4 110	5 327	
2017	面积/万 hm^2	571.5	408.4	282.3	237.3	241.3	963	2 398.8	76.6
	总产量/万 t	3 705	2 495	1 645	1 504	1 296	406	12 977	85.2
	单产量/(kg/hm^2)	6 484	6 110	5 826	6 337	5 369	4 220	5 410	
2018	面积/万 hm^2	574.0	405.9	287.6	235.7	240.4	967	2 426.8	75.8
	总产量/万 t	3 603	2 472	1 608	1 451	1 289	401	13 143	82.3
	单产量/(kg/hm^2)	6 277	6 090	5 590	6 154	5 362	4 149	5 416	
2019	面积/万 hm^2	570.7	400.2	283.6	232.3	234.7	966	2 372.7	76.6
	总产量/万 t	3 742	2 553	1 657	1 463	1 318	382	13 359	83.2
	单产量/(kg/hm^2)	6 557	6 379	5 843	6 298	5 614	3 955	5 630	
2020	面积/万 hm^2	567.4	393.4	282.5	221.7	233.9	964	2 338.0	76.8
	总产量/万 t	3 753	2 569	1 672	1 493	1 334	413	13 425	83.7
	单产量/(kg/hm^2)	6 615	6 529	5 917	6 735	5 703	4 285	5 742	

四、我国小麦的进口情况

国产小麦蒸煮食品加工品质较好，可满足国内面食品传统消费以蒸煮食品如馒头、面条等为主的需求，但烘焙加工效果总体相对较差。随着社会经济发展水平和人们消费水平的不断提高，消费者对面食品的需求越来越多样化。为满足国内对面包、蛋糕和饼干等多样化食品的需求，我国每年需进口适宜制作面包、蛋糕等烘焙食品的小麦作为国内小麦的结构性补充。同时，还进口部分品质较差的饲用小麦，以供国内牲畜、禽类等养殖业之需。

就小麦生产成本来看，国内小麦生产成本远高于世界主要小麦出口国。为保护国内小麦生产，我国在加入 WTO 后，依照 WTO 规则对包括小麦在内的农产品进口实行配额管理制度(《农产品进口关税配额管理暂行办法》，商务部、国家发展和改革委员会令 2003 年第 4 号)。配额管理制度有效地避免了小麦进口的恶性竞争，对稳定小麦市场起到重要作用。

在 WTO 规则下，常见的配额管理方式包括适用关税、拍卖、先到先得、按历史分配、按需求许可、生产者组织、国营贸易等，以及国内采购要求、关税配额份额限制、出口许可证、历史贸易业绩等几个附加条件。进口配额发放及分配主要是按需求许可，即以申请者的申请数量和以往进口实绩、生产能力、其他相关商业标准或根据先来先领的方式进行分配。小麦的进口关税配额由国家发展和改革委员会会同商务部分配。对于剩余配额，则根据公布的申请条件，按照先来先领方式进行再分配。

国营贸易配额只能通过国营贸易企业进口；非国营贸易配额通过有贸易权的企业进口；持有贸易权的最终用户也可以自行进口。在税率方面，自 2004 年起，小麦的配额内税率均为 1%，配额外税率则视最惠国待遇有无分别为 180% 和 65%(表 2-3)；在 2004—2021 年配额量、配额内外税率和国营贸易比例等均未发生变化。在配额完成度方面，除 2004 年（此前几年小麦减产）和 2013 年（部分产区遭遇霜害和过度潮湿天气，产量损失了一部分）小麦的进口量较大，配额完成率超过 50%外，其他年份都比较稳定。因国际贸易摩擦影响，叠加 2020 年开始的新冠肺炎疫情影响，2019 年配额完成度再次超过 50%，2020 年首次超过 80%，2021 年接近 100%。

表 2-3 2002—2021 年我国小麦关税配额分配情况表

指 标	2002 年	2003 年	2004—2021 年平均每年
配额量/万 t	846.8	905.2	963.6
配额内税率/%	1	1	1
配额外税率（普通）/%	180	180	180
配额外税率（最惠）/%	71	68	65
国营贸易比例/%	90	90	90

我国小麦进口来源地长期集中在美国、加拿大和澳大利亚等主要小麦出口国。近年来，我国增加了从欧盟、俄罗斯、哈萨克斯坦等国的小麦进口。1960—1995 年，虽然我国的小麦总产量和单产量持续增加，但粮食供给总量仍然不足，小麦进口量较大，大部分年份进口依存度超过 10%。自 1996 年以来，除了 2000—2002 年和 2005—2008 年我国小麦的出口量大于进口量，处于顺差时期，并在 2007 年小麦贸易顺差达到最大，其余年份都处于出口量低于进口量的贸易逆差状态。近十几年来，由于小麦连年增产，总产不断提高，进口依存度逐渐降低，仅 2004 年、2013 年、2020 年和 2021 年进口依存度超过 5%，但均未超过 8%，其余年份进口依存度均在 5%以下（图 2-3）。2003 年和 2004 年，我国小麦进口量有所增加，并在 2004 年出现第一个小高峰（当年小麦进口量达到 674.7 万 t），此后小麦的进口量回落，并处于稳定状态。2013 年小麦进口量出现第二个小高峰（当年进口 677.3 万 t）。2013 年后，小麦进口量处于低位徘徊，直至 2018 年开始迅速上升，2020 年和 2021 年的小麦进口量分别达到 838 万 t 和 977 万 t。

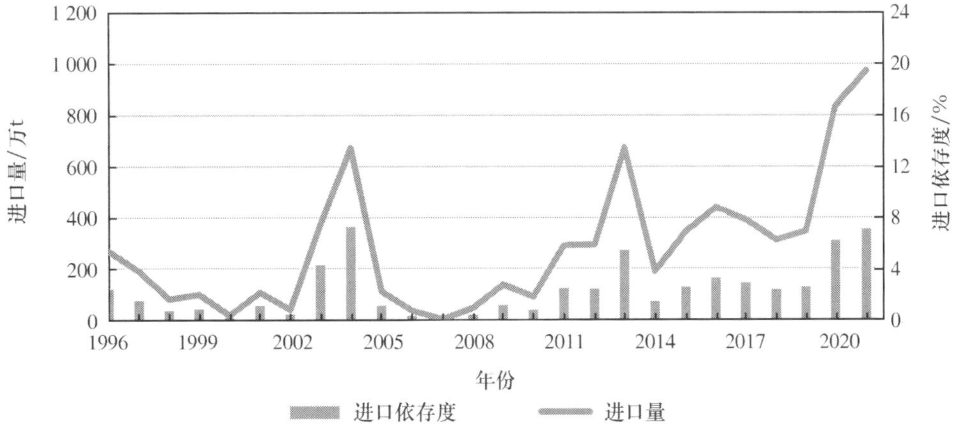

图 2-3 我国小麦进口量和进口依存度

进口依存度是衡量一个国家经济对外依赖程度的指标，是指一个国家某产品的进口总额或进口量占该国国内生产总值或总量的比重。小麦进口依存度计算公式如下：

$$小麦进口依存度=\frac{进口小麦总量}{国内小麦生产总量}\times100\%$$

虽然近年来我国小麦生产水平较高，但仍存在一些问题：①小麦生产成本不断上涨（包括人工、化肥和农药等刚性投入的价格上涨），种植收益持续下降，严重影响农民种植小麦的积极性。②大部分小麦品种的品质无法满足小麦加工需求，精深加工和副产品利用程度低，产业链条尚不完善。我国小麦加工总体上以初级加工为主，产业链条短，结构不合理；低附加值的普通粉占主导，高附加值的专用粉占比较低；专用预混合粉和营养强化粉已具有一定的市场规模，但比例偏低。③我国与世界上小麦出口大国相比，小麦品质差距明显。我国小麦品质稳定性、一致性与国际市场需求有明显差距，竞争力不高，无法满足国内食品加工企业需求。④水资源、耕地面积等约束日益加大。以上问题制约了我国小麦生产的发展。

第二节　我国小麦的收储和消费

一、我国小麦的收储

1. 我国小麦的流通政策

自中华人民共和国成立以来，我国粮食收储政策经历了多个阶段。1949—1953 年，面对物价飞涨、经济濒临崩溃的困境，我国为稳定粮食市场，实行以市场配置为主、行政指令为辅的政策。1953—1978 年，面对粮食紧缺、需要农业支持国家工业和城市发展，同时又要保障人民对粮食的基本需求的局面，我国实行粮食统购统销政策，即向农村余粮农户实行粮食计划收购（统购），对城市居民和农村缺粮农民实行粮食计划供给定量配售政策（统销）。改革开放后，我国粮食流通体制也同步迎来了变革。1979—1984 年改革开放初期，我国实行粮食统购基础上的逐步提价政策。1985—1989 年，我国取消粮食统购政策，改为合同订购和余粮按市场价自由交易的双轨制，实行粮食价格和购销方式的双重双轨制。此后，我国粮食流通体制改革开始加速，1990 年开始在特定省区针对重点粮食品种（包括稻谷、小麦、玉米和大豆）实施保护价收购政策，并将该政策以制度形式确立下来，以保护农民利益，刺激农民的生产积极性，保障国家粮食安全。但由于实施过程中存在诸多问题，并未达到预期目标，最终在 2003 年全面取消。同时，政府着手建立“收购余粮、稳定生产、丰歉调剂、稳定市场”的粮食专项储备制度。两项改革既保护了种粮农民的利益，又加强了对粮食市场的宏观调控，为深入粮食市场化改革提供了有利条件。2004 年 5 月，国务院颁布了《粮食流通管理条例》，标志着现代粮食流通体制的市场化运行基本形成。

随着国内粮食市场的全面放开，为保护农民利益、保障粮食市场供应，国家从 2004 年开始对重点粮食品种（稻谷和小麦）实行最低收购价政策。现行的粮食最低收购价格是由国家对国标三等早籼稻、中晚稻、粳稻和小麦等在粮食平均生产成本的基础上加上一定幅度(一般15%～20%)的利润水平确定，当粮食市场价格低于最低收购价时触发预案启动，政策执行企业就会按最低收购价格入市收购粮食，以此保障粮农的种粮收益。小麦最低收购价一般是在本季小麦播种季节(通常10月份前后)公布来年收获季节时的最低收购价格，以提高农民的种麦积极性。在小麦收割上市前，国家有关部门会发布最低收购价执行预案。预案内容包括执行主体、触发启动条件、执行地区、品种、执行时段、仓储和补贴方式、销售方式等。在执行时段，以县为单位，当小麦市场价格连续三天低于最低收购价时触发预案启动，经核实并报请批准备案后，执行主体按最低收购价格入市收购小麦。自2006年开始启动最低收购价政策以来，小麦最低收购价由2006年的三等混合麦1.38元/kg提高到2022年三等小麦2.3元/kg。为保障国家粮食安全，继续实行并进一步完善粮食最低收购价政策，自2020年起，国家对最低收购价小麦限定收购总量(《关于完善小麦最低收购价有关政策的通知》，国粮粮〔2019〕284号)，其中2020年最低收购价小麦收购总量为3 700万t。自最低收购价政策实行以来，我国通过引导市场对小麦进行合理定价，在价格低迷时启动最低收购价执行预案，形成托市效应，保障了合理的种麦收益，对促进小麦的生产起到了很好的促进作用。

2.小麦购销质量标准

为规范小麦市场发展，我国目前执行《关于执行粮油质量国家标准有关问题的规定》(国粮发〔2010〕178号)文件中关于粮食定等和增扣量的相关规定，粮油购销按粮食标准中的等级指标确定等级，以其余指标作为增扣量的依据。强制性国家标准GB 1351—2008《小麦》适用于收购、储存、运输、加工和销售的商品小麦，其中规定容重是定等指标，不完善粒、杂质、水分、色泽气味4项指标属于增扣量指标(表2-4)。政策性小麦购销一般以强制性国家标准GB 1351—2008《小麦》的中等品(三等)为计价基础，等外级粮油不列入政策性粮油收购范围。对于收购和销售的小麦不符合GB 1351—2008《小麦》的应当整理达到标准；整理后仍未达到标准的，可采取降等、扣量等办法处理。不符合食品安全国家标准的小麦，不得作为食用小麦及饲料用小麦收购和销售。

《关于执行粮油质量国家标准有关问题的规定》(国粮发〔2010〕178号)中规定了粮油购销增扣量指标及其标准。就小麦来讲，购销增扣量指标主要是水分含量、杂质含量和不完善粒。水分含量方面，实际水分含量低于标准规定的小麦，以标准中规定的指标为基础，每低0.5个百分点增量0.75%，但低于标准规定指标2.5个百分点及以上时，不再增量。实际水分含量高于标准规定的小麦，以标准中规定的指标为基础，每高0.5个百分点扣量1.00%；低或高不足0.5个百分点的，不计增扣量。杂质含量方面，实际杂质含量低于标准规定的小麦，以标准中规定的指标为基础，每低0.5个百分点增量0.75%。实际杂质含量高于标准规定的小麦，以标准中规定的指标为基础，每高0.5个百分点扣量1.5%；低于或高于不足0.5个百分点的，不计增量。矿物质含量方面，矿物质含量超过标准规定的小麦，加扣量0.75%；矿物质含量低于标准规定的小麦，不增量。无使用价值的霉变粒按杂质归属。不完善粒含量方面，不完善粒含量高于标准规定的小麦，以标准中规定的指标为基础，每高1个百分点，扣量0.5%；高不足1个百分点的，不扣量。不完善粒含量低于标准规定的小麦，不增量。

表 2-4 小麦定等指标(GB 1351—2008)

指 标	一等	二等	三等	四等	五等	等外
容重/(g/L)	≥790	≥770	≥750	≥730	≥710	<710
不完善粒/%	≤6.0	≤6.0	≤8.0	≤8.0	≤10.0	—
杂质/%	≤1.0	≤1.0	≤1.0	≤1.0	≤1.0	≤1.0
水分/%	≤12.5	≤12.5	≤12.5	≤12.5	≤12.5	≤12.5
色泽和气味	正常	正常	正常	正常	正常	正常

3.小麦的储存

小麦的后熟期长，其间呼吸强度大、生理代谢旺盛，易出现粮堆“出汗”“乱温”“发热”“结露”和“生霉”等现象。完成后熟的小麦呼吸作用弱，安全水分条件下耐储性好。小麦较耐高温，研究发现，小麦水分在 13%以下、曝晒温度不超过 54 ℃时，酶活性、发芽力和品质仍然不会下降。除此之外，小麦还具有吸湿性强和易受虫害的特性。因此，为保证小麦储存期间的质量，小麦收购入库和储存均有严格的要求。按照《粮食质量安全监管办法》(2016 年)规定，实行小麦收购入库质量安全检验制度，对于杂质超标、水分超过安全储存限量标准的小麦，应当及时整理达标；存放时，不同生产年份的小麦不得混存，不得与可能对粮食产生污染的有害物质混存。从小麦收获开始，在常规储存条件下，正常储存年限一般为 5 年(《粮油仓储管理办法》,2009 年修订版)。

在小麦收购和储存环节，我国实行小麦质量安全监测制度，由国家粮食行政管理部门会同国务院有关部门制订和实施国家小麦质量安全风险监测计划，省级粮食行政管理部门参照国家计划制订和实施本行政区域的小麦质量安全风险监测计划。小麦质量安全风险监测的主要内容包括：质量等级、内在品质、水分含量、生芽、生霉等情况，小麦生产和储存过程中施用的药剂残留、真菌毒素、重金属及其他有害物质污染等情况。储存期间需定期进行粮情检查和品质检验，确保小麦储存安全。要对小麦储存过程中的温度、湿度等条件进行管理，防止霉变。使用储粮药剂的必须严格执行储粮药剂使用管理制度、相关标准和技术规范，不得使用国家禁止使用的化学药剂或者超量使用化学药剂，严格储粮药剂的使用和残渣处理，详细记录施药情况。施用过化学药剂且药剂残效期大于 15 天的小麦，出库时必须检验药剂残留量。

储存指标是用于表征小麦在储藏过程中的宜存程度，主要分为宜存、轻度不宜存、重度不宜存三个等级。按照《小麦储存品质判定规则》(GB/T 20571—2006)规定，三个等级判定规则见表 2-5。其中面筋吸水率(%)是指每百克干面筋吸收水分的克数。品尝评分值是指小麦按照规定条件加工成小麦粉后，按照规定的方法制成馒头，对其气味、色泽、食味、弹性、韧性、黏性和比容进行品质评定的综合评分值，品评结果用品尝评分值表示。小麦的色泽、气味、面筋吸水量和品尝评分值均符合表中“宜存”标准的，判定为宜存小麦，适宜继续储存。色泽、气味正常，面筋吸水量和品尝评分值有一项符合表中“轻度不宜存”标准的，判定为轻度不宜存小麦，应尽快轮换处理。色泽、气味和品尝评分值中有一项符合表中“重度不宜存”标准的，判定为重度不宜存小麦，应立即安排出库。因色泽、气味判定为重度不宜存的，还应报告品尝评分值检验结果。

表 2-5 小麦储存品质指标(GB/T 20571—2006)

宜存程度	色泽气味	面筋吸水量/%	品尝评分值/分
宜存	正常	≥180	≥70
轻度不宜存	正常	<180	<70 且≥60
重度不宜存	基本正常	—	<60

小麦储存指标应用于其储藏阶段,用于判断其能否继续储存。入库前,应逐批次抽取样品进行检验,并出具检验报告,作为入库的技术依据;入仓时,应随机抽取样品进行检验,并出具检验报告,取平均值作为该仓(垛、囤、货位)建立质量档案的原始技术依据。储存中,应定期、逐仓(垛、囤、货位)取样进行检验,并出具检验报告,作为质量档案记录和出库的技术依据。

按照《粮食质量安全监管办法》(2016 年)规定,小麦销售出库时,必须按照小麦质量标准和食品安全标准及有关规定进行检验并出具检验报告,销售的小麦应当与检验报告相一致,检验报告随货同行。检验报告有效期为 3 个月,超过有效期的,应当重新检验并出具检验报告。从事代收、代储业务的小麦经营者,同样承担小麦入库和出库检验把关责任。正常储存年限内的小麦销售出库,可由小麦经营者自行检验并出具检验报告。不能自行检验的,可委托专业粮食检验机构检验并出具检验报告。超过正常储存年限的小麦销售出库,应当经过专业粮食检验机构进行质量鉴定。检验机构在接受委托检验申请后,一般应在 15 个工作日内完成扦样、检验和出具检验报告。同时,实行粮食质量安全档案制度,如实记录以下信息:粮食品种、供货方、粮食产地、收获年度、收购或入库时间、货位及数量、质量等级、品质情况、施药情况、销售去向及出库时间和其他有关信息。以小麦销售出库之日起,小麦质量安全档案保存期限不得少于 5 年。

小麦储藏技术和设施是延缓小麦品质劣变、降低损失损耗、防止污染的基础。基于我国的自然条件、经济条件和粮食储存企业的现状,我国常用的小麦储藏技术有常规储藏、热入仓密闭储藏、低温储藏(平均粮温常年保持在 15 ℃及以下)、准低温储藏(平均粮温常年保持在 20 ℃及以下)、气调储藏和双低储藏(实现低氧后再进行低剂量磷化氢熏蒸的组合储藏技术)等。热入仓密闭储藏是我国传统的储麦方法,降至安全水分的小麦趁热入仓密闭储藏,具有高温杀虫抑菌的效果。低温储藏技术是世界公认的安全、可靠、合理的符合绿色环保要求的储藏保鲜技术,虽然在应用的起始阶段投资较大,但长远来看,具有很好的经济与社会效益。储藏设施方面,常见的有平房仓、浅圆仓、立筒仓、楼房仓、地下仓、简易储粮设施等,实践中常根据不同的储粮技术选择不同的设施。浅圆仓和立筒仓进出仓基本实现机械化,尤其是立筒仓机械化程度高,可以实现分类储藏,是大型小麦加工企业最常用的仓房类型。

二、我国小麦的消费

我国既是小麦生产大国,也是小麦消费大国。我国小麦的产量和消费量均居全球首位。在我国当前的粮食消费结构中,小麦是仅次于水稻的第二大口粮作物,占口粮消费的比例超过 40%。

我国小麦生产和消费长期处于紧平衡状态,消费总量一直在缓慢、波动增长。2006—2021 年,除 2011 年、2012 年、2020 年和 2021 年产不足需外,其他年份小麦总产量均大于消费量,略有盈余。2000 年前,我国小麦消费量没有太大变动,以稳中有升为主。2000—2009 年,我国小麦消费处于先减少、后上升阶段,但仍保持在 1 亿 t 以上,2009 年恢复到 2000 年的消费量。2010—2018 年，随着玉米价格的上涨，小麦代替玉米饲用消费作用逐渐显现，使得小麦消费量增长较快，2012 年达到 1.26 亿 t 的阶段高值之后消费量回落，此后在波动中缓慢增长，至 2019 年达到 1.26 亿 t。其后受玉米和小麦价差缩小、养殖业饲用小麦消费增加影响，小麦消费大幅上涨，2020 年和 2021 年国内小麦消费量分别达到 1.50 亿 t 和 1.49 亿 t(图 2-4)。

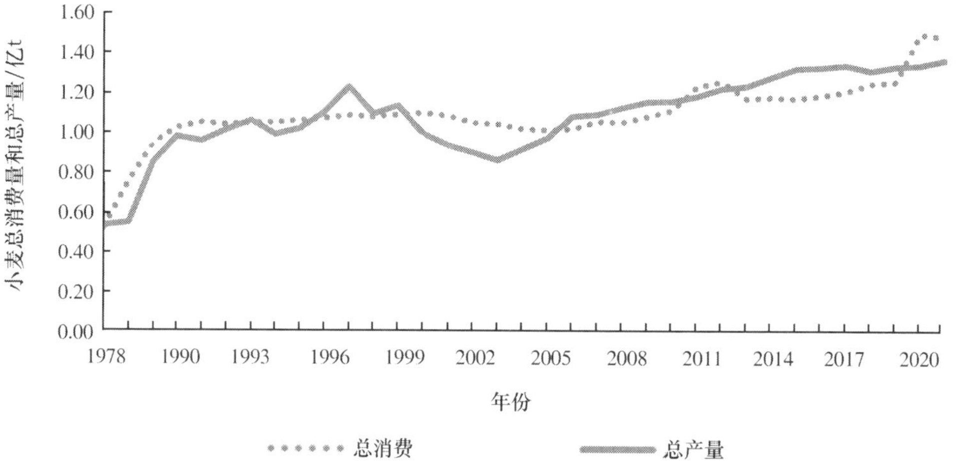

图 2-4 我国小麦总产量和消费量

1.我国小麦消费结构

我国小麦消费可分为口粮消费(制粉消费)、工业消费、种用消费、饲料用粮和损耗等。其中口粮消费是我国小麦消费的主要途径，消费总量随人口增长在波动中缓慢增长，但增长量有限，占小麦消费的比例稳定在 75%左右。饲料消费量的波动是影响年度小麦消费总量和制粉消费占比的主要因素，近两年生猪存栏量增加、玉米价格上涨，2021 年小麦作为饲料消费量达到创纪录的 3 800 万 t，制粉消费占比下降到 62.33%(图 2-5 和数字资源 2-1)。

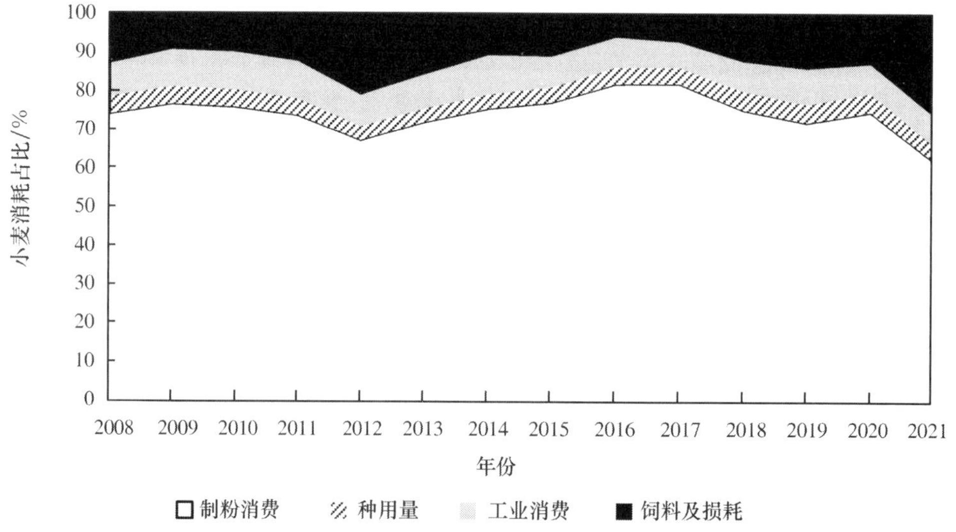

图 2-5 国内小麦消费结构(国家粮油信息中心，市场年度)

(注：小麦市场年度指上年 6 月至本年 5 月，如 2018 年度是指 2017 年 6 月至 2018 年 5 月)

我国小麦工业消费量基本保持稳定，目前年消费总量在 1 000 万～1 100 万 t。国内工业消费主要集中在淀粉、谷朊粉、酿酒、工业酒精、麦芽糖和调味品等生产领域，深加工转化率不高。随着社会经济的发展和产业链条的不断延伸，小麦深加工品类和用途不断拓展，工业消费需求量增加。但近年来我国粮食安全战略以保障食物用粮（口粮＋饲料）为首要任务，小麦工业消费如工业酒精生产被严格限制；同时，食品及副食酿造消费量增加，工业消费总量保持稳定，目前稳定在每年 1 000 万～1 100 万 t（图 2-6 和数字资源 2-2）。

数字资源 2-1　国内小麦消费结构

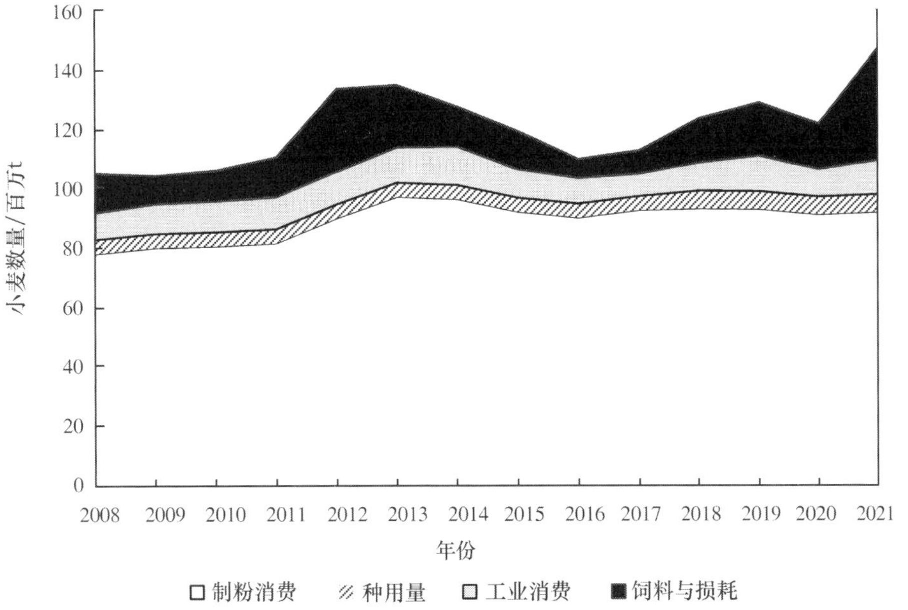

图 2-6　国内小麦消费量（国家粮油信息中心，市场年度）

（注：小麦市场年度指上年 6 月至本年 5 月，如 2018 年度是指 2017 年 6 月至 2018 年 5 月）

小麦的饲用消费主要受小麦与玉米价格比的影响，波动幅度较大，但饲用消费总量及其占比也缓慢提高。小麦和玉米营养成分基本一致，但蛋白质含量普遍较玉米约高 4%，替代玉米用于大、中猪饲料，可降低豆粕使用量。小麦饲用消费量的最大影响因素是价格因素，一般认为小麦与玉米价格比等于 1.1（同市场上蛋白质价格如豆粕等相关，当蛋白质价格较高时，略高于 1.1；反之则略低于 1.1）时是小麦替代玉米的价格分水岭。小麦与玉米价格比低于 1.1 时，小麦代替玉米可行；如果小麦与玉米价格等于或低于 1 时，小麦将大量替代玉米，特别是在小麦主产区。除此之外，储存年限超过 5 年的超期储藏小麦，或储藏期间品质发生变化，达不到食用标准、符合《饲料卫生标准》的小麦按照规定可转作饲用（《关于做好超期储存和席茓囤储存粮食定向销售有关工作的通知》，国粮调〔2016〕101 号），通过竞价销售、定向销售和邀标销售等方式投放，市场影响有限。

数字资源 2-2　国内小麦消费量

2008年以前，我国小麦饲用消费一直处于缓慢、波动增长过程中。2008年，饲用消费达到第一个小高峰，小麦作为饲料消费量为1 350万t，占比达到12.83%。此后有所回落，受国际能源价格上涨影响，国际市场玉米价格带动国内玉米价格大幅走高，小麦与玉米价格比发生变化，甚至出现小麦与玉米价格比倒挂的情况，首次出现小麦大规模替代玉米的现象，并在2012年达到2 800万t，占消费总量比例首次超过20%。此后，玉米生产快速扩大，供给量加大，加之国际玉米价格回落，小麦与玉米价格比回到大于1.1的合理区间。2013年，小麦饲用消费回落并保持稳定。至2019年，小麦饲用消费占总消费的比例稳定在15%左右。2021年，受猪周期和新冠肺炎疫情影响，玉米价格快速上涨，小麦与玉米价格比再次出现倒挂，小麦饲用消费快速增加到3 800万t，占年度小麦消费量比例达到创纪录的25.80%(图2-6)；2022年，小麦饲用消费会略有下降，但由于消费惯性，预计下降幅度有限。

小麦的种用消费和损耗稳定。因播种面积年际间变化很小，受适播期期间干旱、洪涝等无法适期播种，播种量加大等影响，种用消费每年在500万～600万t。小麦的损耗维持在总消费量的1%左右。随着储运技术发展，损耗量占比未来将有所减少。

未来一段时期内，随着社会经济的发展，食物种类及其来源的丰富和多样化，小麦作为口粮消费的人均消费量会趋于减少，但对小麦的品质和专用化程度要求会越来越高，即在食品消费中，人们追求小麦的营养品质和食品加工品质。例如，面包需要面筋含量高、质量好的强筋小麦；蛋糕和饼干则需要面筋含量低、筋力弱的软质小麦；面条和饺子需要中等偏强筋力、具有良好的延展性和光泽性好、不易褐变的小麦；还有适于标准化、规模化制作冷冻面团，满足预制食品的各种需求等。同时，随着玉米生产的恢复和供应加大，玉米价格的理性回归，小麦的饲用消费占比会出现回落。

2. 我国小麦消费地域分布情况

我国地域辽阔，饮食文化丰富多样，小麦消费区域差异性明显，表现为多种多样的面食品消费习惯。我国小麦消费以北方为主，消费和生产的地理分布保持了较好的一致性，但是不同区域面制品消费又有所不同。如东北、山东、河南的面食品主要以馒头、烧饼、面条等日常主食为主；西北等地则以面条特别是拉面、拉条等主食为主；而南方面食花样繁多，数不胜数，但并不作为主食，消费总量占比很小。但南方沿海地区经济发达，就业机会多，河南、安徽等北方劳务输出地区和长江沿江及以南沿海地区如上海、广东、浙江等南方用工地区之间出现规模较大、周期性的人口流动，带动南方面食消费总量有所增加。

在小麦生产和消费方面，小麦总产量排名靠前的河南、山东、安徽、河北和江苏等省消费量也排在前面，这些省份的小麦消费量占全国小麦消费量的65%左右，并在满足本省小麦消费的同时，还有较大的小麦盈余量供应其他省份的消费。但北方还有部分省份产不足需，如陕西、甘肃、山西、宁夏和青海等地，每年需从其他地区如河南、山东和新疆等地调入小麦；中部的四川、湖北等酿酒工业发达、特色面制品较多地区小麦产不足需，需要从其他区域调入或进口小麦。这得益于我国小麦的高度商品化和强大的粮食储备流通能力，国家能够调剂不同省份之间的余缺，满足国内不同地区日常小麦消费需求。

思考题

1. 试述我国小麦种植和生产的概况。
2. 我国小麦消费有什么特点?

参考文献

[1] 国家统计局. 中国统计年鉴. 北京：中国统计出版社，2010—2020.

[2] 贾敬敦，黄圣彪，葛毅强. 作物育种领域行业创新动态研究报告. 北京：科学出版社，2021.

[3] 亢霞，孙辉. 当前我国小麦市场分析. 市场论坛，2009(12)：7-9.

[4] 李利民，孙志. 小麦深加工及综合利用. 农产品加工(学刊)，2009(3)：161-164.

[5] 李林轩，王晓芳，李硕，等. 专用小麦粉生产的基本方法、必备条件和关键环节. 现代面粉工业，2021，35(5)：5-8.

[6] 倪坤晓，何安华. 中国粮食供需形势分析. 世界农业，2021(2)：10-18.

[7] 汤泽慧. 中国小麦进出口现状及依存度分析. 农业展望，2018，14(7)：83-87.

[8] 王秀丽，孙君茂. 中国小麦消费分析与未来展望. 麦类作物学报，2015，35(5)：655-661.

[9] 王一杰，辛岭，胡志全，等. 我国小麦生产、消费和贸易的现状分析. 中国农业资源与区划，2018，39(5)：36-45.

[10] 温纪平. 小麦工业手册(第二卷)：小麦加工. 北京：中国轻工业出版社，2021.

[11] 张元培. 世界面粉工业新技术及发展趋势. 粮食加工，2010，35(1)：14-18.

[12] 赵广才. 中国小麦种植区划研究(二). 麦类作物学报，2010，30(6)：1140-1147.

[13] 赵广才. 中国小麦种植区划研究(一). 麦类作物学报，2010，30(5)：886-895.

[14] 赵广才. 中国小麦种植区域的生态特点. 麦类作物学报，2010，30(4)：684-686.

[15] Liu J，YaoY，Xin M，et al. Shaping polyploidy wheat for success：origins，domestication，and the genetic improvement of agronomic traits. Journal of Integrative Plant Biology，2022(2)：536-563.

(吴海彬)

第三章

小麦营养品质

随着社会的进步、经济的发展及消费者生活水平的不断提高，人们对饮食营养的追求越来越高。小麦作为世界第二大粮食作物，其营养品质逐步受到全世界消费者、食品加工企业和科研人员的重视。

小麦中的微量营养元素、功能性膳食纤维、生物活性物质等对人体营养和健康发挥着重要作用，其营养和健康研究已成为近年来国际小麦品质研究的主题和关注热点。例如针对营养元素，特别是微量营养元素摄入不足、吸收不良或过度损耗而导致的贫困人口营养不良问题，2004 年，在国际热带农业研究所（International Institute of Tropical Agriculture，简称 IITA）与国际食物政策研究所（International Food Policy Research Institute，简称 IFPRI）的倡导下，启动了国际合作计划 HarvestPlus 项目（HarvestPlus-China 于 2005 年启动），旨在通过作物育种手段对小麦、水稻等 7 种粮食作物的维生素 A、Fe 和 Zn 等必需微量元素进行生物强化，以改善亚洲、非洲地区消费者微量元素营养状况。其中，小麦方面的工作由国际玉米小麦改良中心（CIMMYT）负责。再如针对膳食不平衡而导致的营养失衡严重威胁人类健康的问题，2009 年，欧盟启动了保健谷物（HEALTHGRAIN）项目，倡导全麦粉食品，旨在提高小麦中膳食纤维和酚酸等植物生物活性物质含量，由欧盟各成员国组织实施。

本章包含小麦营养物质概述、小麦籽粒的营养物质含量及其分布、小麦粉以及全麦粉的营养品质、小麦的微量活性物质及黑粒小麦营养品质等方面内容。

第一节　小麦营养物质概述

小麦的营养物质主要指人类可利用的小麦籽粒的营养成分，即人类或其他动物食用后转化为能量或结构物质的成分。小麦籽粒的营养成分主要包括蛋白质、糖类、脂类、纤维素、维生素和矿质元素等。

一、蛋白质

蛋白质是一种天然的含氮高分子化合物，是构成动植物组织细胞的重要成分之一。蛋白质是人体生长发育和新陈代谢的必需物质。有的蛋白质作为生物催化剂（如各种酶类），参与调控机体的代谢过程。有的蛋白质作为贮藏物质（如贮藏蛋白），在小麦种子发育过程中积累于籽粒中，成为人类营养物质的主要来源。正常成人体内 16%～19%是蛋白质，人体每天约有 3%的蛋白质被更新。膳食中的蛋白质对于维持人体的蛋白质平衡具有重要作用。

不同小麦品种蛋白质含量变异范围很大，低的仅有 6.91%，高的可达 22%，平均 12.97%左右。小麦籽粒不同部位的蛋白质含量相差也很大（表 3-1）。

表 3-1 小麦籽粒不同部位的蛋白质含量

籽粒部位	果皮	种皮	糊粉层	麸皮	胚乳	胚
蛋白质含量/%	7.5	15.5	24.5	12.5	12.7	32.5

注：①表中不同部位蛋白质含量为不同部位蛋白质质量占相应部位总质量（14%湿基）的百分数。

②表中数据引自郭祯祥. 小麦加工技术. 2003.

根据蛋白质在不同溶剂中的溶解性，小麦籽粒蛋白主要分为清蛋白、球蛋白、醇溶蛋白和麦谷蛋白四大类，分别占总蛋白的 3%～4%、10%～20%、35%～45%和 35%～45%。

有机体内的蛋白质总是处于分解、合成的动态变化之中。氨基酸是蛋白质的基本构成单位，也是蛋白质水解的最终产物。蛋白质的理化特性取决于其氨基酸组成与排列顺序。组成蛋白质的氨基酸主要有 20 种：甘氨酸、丙氨酸、缬氨酸、亮氨酸、异亮氨酸、苯丙氨酸、脯氨酸、色氨酸、丝氨酸、酪氨酸、半胱氨酸、蛋氨酸、天冬酰胺、谷氨酰胺、苏氨酸、天冬氨酸、谷氨酸、赖氨酸、精氨酸和组氨酸。其中赖氨酸、色氨酸、苯丙氨酸、甲硫氨酸、苏氨酸、异亮氨酸、亮氨酸、缬氨酸和组氨酸为成人必需氨基酸，必须从食物中直接获得。食物中蛋白质营养价值的高低，主要取决于其所含必需氨基酸的种类、含量及其比例是否与人体所需要的相近。

二、糖类

糖类作为能量物质供给人体所需要的热量。

糖类，尤其是淀粉，是可被消化吸收的多糖，是小麦籽粒的主要贮藏物质之一。小麦籽粒淀粉含量受到品种和栽培条件影响。淀粉一般占小麦籽粒干重的 70%左右，约占胚乳干物质量的 80%。小麦淀粉比大米淀粉、燕麦淀粉、黑麦淀粉、大麦淀粉和玉米淀粉烘焙特性好，更适合制作面包。

小麦籽粒中的淀粉以淀粉颗粒的形式存在于胚乳中。根据淀粉颗粒大小可分为大淀粉颗粒和小淀粉颗粒。在成品面包中，大淀粉颗粒通常处于半糊化状态，参与面包气囊的持气。小麦粉中直链淀粉通常占淀粉含量的 25%左右，支链淀粉占 75%左右。如果直链淀粉含量过低，面团发黏，虽然面包体积增大，但结构变差，气泡大而不匀。而直链淀粉含量过高，面包品质和评分也会下降。

小麦籽粒中还含有其他糖类，例如存在于胚中的蔗糖和棉子糖等可溶性糖，存在于果皮和种皮中的戊聚糖，存在于胚乳中的葡果聚糖等。

三、脂类

脂类是一大类天然有机化合物，是油脂和类脂的总称，由脂肪酸和醇结合而形成，是人类食物的主要成分之一。小麦籽粒的脂类含量很低，为2%～3%，且主要存在于胚中(表3-2)。常见的小麦胚芽油就是从小麦的麸皮和胚芽等磨粉加工副产品中提取出来的。

表3-2 小麦籽粒不同部位的脂类含量

籽粒部位	果皮	种皮	糊粉层	胚乳	胚	胚轴	盾片
脂类含量/%	5.1～5.5	0.7～1.0	6.0～9.9	0.8～2.2	28.5	10.0～16.3	12.6～32.3

注：① 表中不同部位脂类含量为不同部位脂类质量占相应部位总质量(14%湿基)的百分数。

② 表中数据引自郭祯祥. 小麦加工技术. 2003.

小麦等谷物的脂肪含有丰富的亚油酸、卵磷脂和植物固醇，并溶解了大量维生素E。小麦脂肪中的脂肪酸组成合理、生理活性物质丰富，被称为营养健康型脂肪。其脂肪中的亚油酸、花生四烯酸、亚麻酸等不饱和脂肪酸是人体必需脂肪酸，能够抑制动脉血栓的形成，软化血管，防止和治疗脑出血。

四、纤维素

纤维素是由葡萄糖组成的大分子多糖，是自然界中分布最广、含量最多的一种多糖。纤维素是植物细胞壁的主要结构成分。由于人体消化道内不存在纤维素酶，纤维素不能被人体自身的消化酶及肠道微生物所分解，所以纤维素是一种重要的膳食纤维。

纤维素主要存在于小麦籽粒的果皮和种皮中。小麦籽粒中的粗纤维含量占粒重的3%左右。在小麦磨粉过程中，出粉率越高，小麦粉中纤维素的含量越高。全麦粉中含有较多的纤维素。

膳食纤维包括纤维素、半纤维素、木质素及其他混杂多糖等，被誉为“人类第七大营养素”。膳食纤维能够促进胃肠蠕动，促进排泄，可以预防结肠癌和减少冠心病等疾病的发生。高膳食纤维食品易于让人体产生饱腹感，使人食后血糖反应平稳，有助于肥胖症及糖尿病患者维持正常的身体机能，降低高血糖、尿糖和肠胃癌等发生风险。膳食纤维摄取不足有可能导致肥胖、冠心病及糖尿病等疾病。

五、维生素

维生素是人和动物为维持正常的生理功能而必须从食物中获得的一类微量有机物质。维生素既不参与构成人体细胞，也不为人体提供能量，但它作为“生物活性物质”，在人体生长、代谢、发育过程中发挥着重要的作用。

小麦籽粒中的维生素主要有B族维生素、泛酸和维生素E，同时含有少量维生素C，主要存在于胚和糊粉层中。其中，B族维生素主要是维生素B_1、维生素B_4和维生素B_6等。

许多维生素是酶的辅基或辅酶的组成部分，影响酶的活性，进而影响人体机能。如果长期缺乏某种维生素，就会引发生理机能障碍而发生某种疾病。

六、矿质元素

小麦籽粒或小麦粉经灼烧后，残留下来的无机物质称为灰分。小麦灰分包含矿物质、无机盐和其他混杂物的灼烧残留。矿质元素以氧化物的形式存在于灰分中，所以矿质元素也叫灰分元素。

灰分在小麦籽粒的皮层中含量最高，其次是在胚中，而胚乳中的含量甚微。矿质元素在小麦籽粒中主要以无机盐的形式存在，其中 Ca、K、P、Fe、Ze、Cu、Mn、Mo 等对人体作用较大。目前，人们把小麦中的较高含量的有益矿质元素作为营养保健食品的重要标志。

矿质元素可以维持人体水分和酸碱平衡，激活体内酶的活性，通过酶参与体内蛋白质和糖类等物质的新陈代谢。例如钾离子能维持神经和肌肉敏感度，使肌肉和神经正常兴奋，使心脏正常跳动。正常情况下，人体每天需要从膳食中摄取 2～4 g 钾。

第二节　小麦籽粒的营养物质含量及其分布

小麦籽粒营养物质主要指蛋白质、组成蛋白质的氨基酸(特别是赖氨酸、苏氨酸等必需氨基酸)、糖类、脂肪和矿质元素等。这些营养物质的组成和含量决定了小麦的加工品质和营养品质。从提供人体所需的各种营养物质考虑，营养丰富、全面而且比例均衡的小麦品质为佳。

一、小麦籽粒的营养物质含量及人体需求量

小麦籽粒各种营养物质含量相差很大。在小麦和其他谷物籽粒中，一般含有淀粉 65%～70%、蛋白质 10%、脂类 2%～5%、其他物质 5%(表 3-3)。因此，通常说水稻和小麦是以淀粉(即糖类)为主的食物。

表 3-3　小麦和其他谷物籽粒中的部分营养物质含量(14%湿基)

名称	蛋白质/%	脂类/%	淀粉/%	纤维素/%	灰分/%
软质小麦	12.7	1.6	66.6	3.4	1.7
硬质小麦	12.5	1.9	67.5	2.3	1.8
稻谷	7.3	2.0	63.1	9.0	4.6
玉米	10.3	4.9	67.5	2.1	1.2
大麦	11.5	2.0	65.8	4.3	2.4
黑麦	9.9	1.6	70.0	1.9	1.7

注：①表中各营养成分含量为各营养成分质量占籽粒总质量(14%湿基)的百分数。

②表中数据引自卞科等. 谷物化学. 2017.

小麦籽粒中各种营养物质的含量随着小麦品种、籽粒的饱满度和容重等因素的不同而变化(表 3-4)。一般情况下,籽粒饱满度越高,淀粉含量越高,而蛋白质、纤维素、灰分等含量越低。

表 3-4 不同类型小麦籽粒的营养成分含量(14%湿基)

小麦类型		蛋白质含量/%	糖类含量/%	脂肪含量/%	灰分含量/%	纤维素含量/%
冬小麦	饱满籽粒	10.0	70.0	1.7	1.7	1.6
	中等籽粒	11.0	68.5	1.9	1.7	1.9
	不饱满籽粒	13.5	64.0	2.2	2.6	2.7
春小麦		13.2	66.1	2.0	1.9	1.8

注:①表中各营养成分含量为各营养成分质量占籽粒总质量(14%湿基)的百分数。

②表中数据引自邓志英,田纪春等. 谷物品质分析. 2020.

人体对不同营养物质的需求量相差比较大。蛋白质、脂类每天需要几十克,而维生素 B_{12}、微量元素硒只需要几微克到几十微克。人们将存在于人体内且每日需求量在 1 g 以上的营养物质称为宏量营养物质,可分为 6 大类 40 多种,包括蛋白质、脂类、糖类、膳食纤维以及 P、K、Na、Ca 等矿质元素;将机体每日需求量从微克级到毫克级的营养物质称为微量营养物质,包括维生素和微量元素。

人体对不同营养物质的吸收率不相同。铁在植物性食物中含量低,受植酸等抗营养因子的影响,再加上植物性食物的铁吸收率一般很低,多在 10%以下,如大米为 1%,玉米和黑豆为 3%,小麦为 5%,因此,在以植物性食物为主要食品的发展中国家,铁营养缺乏更加严重。据世界卫生组织(WHO)2006 年提供的生物利用度信息,小麦中的铁的浓度要提升到 57 mg/kg 才能满足人体的日常铁需求。

营养物质的不同组成成分的含量也不相同。例如小麦籽粒或小麦粉中,直链淀粉含量占淀粉总量的 20%～25%,而支链淀粉含量占 75%～80%。小麦和其他谷物的种子蛋白质中,由于赖氨酸和苏氨酸匮乏,所以营养不平衡。赖氨酸含量短板的存在,导致其他的必需氨基酸在人体内不能被充分利用而浪费,造成其蛋白质营养价值降低。

根据溶解特性不同,膳食纤维又被分为不溶性膳食纤维和水溶性膳食纤维。在小麦中,不溶性与可溶性膳食纤维的比例约为 9∶1。与燕麦、黑麦等相比,普通小麦中膳食纤维的含量较高,为 11.5%～18.3%。尤其是在小麦麸皮中,约有 50%的物质为膳食纤维。麦麸膳食纤维主要由纤维素、半纤维素及木质素组成。小麦麸皮膳食纤维可适量添加于面制品、乳制品及肉制品中,但不影响食品的外观与风味。

按照联合国粮食及农业组织(FAO)和世界卫生组织(WHO)推荐的膳食结构标准,每人每日需要蛋白质最低量为 72.8 g,比较适宜的量为 100 g 左右。FAO 和 WHO 推荐的营养组成为:蛋白质 12%、脂肪 30%、糖类 58%。相比而言,我国居民膳食营养组成表现为"二少一多",即蛋白质偏少,脂肪显著少,糖类多。我国人均摄入蛋白质 67 g/d,比推荐标准低 8%,其中 88.8%为植物蛋白。同时我国居民膳食脂肪构成中有 60%来自植物。由此可见,小麦等粮食作物的营养成分对于保障我国人民营养和健康非常重要。

二、小麦籽粒结构及营养物质分布

小麦籽粒实际上是指植物学上称为颖果的果实，其基本结构为果皮和种子（图 3-1 和数字资源 3-1）。籽粒顶端长有绒毛；下端长着胚；有胚的一面为背面，呈现圆形；无胚的一面为腹面，有一条腹沟，几乎贯穿整个籽粒。腹沟的深浅影响籽粒的出粉率以及小麦粉的品质。

果皮位于籽粒最外层，起源于母本的子房壁。成熟籽粒的果皮厚度一般为 40～50 μm。果皮可分为外果皮和内果皮。外果皮是由与籽粒长轴平行分布的长方形细胞组成的，壁厚且外表面角质化。内果皮主要由中间细胞、横细胞和管状细胞组成。外果皮占籽粒重量的 3%～5%，含有不溶性的膳食纤维，对内部的胚乳和胚起到保护作用。

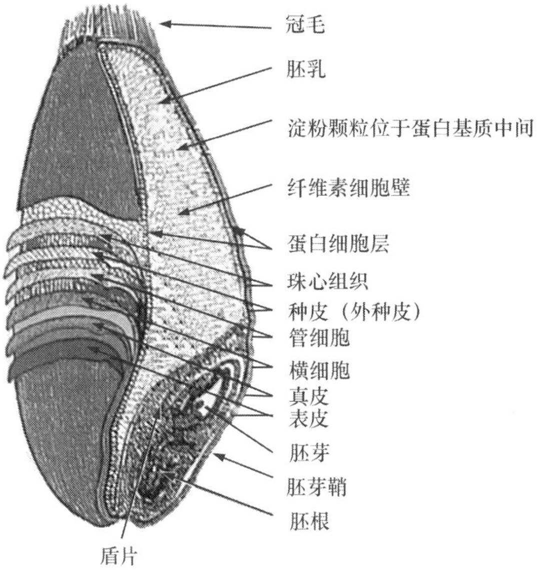

图 3-1　小麦籽粒结构（引自 Barron 等，2007）

数字资源 3-1　小麦籽粒结构

种子又分为种皮、糊粉层、胚乳和胚 4 部分，各部分间的相对比例及其营养物质含量在不同品种间相对稳定（表 3-5）。

种皮来源于胚珠外被，厚度为 5.5～11.5 μm，种皮外侧与管状细胞相连，而内侧与珠心层相连。种皮分为外种皮和内种皮。外种皮细胞无色透明；内种皮由色素细胞组成。种皮含有烷基间苯二酚同系物、甾醇类和甾基阿魏酸盐等物质。

糊粉层在胚乳外围，由 1～2 层富含蛋白质的细胞组成，细胞大，外壁透明，细胞腔内含有极易吸水的细小糊粉粒。在磨粉时，糊粉层会随着果皮、种皮一同被除去，形成麸皮。糊粉层占籽粒的 6%～9%，含有不溶性膳食纤维、微量可溶性纤维、蛋白质（包括酶）、酚类物质、E 族和 B 族维生素、矿质元素、脂类、甾醇类和植酸等物质。

胚乳是 2 个雌性极核和 1 个花粉生殖核受精的产物。胚乳细胞体积大、壁薄，内部充满了形状各异、大小不同的淀粉粒。成熟籽粒中，从糊粉层到胚乳中心，小淀粉粒的数量逐渐减少，大淀粉粒的数量却逐渐增加。胚乳细胞中的蛋白质绝大部分是贮藏蛋白，主要是醇溶蛋白和谷蛋白。蛋白质和淀粉粒的结合程度决定了胚乳的质地是角质还是粉质。胚乳一般占籽粒总质量的 82%～85%(加上糊粉层可达 90%左右),是小麦籽粒的主要组成部分,也是食用加工的主要部位。

胚是 1 个卵细胞与 1 个花粉生殖核受精的产物,一般占籽粒总质量的 2%～3.6%,最高可达 7%。胚主要由胚轴和盾片组成。胚是植物体的雏形,含有较多的蛋白质、脂类等营养物质。因脂肪容易酸败,因而会影响小麦粉尤其是全麦粉的贮藏。胚和糊粉层是蛋白质和赖氨酸的密集部位,适当添加可以提高小麦粉的营养价值。还可以将胚单独提取成为麦胚片,用作食品添加剂或功能性食品。

表 3-5 小麦籽粒各组成部分的营养成分含量(干物质)

颖果各部分	质量比例/%	各成分的构成比例						
		蛋白质/%	淀粉/%	糖类/%	纤维素/%	戊聚糖/%	脂类/%	灰分/%
整粒	100	16.06	63.07	4.32	2.76	8.10	2.24	1.91
胚乳	81.55	12.91	78.92	3.54	0.15	2.72	0.68	0.45
胚	3.14	37.63	0	25.12	2.46	9.74	15.04	6.32
糊粉层	6.4	52.10	0	6.52	6.41	15.30	8.16	12.80
外皮层	8.91	10.45	0	2.54	23.73	51.22	7.46	4.72

注:①表中不同部位营养成分含量为不同部位营养成分质量占相应部位总质量(干物质)的百分数。
②表中数据引自邓志英等. 谷物品质分析. 2020.

第三节 小麦粉和全麦粉的营养品质

小麦粉是指加工小麦籽粒而得到的粉状物,一般是指提取麸皮后的面粉。传统小麦制粉工艺采用分层剥刮的辊式研磨制粉方法,将小麦籽粒带皮入磨,由内向外逐层破碎剥刮的取粉方法。现在,有不少面粉加工企业采用小麦剥皮制粉工艺,利用剥皮机除去小麦皮层得到裸麦,再从外向里直接破碎的制粉方法,该工艺大大减少了麦皮进入小麦粉的机会,从而大幅提高小麦粉精度和白度。

为了避免大型钢铁机械因高温、高压对小麦的有效营养成分和品质的破坏,利用石磨进行制粉的工艺也占据了一定市场。石磨磨齿宽大有序、转速慢、石磨内部温度低,因此更好地保留了小麦籽粒中的蛋白质、脂类、Ca、维生素等各种营养成分,特别是石磨加工的小麦粉维生素 E 的含量是其他方法磨出小麦粉的 18 倍。石磨加工小麦粉的颗粒较大,制作的面食口感比较筋道柔韧、麦香味浓郁。

根据筋力强弱和用途,可以将小麦粉分为弱筋粉、标准粉和富强粉 3 种。无论是哪种小麦粉,质量合格的小麦粉都表现为:①一般呈乳白色或微黄色;②手感细而不腻,颗粒均匀,既不破坏小麦的内部组织结构,又能保持其固有的营养成分;③小麦粉保持其自然浓郁的麦香味。

一、小麦粉的营养品质

小麦粉的脂肪含量和纤维素含量比精白米高(表 3-6)。小麦粉中蛋白质含量一般为

10%～13%，其中面筋蛋白占80%左右。存在于胚乳中的淀粉等碳水化合物，在小麦粉尤其是精制小麦粉中得到了极大的保留和富集。由于脂肪主要存在于小麦籽粒的胚芽中，麸皮次之、胚乳最少，所以，在磨粉过程中，大部分脂肪流失在麸皮等副产品中，因而小麦粉中脂肪含量降低。小麦粉中的纤维素含量因小麦粉加工的细度不同而不同，出粉率越高，纤维素含量越多。我国标准粉纤维素含量一般在0.8%左右。

表3-6　每100 g小麦粉(或精米)中营养成分含量

类别	碳水化合物/g	蛋白质/g	脂肪/g	不溶性纤维/g
精米(均值)	77.9	7.4	0.8	0.7
小麦粉(标准粉，均值)	73.6	11.2	1.5	2.1

注：①表中各营养成分含量为100 g小麦粉(或精米)中营养成分的质量。
②表中数据引自卞科等. 谷物化学. 2017.

小麦粉的等级与籽粒中矿物质的含量有直接关系。通常，矿物质含量越高，小麦粉等级越低；含量越低，小麦粉等级越高。就一般小麦粉而言，矿物质含量的多少对于其制作的面食品不会有太大的影响。如果小麦粉中矿物质含量过多，小麦粉的颜色则稍带灰色，面食品的颜色自然也就发乌发暗。矿物质主要分布在麦粒的表层，越是精制的小麦粉，矿物质损失越多。每100 g小麦标准粉一般含有钙38 mg、磷268 mg、铁4.2 mg、维生素B_1 0.46 mg、维生素B_2 0.06 mg、烟酸2.5 mg。

小麦粉含有少量的维生素。小麦粉颜色越白，表明其加工精度越高，但其维生素含量越低。

小麦蛋白质中的必需氨基酸含量与比例不平衡，其中赖氨酸、精氨酸、组氨酸和蛋氨酸含量比较低。小麦蛋白质生物价比大米蛋白质略低(表3-7)。所以，我们在食用面食的时候，要补充这些营养成分含量高的豆类食物、动物性食物，以达到营养互补、保证健康的膳食原则。

表3-7　小麦粉蛋白和大米蛋白中的必需氨基酸组成与比例　　%

氨基酸种类	蛋白质生物价	全蛋白	大米蛋白	小麦粉蛋白
色氨酸		1.65	1.63	1.15
赖氨酸		6.40	3.79	2.44
蛋氨酸		3.14	1.90	1.40
苯丙氨酸		5.78	4.69	4.56
苏氨酸		4.98	3.87	3.06
亮氨酸		8.80	9.04	7.21
异亮氨酸		9.60	3.36	3.61
缬氨酸		7.40	5.50	4.24
	消化率	98	97	100
	营养价值	94	77	52
	色氨酸缺乏度	标准	−1	−30
	赖氨酸缺乏度	标准	−41	−52

注：①缺乏度以100为标准。
②表中数据引自卢敏等. 粮食营养价值的缺陷与对策. 1997.

小麦粉及其面食品具有较高的食用和营养价值。除了少数对面筋蛋白过敏人群外，大部分人群都可以食用面食品。小麦粉及其面食品能够快速补充和满足人体所需的能量。研究表明，每 150 g 煮熟的面条中含有 1 g 脂肪、7 g 蛋白质、40 g 碳水化合物（7.53×10^5 J 热量），相对于一些高热量、高脂肪的食品来说，它不是脂肪性食物，但它特别能给人饱腹感。成人每天摄入适量的面条并不会有发胖的风险。小麦粉中含有蛋白质、不饱和脂肪酸、B 族维生素、维生素 E、矿物质和膳食纤维等，可以补充人体所需要的各类营养成分，增强抵抗力，具有较高的营养价值。

小麦粉及其面食品具有一定药用价值和滋补效果。中医认为“小麦味甘，性凉；有健脾养心益肾，除热止渴之功；用于口干咽燥，烦躁不安，食欲不振等”。《本草始遗》记载“小麦面，补虚，实人肤体，厚肠胃，强气力”，由此可见小麦的滋补效果。除此之外，面食品还具有健脾养胃的保健作用。因为面食品易消化，胃酸分泌少，胃不致疲劳，因而病后恢复饮食时，经常食用面糊或者烂面条可快速恢复健康；孕妇临产时，多吃些易消化、热量高的面食品可快速补充体能。

普通小麦粉存在赖氨酸缺乏和小麦粉过度精加工导致的营养物质不足、失衡或大量损失的问题。强化食品是解决其营养缺乏的最佳手段之一，一直受到营养学界的推崇。发达国家的强化食品种类多，比较常见；而国内的强化食品种类较少，规模不大，消费者认知度和认可度不高。到目前为止，杂粮混合面粉（添加豆粉等）、营养强化面粉及面食品已经进入国内大中型超市。营养强化面粉是指在小麦粉中加入铁、钙、锌、维生素 B_1、维生素 B_2，叶酸、烟酸以及维生素 A 等营养成分的面粉。用这种面粉制作馒头、饼、水饺、面条等面食品，其营养价值得到明显改善，有助于预防缺铁性贫血、锌缺乏、钙缺乏、口腔溃疡、夜视适应能力下降、便秘等常见营养问题，而且价格不是很高。

二、小麦全麦粉的营养品质

我国粮食行业标准 LST 3244—2015 中，对全麦粉（Whole wheat flour）做了界定：“以整粒小麦为原料，经制粉工艺制成的，且小麦胚乳、胚芽与麸皮的相对比例与天然完整颖果基本一致的小麦全粉。”也就是说，全麦粉是指小麦清理后，仅仅经过碾碎，而不需经过除去麸皮程序，包含了麸皮与胚芽的小麦粉，即具有全部籽粒营养的面粉。按加工工艺不同，全麦粉可分为：① 全谷物籽粒直接粉碎制粉；② 按照常规剥皮制粉工艺磨粉，再将麸皮、胚芽及胚乳等挤压膨化处理后进行复配制粉。有人将前者叫作全麦面粉，后者叫作全麦粉，因为后者增加了筛分（颗粒大小分级）、挤压膨化和复配等步骤。在本教材中，上述两种均称为全麦粉。

我国小麦全麦粉有两项关键的质量控制指标：① 膳食纤维含量≥9.0%；② 烷基间苯二酚含量≥200 μg/g。膳食纤维含量是反映小麦全麦粉中麸皮含量的一个重要指标；而烷基间苯二酚含量是反映小麦外层麸皮含量的一个重要指标。

在常规制粉的剥皮过程中，皮磨和渣磨会将小麦籽粒的果皮、种皮、糊粉层和胚磨掉，形成麸皮，造成营养物质的大量流失。小麦的麸皮含有营养价值极高的纤维素、维生素和矿质元素，全麦粉可以避免这些营养物质的损失。

全麦粉含有丰富的维生素 B_1、维生素 B_2、维生素 B_6、烟酸、钙、铁、锌等微量元素。进食全麦粉制成的面食品可以降低血液循环中的雌激素含量，从而达到防治乳腺癌的目的；对于更年期妇女，食用全麦粉还能缓解更年期综合征。全麦粉具有以下营养特点。

(1)易于消化吸收，满足人体能量需求。小麦全麦粉中的淀粉含量一般为 58%～76%，其中还含有较多的可溶性糖(2%～5%)。500 g 全麦粉可提供 7 400 kJ 热量，特别是全麦粉中的淀粉与蛋白一起形成的面筋发酵后制成松软多孔的食品，有利于人体的消化吸收，如面包中的淀粉在人体内的消化吸收率高达 97%。

(2) 矿物质含量丰富、消化吸收利用率较高。与大米相比，全麦粉中的钙、铁等矿物质含量较高；维生素含量与大米相当，但全麦粉在制作食品前不需淘洗，可以避免矿物质和维生素等在淘洗过程中的损失。如果用全麦粉制作发酵食品，其中 55%～56%的植酸盐可以通过发酵被水解。若延长发酵时间，植酸盐的水解甚至可达 75%。植酸盐的减少，有利于钙、铁等矿物质的吸收和利用。全麦粉中铁的吸收率为 5%；而玉米中铁的吸收率仅为 3%，大米仅为 1%。

(3)小麦粉加工精度的不同导致其中膳食纤维含量不同。将全麦粉掺入常规小麦粉中可增加小麦粉的膳食纤维含量，降低碳水化合物含量。全麦粉中的膳食纤维有利于促进人体对食物的消化，对便秘和肠道疾病患者非常有益，对糖尿病人也很有好处。

(4)全麦粉中的戊聚糖有助于发酵和烘焙。戊聚糖主要存在于小麦的果皮、种皮和糊粉层中。戊聚糖的主链为木糖，侧链含有阿拉伯糖残基和阿魏酸，呈现螺旋式棒状结构，因而具备高持水(可吸附自身质量约 10 倍的水)、高黏度和氧化交联等特性，对面团发酵和烘焙有重大影响。戊聚糖还是一种天然食品甜味剂，可在结肠中被微生物发酵，具有调节肠道菌群、控制血糖等生理作用。

目前，国内市场上的“全麦粉”主要有以下 3 类。

(1)“没有麸皮”的全麦粉。此类产品是通过对优质小麦经过特殊的工艺处理后研磨而成的粗粒小麦粉(Wheat semolina)。该类全麦粉里面包含了小麦的全部营养物质，肉眼看不见麦麸。用其制作的面食品含有丰富的蛋白质和纤维素等营养成分。国内很多食品企业用其来制作一些法式脆皮面包，麦香味很浓。

(2)市场上比较常见的“全麦粉”。市面上这类全麦粉品牌最多，销量最大，各品牌的膳食纤维含量各不相同，也分高筋全麦粉、中低筋全麦粉。此类产品主要由面粉厂生产，一般是在普通小麦粉里添加粗麦麸。其包装跟普通小麦粉一样，可以直接作为馒头等中式面食品和面包的主料。但此类产品的缺点是做出来的吐司面包和馒头口感粗糙。

(3)经烘焙后再研磨的小麦粉。此类产品是对小麦经过特殊工艺烘焙后研磨，再添加了麦芽、谷蛋白和色素等营养成分而成。制作面包时，通常将 15%～20%的该类全麦粉添加到普通面包粉中，做出的面包口感细腻，不粗糙，麦香味浓。

第四节　小麦中的微量活性物质及黑粒小麦营养品质

小麦等谷物籽粒中除了蛋白质、淀粉、脂肪、维生素和矿质元素外，还含有种类繁多的微量活性物质，如黄酮类、皂苷类、甾醇类、活性多糖、类胡萝卜素、活性酶类等。这些物质具有较好的生物学功能，能够防治疾病，对于人体健康非常重要。

黑粒小麦是指籽粒呈现蓝色、紫色或是黑紫色等特殊颜色的小麦品种。黑粒小麦中的膳食纤维、黑色素和矿物质元素含量较高，具有独特的营养和保健价值。

一、小麦的微量活性物质

小麦籽粒中的主要生物活性物质有酚酸、黄酮、叶酸、植物甾醇、维生素 E、二十八烷醇、类胡萝卜素和活性酶类等。

1.酚类物质

酚类物质是一类含有一个或多个芳香环，且芳香环上带有一个或多个羟基的化合物，包括酚酸、黄酮、香豆素和鞣酸等，主要以糖苷的形式连接到各种糖基上。谷物籽粒中的酚类物质主要有酚酸、黄酮和烷基间苯二酚。其中，酚酸和黄酮抗氧化能力强，可维持人体内氧化剂和抗氧化剂的平衡，是谷物籽粒中含量最多的酚类化合物。酚酸和黄酮主要分布于小麦籽粒的种皮与糊粉层，其含量高于其他禾谷类作物。

酚类物质对人体的生理作用主要包括：①通过清除体内自由基和抗脂质过氧化来防治心脑血管疾病；②通过抑制血小板活性和脂类代谢相关酶的活性，诱导血管舒张，防止冠心病、动脉粥状硬化、中风等心脑血管疾病的发生；③通过加强免疫细胞机能，增加消炎作用，减少心脑血管疾病的发生。

(1)酚酸。酚酸是植物体内抗氧化的一类酚类物质。其中阿魏酸是谷物中常见的酚酸类物质，广泛存在于禾谷类作物籽粒的糊粉层、皮层和胚的细胞壁部分，通常与多糖和蛋白质结合形成细胞壁的骨架。小麦中的阿魏酸以束缚态为主，水溶态和脂溶态比较少。

不同地域的小麦籽粒酚酸含量不同。欧洲、加拿大和美国的小麦籽粒中的酚酸含量变异范围为 326～1 171 μg/g；而我国的小麦籽粒中的酚酸含量变异范围为 541～884 μg/g。

(2)黄酮。黄酮(生物黄酮的简称)是植物合成的一类次生代谢物质。自然界存在的黄酮种类有 3 000 多种。黄酮具有很强的抗氧化和清除自由基作用，是目前研究的热点之一。黄酮参与磷酸和花生四烯酸的代谢、蛋白质的磷酸化、钙离子的转移、自由基的清除、氧化还原作用和螯合作用等。

小麦中的黄酮类化合物主要存在于麸皮中，性质比较稳定。黄酮在酸性条件下无色；在碱性条件下呈黄色。黄碱面条(Yellow alkaline noodle)呈现的颜色就是黄酮类化合物与碱溶液反应的结果。花色素也属于黄酮。黑粒小麦的黑色就是花色素含量较高显现出来的。

黄酮类化合物具有与维生素 C 一样的活性，可以防治血管疾病、抗肿瘤、抗过敏及炎症，抑制细菌和病毒，解除平滑肌痉挛等。

(3)烷基间苯二酚。烷基间苯二酚是间苯二酚苯环 5 位被含有奇数个碳原子的烷基取代的一类衍生物的总称，是存在于小麦、黑麦等谷物中的一类特殊酚类物质，具有亲水、亲脂两亲性。烷基间苯二酚主要存在于小麦籽粒的外层糊粉层中，可将该物质作为全麦食品的一种生物标记物。小麦中烷基链的碳原子为 17～25 个，多为 21 个。

不同谷物中的烷基间苯二酚含量不同，一般在 54～3 200 μg/g，其中，小麦、黑麦、小黑麦等麦类作物中的烷基间苯二酚含量较高。

2. 植物甾醇

植物甾醇(又称植物固醇)是植物体内的类似于环状醇结构的天然活性物质,是植物生长过程中的主要次生代谢产物。甾醇参与植物新细胞和新组织的生长,还能作为底物形成配糖生物碱、皂苷等其他代谢产物。植物甾醇还能促进胆固醇的代谢,并抑制其合成和吸收,减少人体内胆固醇水平,预防动脉粥样硬化、冠状动脉硬化和心脏病等心脑血管疾病的发生。植物甾醇还有抗癌作用,如β-谷甾醇具有抑制胆汁酸的作用,降低胆汁酸代谢物浓度,抑制肠道癌症的发生和发展。

小麦籽粒中的植物甾醇含量高达 760 mg/kg。植物甾醇一般分布于小麦籽粒的果皮、种皮、糊粉层、胚乳和胚芽中。普通小麦品种间的植物甾醇含量也存在较大的差异。小麦籽粒各组织中的植物甾醇的组成成分和含量相差很大,其中胚芽、麸皮和胚乳中含量较高,如小麦胚芽油中植物甾醇含量可达 19.70 g/kg。每 100 g 小麦粉中含植物甾醇 47～86 mg,平均为 59.6 mg。小麦粉加工越精细,植物甾醇含量就越低(表 3-8)。

表 3-8 每 100 g 小麦粉中不同植物甾醇含量

小麦粉类型	β-谷甾醇/mg	菜油甾醇/mg	豆甾醇/mg	谷甾烷醇/mg	菜油甾烷/mg	合计/mg
面粉类	34.51	8.28	1.43	10.37	5.01	59.60
全麦粉	48.08	13.46	1.81	14.66	7.49	85.50
标准粉	38.64	9.78	1.34	10.39	5.41	65.56
富强粉	29.64	6.58	1.12	10.24	4.70	52.28
饺子粉	28.46	5.90	1.65	8.33	3.71	48.05

注:①表中不同植物甾醇含量为 100 g 小麦粉中不同甾醇的质量。

②表中数据引自韩军花等. 常见谷类、豆类食物中植物甾醇含量分析. 2006.

3. 叶酸

叶酸是一种水溶性的 B 族维生素,由谷氨酸、对氨基苯甲酸与蝶呤啶等组成。不同倍性的小麦叶酸含量存在很大差异,二倍体小麦、四倍体小麦和斯皋尔脱小麦中叶酸含量较高。人体缺乏叶酸会导致巨红细胞性贫血及白细胞减少症,致使人体乏力、情绪暴躁等。孕妇怀孕前 3 个月内叶酸缺乏有可能导致胎儿神经管发育的缺陷。

4. 维生素 E

维生素 E 是一种强抗氧化剂,能够抑制脂肪酸的氧化,保护细胞免受自由基的损害,在降低胆固醇、抗老化、预防癌症及增强免疫系统功能中起着重要作用。普通麦芽油中的维生素 E 含量高达 5.0 g/kg。维生素 E 可分为生育酚和生育三烯酚。生育酚和生育三烯酚的区别在于:生育酚侧链为饱和脂肪酸,而生育三烯酚的侧链为含 3 个双键的不饱和脂肪酸。生育酚和生育三烯酚在普通小麦籽粒中的含量变异范围均为 20～80 μg/g。

5. 类胡萝卜素

类胡萝卜素是由 8 个类异戊二烯单位组成的碳氧化合物及其衍生物,其基本结构是番茄红素。类胡萝卜素可分为胡萝卜素和类胡萝卜素含氧衍生物(含氧类胡萝卜素、叶黄素)两大类。前者包括 α-胡萝卜素、β-胡萝卜素和 γ-胡萝卜素，其中 β-胡萝卜素可分裂产生两分子的维生素 A，而后者包括黄体黄素、叶黄素、玉米黄素和玉红素等。

小麦粉中的类胡萝卜素含量约为 3 mg/kg，由 10%左右的胡萝卜素和 90%左右的叶黄素组成。类胡萝卜素分子中含有多个不饱和双键，可被空气中的氧或增白剂氧化而退色。刚磨制的小麦粉由于含有类胡萝卜素，色泽微暗发黄，在空气中放置一段时间后会因氧化而逐渐退色变白。

类胡萝卜素尤其是胡萝卜素是人和其他动物所必需的。它可以清除自由基，抑制活性氧的产生，进而提高人和其他动物的免疫力，预防肿瘤的形成及动脉粥状硬化。

6. 二十八烷醇

二十八烷醇（又称高粱醇、普里醇）是一种天然存在的特长链高级脂肪体，纯品为白色晶体；分子结构中有 28 个碳原子，直链的末端连着羟基。在自然界中，游离态二十八烷醇很少，绝大部分以脂肪酸酯（又称蜡酯）的形态存在，如蜂蜡、米糠蜡、甘蔗蜡、白蜡等。小麦的蜡主要是 C_{14-32} 的脂肪酸和二十八烷醇结合生成的酯。在小麦胚芽中其含量为 10 mg/kg，而小麦胚芽油中其含量为 100 mg/kg。

二十八烷醇具有良好的生理功能，具有抗疲劳；增进耐力、精力和体力；提高反应灵敏性和应激能力；促进性激素产生；减轻肌肉疼痛；改善心肌功能；降低收缩期血压；提高机体代谢率等功能。此外，该物质还能减少人体需氧量，促进降血钙素的形成。二十八烷醇已经应用于运动型饮料等功能食品、化妆品和医疗保健品。

二、黑小麦营养品质

黑色食品是指含有天然黑色素的动植物食品。因其含有天然黑色素而呈现黑色、深紫色或深褐色。黑色食品以其自然性、营养性、功能性和科学性（“四重性”）越来越受到人们关注，成为食品工业研究的热点之一。黑色食品包括黑米、黑小麦、黑豆、黑芝麻等系列食品。黑色食品除比同类食品含有更多的植物蛋白、膳食纤维、维生素及 Fe、Zn、Mn、Se、I 等微量元素外，还富含同类非黑色食品缺乏的花青素、黄酮、生物碱、植物甾醇、强心苷等微量活性物质，具有降血压、防癌等功效。

黑粒小麦（简称黑小麦，染色体组成为 AABBDD）是指不同于普通白粒、红粒小麦而籽粒呈现蓝色、紫色或黑紫色等特殊颜色的普通小麦，也有研究者称其为彩色小麦。黑小麦又被人们戏称为蛋白麦、补钙麦、富硒麦、防癌麦、益寿麦等。

黑小麦蛋白质含量高，可达 17%以上；黑小麦氨基酸种类齐全，氨基酸比例优于普通小麦，必需氨基酸含量高，特别是赖氨酸含量比普通小麦高 60%（表 3-9），提高了黑小麦蛋白质的质量；黑小麦膳食纤维和黑色素含量高，且富含维生素及钙、铁、锌、硒等对人体健康有益的微量元素与矿物质，具有很高的营养和保健价值。如黑小麦漯珍 1 号铁、锰、镁、钾、钙和锌等元素含量分别比普通小麦高 1 348.6%、460.9%、152%、137.4%、89.4%和 45%。长期食用黑小麦面食品可改善人们的营养结构，降低“富贵病”和癌症的发生，因此黑小麦面食品深受广大消费者的青睐。

表 3-9 黑小麦漯珍 1 号与普通小麦的必需氨基酸含量比较 %

必需氨基酸	黑小麦漯珍 1 号	普通小麦
亮氨酸	1.12	0.85
苯丙氨酸	0.75	0.61
缬氨酸	0.74	0.56
异亮氨酸	0.58	0.45
赖氨酸	0.43	0.39
苏氨酸	0.38	0.33
蛋氨酸	0.21	0.23
合计	4.21	3.41

注：①表中必需氨基酸含量为小麦籽粒中各必需氨基酸质量占籽粒总质量的百分数。
②表中数据引自胡秋辉等. 黑小麦营养成分分析及其深加工制品前景展望. 2006.

不同颜色的小麦籽粒中的营养物质含量不同。研究发现，紫粒小麦中蛋白质含量、微量元素 Zn^{2+} 含量比蓝粒小麦高，而且其植酸含量及麸皮中的膳食纤维对胆酸盐和油脂的吸附也较大。而蓝粒小麦中抗性淀粉含量及微量元素 Fe^{3+} 含量较紫粒小麦高，且生物活性物质含量、抗氧化能力及微量元素含量等均高于普通小麦。如黑小麦漯珍 1 号中锌和锰的含量分别比普通小麦高 89.4% 和 460.9%；黑粒小麦 76 号的蛋白质含量在 20%左右，铁、锌和硒含量分别为 55.0 μg/kg、32.0 μg/kg 和 274.0 μg/kg，均明显高于普通小麦(表 3-10)。我国推荐的成人每日铁供给量为 12～18 mg，因此，每日食用少量黑小麦，即可满足铁的日常所需，达到预防铁缺乏症的目的。

表 3-10 黑小麦 76 号的铁、锌和硒含量

粒色与矿物质	黑小麦 76 号	河东乌麦 625	Soissons	Hardi	鲁麦 14
籽粒颜色	紫色	紫色	白色	白色	白色
铁/(μg/kg)	55.0		32.0	42.0	
锌/(μg/kg)	32.0		15.0	18.0	
硒/(μg/kg)	274	200			94

注：①表中铁、锌和硒含量为 1 000 g 小麦籽粒中各矿物质元素的质量。
②表中数据引自孙善澄等. 黑粒高营养小麦种植与加工利用. 2003.

黑小麦的色素主要存在于果皮、种皮和糊粉层，由花青素和多糖构成，属于水溶性黄酮类花色苷色素。花色苷作为一种天然色素，安全无毒，对人体具有多种保健功能，常用于清除体内的自由基、增殖叶黄素，具有抗肿瘤、抗炎、抑制脂质过氧化和血小板凝集等作用。黑小麦中含有的天然花色苷大大高于普通小麦(表 3-11)。花青素是花色苷的水解产物，因其具有维持血管正常渗透压、减少血管脆性、改善心肌营养、抑制细胞生长及抗氧化、抗癌等多种保健功能而被分离出来，应用于食品和医药领域。

表 3-11 运黑系列小麦品系的总酚酸及花青素含量

粒色与色素含量	运黑 161	运黑 163	运黑 164	运黑 14207	良星 99
籽粒颜色	紫色	紫色	蓝色	蓝色	白色
总酚酸含量/(μg/g)	273.30±5.87 b	249.10±7.87 c	233.43±2.46 d	285.40±0.97 a	225.16±2.42 d
花青素含量/(mg/g)	0.130 9 a	0.091 2 b	0.052 8 c	0.055 7 c	—

注：①表中总酚酸(或花青素)含量为每克小麦籽粒中总酚酸(或花青素)的质量。
②表中数据引自于章龙等. 运黑系列黑小麦营养品质分析. 2018.
③"—"表示未检测到。
④同行数据后不同字母表示不同材料间在 0.05 水平差异显著。

不同黑小麦品种间的花色苷组成存在差异。紫小麦种皮富含花色苷类化合物而呈现紫色，控制紫色的基因主要来源于长穗偃麦草。不同紫色素的成分不同，如河东乌麦花色苷色素含有 3 个组成成分；黑小麦 76 号的色素含有 16 种花色苷。黑小麦花色苷清除 DPPH 自由基、羟基自由基和 $NaNO_2$ 的能力存在量效关系，花色苷浓度越高，清除效果越好。紫色小麦农大 3753 的花色苷具有较高的抗氧化能力，其抗氧化能力高于水溶性维生素 E，并能抑制胃癌细胞的侵染增殖。通常紫色小麦总酚酸、花青素含量高于蓝色黑小麦(表 3-11)。

黑小麦可应用于营养功能补剂、保健食品和医疗品的研发。现有运黑系列、冀紫 439、冀资麦 3 号、河东乌麦 526、黑小麦 76 号、漯珍 1 号和农大 3753 等小麦品种，籽粒呈黑、紫或黑紫色，富含花色苷等多种对人体有益的功能性物质。黑小麦作为理想的优质天然黑色食品原料，可用于生产黑小麦片、黑小麦挂面等面食品；黑小麦麦麸可作为高纤维食品，如减肥饼干的原料，同时可赋予其天然黑色。与普通小麦相比，黑小麦含有更为丰富的膳食纤维、酚酸、花色苷、B 族维生素和铁、硒等生物活性物质，具有良好的抗氧化、降血压、防癌、抗癌等作用。黑小麦是研发营养功能补剂、保健食品和医疗品的主要优质资源，具有良好的市场前景。

思考题

1. 试述小麦籽粒的结构及营养分布状况。
2. 为什么全麦粉营养价值高于普通小麦粉？
3. 小麦中常见的微量活性物质有哪些？

参考文献

[1] 卞科，郑学玲. 谷物化学. 北京：科学出版社，2017.

[2] 邓志英，田纪春. 谷物品质分析. 北京：中国农业出版社，2020.

[3] 韩军花，冯妹元，王国栋，等. 常见谷类、豆类食物中植物甾醇含量分析. 营养学报，2006，28(5)：375-378.

[4] 胡秋辉，陈历程，吴莉莉，等. 黑小麦营养成分分析及其深加工制品前景展望. 食品科学，2001，22(12)：50-52.

[5] 高韵哲，杨久臣，李克民，等. 黑小麦营养功效及无公害栽培技术. 现代农业科技，

2016(18)：28-29.

[6] 郭祯祥. 小麦加工技术. 北京：化学工业出版社，2003.

[7] 宋印明，倪中福，李保云，等. 富硒强筋紫粒小麦品种——农大 3753 的培育. 农业生物技术学报，2012，20(4)：451-454.

[8] 孙善澄，刘少翔，阎文泽，等. 黑粒高营养小麦种植与加工利用. 北京：金盾出版社，2003.

[9] 王康君，孙中伟，郭明明，等. 小麦营养品质的研究进展与展望. 农业科学，2020，40(7)：7-12.

[10] 吴莹晗，马丹妮，李华. 黑小麦营养价值功能性物质及其影响因素的研究进展. 农产品加工，2019(9)：58-60.

[11] 杨三维，田鹏，李刘军，等. 紫小麦花色苷的提取及其抗氧化和肿瘤抑制研究. 中国农业科技导报，2018，20(5)：1-8.

[12] 于章龙，刘瑞，宋昱，等. 运黑系列黑小麦营养品质分析. 麦类作物学报，2018，38(5)：558-562.

[13] 张勇，郝元峰，张艳，等. 小麦营养和健康品质研究进展. 中国农业科学，2016，49(22)：4284-4298.

[14] Barron C，Surget A，Rouau X. Relative amounts of tissues in mature wheat (*Triticum aestivum* L.) grain and their carbohydrate and phenolic acid composition. Journal of Cereal Science，2007，45(1)：88-96.

[15] Bhattacharya M，Erazo-Castrejón S V，Doehlert D C，*et al*. Staling of bread as affected by waxy wheat flour blends. Cereal Chemistry，2002，79(2)：178-182.

[16] Waniska R D，Graybosch R A，Adams J L. Effect of partial waxy wheat on processing and quality of wheat flour tortillas. Cereal Chemistry，2002，79(2)：210-214.

（梁荣奇）

第四章

小麦的加工及加工品质

小麦由野生到栽培，再走向饭桌经历了漫长的过程。在这个过程中，其加工方式和食用方式也发生了很大的变化。起初，在小麦的起源地——西亚，人类祖先是直接食用小麦的籽粒。小麦引入我国以后，最开始也是粒食，而不是像现在，先加工成面粉，再制作成面食品供人们食用。

小麦直接粒食口感远不如大米和小米。主要原因有三：①小麦皮（包括果皮和种皮）硬，且和糊粉层连接紧密，不易剥离；②小麦籽粒一般较硬，不易煮熟，口感不好；③小麦粉含有面筋，有黏弹性。鉴于上述三点，小麦不适于粒食。

纵观全球，小麦是首先被磨成面粉，然后在面粉的基础上再加工成各种各样的面食品，供人们食用的。小麦磨成面粉后，它的口感比大米好很多，而且可以做成包子、馒头、面条、饺子之类的各种形状的面食品。久而久之，人们就形成了小麦磨成面粉，再做成各种各样面食品的习惯。

不同小麦品种在加工成面粉和将其面粉加工成不同面食品时所表现的品质特性不同。小麦品质是一个综合的概念，指小麦对某种特定用途的满足程度。根据使用目的和用途的不同，可以将小麦品质性状分为贮藏品质、营养品质、加工品质、食用品质和卫生品质等。其中加工品质又可分为磨粉品质（一次加工品质）和食品加工品质（二次加工品质）。国内外多数学者将小麦籽粒的物理特性划分为磨粉品质（Milling quality）；将与食品加工关系密切的粉质参数、拉伸参数、糊化参数等划分为食品加工品质（Food-making quality）（魏益民，2005）。针对不同情况，考虑小麦品质的侧重点有所不同。对于小麦贮藏来说，主要考虑贮藏品质和卫生品质；对于小麦食用而言，主要侧重加工品质、食用品质和营养品质。

小麦通过一次加工（即从小麦磨成面粉）和二次加工（即从面粉制作成各种面食品），最终以面包、比萨、馒头、包子、饺子、面条、蛋糕、饼干等形式供消费者食用。

无论是从小麦到面粉，还是从面粉到面食品，都和小麦的加工品质密切相关。小麦品质的优劣决定于自身的遗传基础及其所处的环境，最终制品的好坏还取决于加工工艺水平。小麦的加工品质也称工艺品质，是指影响小麦加工工艺效果的某些特性。如一次加工中的出粉率、面粉白度、灰分含量、面粉的易筛理性等品质性状；二次加工品质中的面筋特性，如湿面筋含量、干面筋含量、面筋指数等；面团流变学特性如面团形成时间、面团稳定时间、吸水率、弱化度等；面粉拉伸特性如抗延阻力、面团延伸长度等。

第一节 小麦的一次加工及一次加工品质

一、小麦的一次加工

小麦的一次加工是指把小麦籽粒研磨成面粉的过程。小麦的一次加工工艺比较复杂，包括清理、润麦和制粉等过程。

1. 清理

小麦在栽培、收获、脱粒、晾晒、干燥、运输和贮藏等过程中，难免混入各种各样的杂质，需要通过清理去除混入麦粒中的杂质，如麦秆、石头、灰尘，大麦和黑麦等其他作物种子，杂草种子等。小麦清理一般根据空气动力学的原理，用风选器或风选设备除去灰尘、麦糠、麦壳等轻小杂质；根据密度的不同，用洗麦机清洗麦粒上的小毛簇及附着的污物，用去石洗麦机除去沙砾及非磁性金属等密度比较大的杂质；根据强度的不同，用擦麦机去除强度低于小麦的杂质；根据铁、钴、镍等的磁性特性，用磁选法吸去磁性金属；用色选机分离小麦中颜色较深的杂质，如草籽、黑麦等。小麦制粉厂经过清理后的净麦，要求尘芥杂质不超过 0.3%，其中沙石不得超过 0.02%，其他异种粮粒不得超过 0.5%(田建珍等，2011)。

2. 润麦

小麦各组成部分的结构和化学成分不同，其吸水性能也不同。在加工面粉之前，需要对小麦籽粒进行水分调节。小麦籽粒水分调节的主要手段是着水与润麦。将适量清水加入原料小麦中的工艺手段称为着水。着水后的小麦在密闭的仓内静置一定的时间，称为润麦。通过水分调节使小麦籽粒中的游离水增加；籽粒的皮层韧性增强；胚乳中的淀粉颗粒结构变得疏松，胚乳易被破坏而降低动力能耗；麸皮不容易破碎，并且易与胚乳分离，避免麦粒表皮磨得很碎而影响面粉品质。小麦经水分调节后，制粉工艺性能改善，面粉的质量较好，出粉率较高，并降低了能耗。

3. 制粉

小麦经过清理和润麦后，进入制粉工艺流程。制粉的目的是将经过清理和水分调节后的小麦籽粒通过机械加工的方法，加工成不同需求的小麦粉，同时分离出副产品。制粉是小麦加工过程中最复杂，也是最重要的阶段。制粉过程的关键是如何将胚乳与果皮、种皮和麦胚尽可能地完全分离，再将胚乳磨细成粉。因此，制粉要解决的首要问题是如何保证高的出粉率和低的麸皮含量，这也是制粉的复杂所在。随着社会的发展和进步，专用粉的生产成为趋势，对制粉工艺的要求也越来越高(田建珍等，2011)。

制粉工艺流程是将净麦中的胚乳磨成面粉的生产过程，同时剔除副产品。制粉过程主要包括研磨、撞击、清粉和筛理等，其中研磨是整个小麦制粉过程的中心环节。目前，国内外多采用破碎麦粒，逐渐研磨，利用破碎后面粉和麸皮的差异进行多道筛理的方式来分离麸皮和胚乳(面粉)，即轻碾细分的现代制粉技术。现代的制粉机械一般都有皮磨、心磨、渣磨和清粉 4 个系统(图 4-1),它们分别处理不同的底物,完成不同的工序。

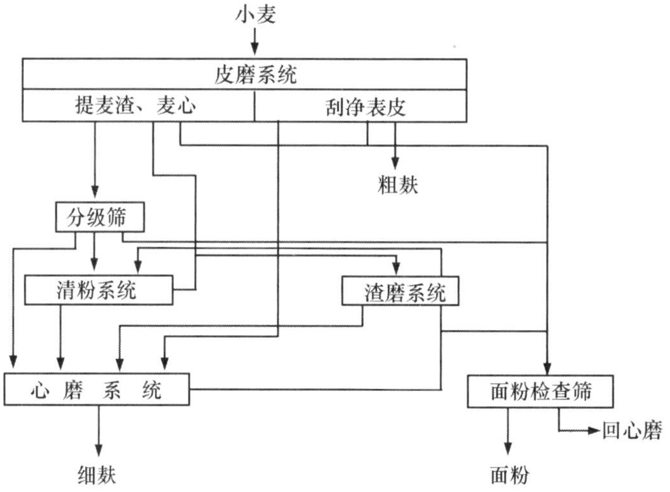

图 4-1 现代制粉流程图

从面粉的"原形"——小麦籽粒到面粉,经过几道工艺,小麦的果皮、种皮和胚作为"麸皮"被分拣后,剩下的部分就是由胚乳而来的面粉。一般来说,面粉颗粒越细,对光线的反射效果越好,在视觉上就显得越白;反之亦然。

二、小麦的一次加工品质

小麦一次加工品质也叫磨粉品质,是指将小麦加工成面粉的过程中,小麦籽粒所表现出来的品质特性的总称。制粉过程的任务是要将小麦胚乳尽可能有效地、经济地从小麦籽粒中分离出来。

目前,面粉加工厂一般按照制粉工艺流程分为麦路(粮食清理)和粉路(小麦的碾磨和筛理)两大部分。小麦原料特性影响小麦制粉的工艺过程,因而不同地区的面粉加工企业会研制适合当地小麦的制粉工艺过程。但出粉率高、面粉灰分低、面粉白度高且加工过程消耗能量少的小麦是所有面粉加工企业都喜欢的类型。

磨粉品质优良的小麦品种一般具有出粉率高、易研磨、易筛理、耗能少、面粉色泽好和灰分含量低等特点。小麦籽粒整齐度、容重、千粒重、角质率、籽粒硬度、粒色、籽粒形状、腹沟深浅、出粉率、灰分含量等均与磨粉品质有关。其中出粉率、灰分和面粉色泽是衡量小麦一次加工品质的重要指标(周艳华等,2003)。多数面食品,尤其是馒头、面条、饺子和烙饼等我国传统面食品,要求面粉中的灰分含量低、面粉白度高。小麦一次加工品质的优劣与小麦品种自身品质和磨粉工艺有关,改进磨粉品质是小麦品质改良的重要内容之一。

影响小麦磨粉品质的因素主要有籽粒外观和整齐度、容重、千粒重、胚乳质地、籽粒颜色、出粉率、面粉灰分、面粉白度和色泽等。

1.小麦籽粒外观和整齐度

小麦籽粒外观轮廓有椭圆形、近圆形、卵圆形等,腹面有腹沟。小麦腹沟面积占麦皮总面积的15%～25%,腹沟的形状和深浅是衡量籽粒形状优劣的重要指标,近圆形且腹沟较浅的籽粒磨粉品质好(田建珍等,2011)。同一小麦品种的籽粒长度、宽度和厚度存在一定变异;不同品种间籽粒外观变异更大。籽粒大小与籽粒的长度、宽度、厚度有关。对籽粒长度与宽度的研究表明,控制长度与宽度的基因分别位于 1B、2B、2D、3B、7B 和 1A、2A、2B、2D、3D 染色体上(Campbell 等,1999)。

小麦籽粒整齐度是指籽粒形状和大小的均匀一致性,可用一定大小筛孔的分级筛进行鉴定。同样形状和大小籽粒占总数的 90%以上为整齐,定为 1 级;低于 70%为不整齐,定为 3 级;介于二者之间为中等,定为 2 级(刘广田等,2003)。籽粒整齐有利于磨粉中的清理、水分调节和制粉。

2. 容重

容重是指一定体积内小麦籽粒的绝对质量,是小麦籽粒形状、大小、整齐度、饱满度以及胚乳质地等性状的综合反映,该指标反映籽粒的饱满程度,是鉴定小麦磨粉品质的综合指标。容重高的小麦,籽粒饱满、整齐,胚乳组织致密,出粉率高,灰分低;反之亦然。容重是目前国内外小麦收购和仓储定级的主要指标之一,也是小麦商业定价的主要依据。容重属于数量性状,受多个基因或 QTL 控制。我国小麦品种的容重一般为 680～820 g/L。我国《农作物品种审定规范 小麦》(NY/T 967—2019)和《小麦》国家质量标准(GB 1351—2008)中规定强筋小麦和中筋小麦的容重标准均≥770 g/L。

3. 千粒重

千粒重是指每千粒小麦的质量(g)。在具体育种实践中,籽粒大小常用千粒重来衡量。千粒重是重要的农艺性状,是产量的三大构成因素之一。在同样条件下,千粒重越大,说明籽粒越饱满、充实、粒大、胚乳比例高。为避免水分影响,在标明千粒重的同时,应注明籽粒含水量或用籽粒干物质重表示。千粒重遗传力较高,受多基因控制,遗传调控网络复杂。Campbell 等(1999)将千粒重 QTL 定位到 1A、1B、2A、3B、7A 染色体上。小麦粒重性状一直是 QTL 定位与克隆的研究热点。庄巧生(2003)分析了我国 1949—2000 年培育的小麦品种,发现 20 世纪 50 年代初期的小麦品种平均千粒重为 31.4 g,70 年代的品种已达 40.5 g,增长了29.0%,千粒重的提高对产量的提高贡献显著。我国目前推广的大部分小麦品种千粒重均在 40 g 以上,有的品种高达 60 g 以上。千粒重取决于小麦籽粒大小与胚乳密度。从制粉角度看,千粒重大的小麦籽粒种皮百分率低,出粉率高。

4. 胚乳质地

胚乳质地一般从籽粒角质率和硬度两个方面来判定。在正常收获、干燥的情况下,小麦籽粒角质率与硬度存在显著正相关。但值得注意的是,角质率与硬度是完全不同的两个概念。角质率是指角质胚乳在小麦籽粒中所占的比例,反映的是籽粒外观上的角质程度,而不是胚乳组织的内在结构(刘广田等,2003)。小麦籽粒硬度反映了籽粒胚乳的整个内部结构,主要由籽粒中淀粉与蛋白质的黏结以及淀粉颗粒之间基质的连续性决定,具有遗传性(魏益民,2005)。小麦籽粒硬度是反映籽粒蛋白质与淀粉结合紧密程度的性状。

角质率通常通过直接观察籽粒横断面角质胚乳占的比例测定。根据角质率大小可将小麦籽粒分为全角质、半角质和粉质三类。蛋白质含量是影响角质率的重要因素,一般角质率高的籽粒蛋白质含量比较高;籽粒成熟后脱水速度对角质率也产生很大影响,小麦成熟后,快速干燥可提高其角质率，而缓慢干燥易产生粉质粒；此外，角质率还受小麦栽培、生长和干燥条件等外界环境因素的影响。

小麦籽粒硬度主要由 5D 染色体上 Puroindoline（*Pina* 和 *Pinb*）基因控制。*Pina* 和 *Pinb* 基因中至少一个基因发生突变，小麦籽粒即为硬质；只有当两个 *Pin* 基因都是野生型时，小麦籽粒才为软质。籽粒硬度除了受 *Pin* 基因控制外，还受环境、籽粒重量和一些微效 QTL 控制。

小麦籽粒硬度与磨粉品质关系密切。通常，硬粒小麦的出粉率、蛋白质含量和面粉吸水率都比较高，面筋和面团强度也比较大，用于制作面包类食品品质比较好；而软粒小麦的淀粉含量比较高，蛋白质含量比较低，用于制作饼干和糕点类食品品质比较好（Bhave 等，2008）。

5.籽粒颜色

普通小麦的粒色以红色和白色为主，此外还有紫色和蓝色。红粒品种的粒色由籽粒种皮内的色素引起；紫粒品种的粒色由果皮内含有的紫色素引起；蓝粒品种由糊粉层内含有的蓝色素引起。白粒品种种皮颜色较浅，提高出粉率对面粉颜色影响较小，受到我国制粉企业的偏爱。红粒小麦种皮颜色较深，增加出粉率对面粉颜色影响较大，影响面粉加工品质。因此，国内小麦种植户和制粉企业喜欢白粒品种。而在国外，由于红粒小麦多具有抗穗发芽特性，故红粒小麦的分布较广。

红粒和白粒为一对相对性状，红粒对白粒为显性。控制红粒的三个部分同源基因 R1、R2 和 R3 分别位于 3DL、3AL 和 3BL 上，三者独立遗传，并具有加性效应。除此之外，籽粒颜色也受微效基因的控制，遗传力很高。籽粒颜色同时还受环境因素的影响。如降雨、土壤条件、病虫害等都会对小麦籽粒颜色产生影响（Metzger 等，1970）。

6.出粉率

出粉率是指单位质量籽粒磨出的面粉质量与籽粒质量之比。出粉率是面粉加工企业最重要的技术和经济指标，其高低直接关系到制粉企业经济效益。出粉率也是小麦最重要的磨粉品质性状。出粉率高低取决于两个因素：一是胚乳占小麦籽粒的比例；二是胚乳与果皮、种皮和胚分离的难易程度（Moss 等，1971）。出粉率是一个综合性状，小麦品种的遗传特性、小麦种植过程中的栽培条件、降雨和光热资源等因素都会对出粉率产生影响。小麦理论出粉率为 82%～83%，现代磨粉厂的等级粉出粉率为 70%～77%（魏益民，2005）。

小麦籽粒的大小和形状、种皮厚度、腹沟深浅、种皮和胚乳的结合程度、籽粒含水量、籽粒硬度、千粒重、容重等诸多性状都与出粉率密切相关。一般来说，外形圆大、皮白皮薄、腹沟窄浅、吸水率较高、硬度较高的小麦品种出粉率高。

Parker 等（1999）研究表明，控制出粉率的基因位于 3A、5A 和 7D 染色体上。一般来说，我国北方冬麦区小麦品种的出粉率高于南方冬麦区品种。北方麦区大多为白粒品种，而南方麦区红粒品种较多。红粒品种种皮厚，出粉率低，灰分含量高。北方麦区小麦品种容重普遍高于南方麦区小麦品种，这也是北方麦区品种出粉率高的原因之一（张彩英和李宗智，1994）。

7.面粉灰分

面粉灰分是指面粉中矿质元素、氧化物等占面粉质量的百分数，是衡量面粉精度和面粉等级的重要指标。小麦籽粒各组成部分的灰分分布极不均匀，皮层、糊粉层、胚和胚乳中的灰分含量分别为 1.5%～3.0%、2.5%～3.0%、4.0% 和 0.35%～0.45%（魏益民，2005）。总之，小麦籽粒外层的灰分多于其内部，其中种皮（皮层与糊粉层）与胚中的灰分含量高，胚乳的灰分含量低。在磨粉时，糊粉层常伴随麸皮一起进入面粉中，在增加出粉率的同时，也增加了灰分含量。混入面粉的麸皮越多，灰分含量越高。通常情况下，灰分与面粉颜色呈负相关，与出粉率呈正相关。

Li 等（1989）研究表明，在相同的出粉率下，硬白冬小麦比硬红冬小麦的面粉灰分含量低，面粉色泽好。Kaldy 等（1987）研究表明，软春麦比软冬麦的面粉灰分含量低，表明面粉灰分含量受品种类型的影响。Rharrabti 等（2003）研究表明，小麦的面粉灰分含量受基因型、基因型与环境互作的影响大于环境因素的影响。从籽粒性状看，籽粒饱满、容重高的小麦一般面粉灰分含量低。

8.面粉白度和色泽

面粉白度是指小麦粉的洁白程度，是磨粉品质的重要指标之一。小麦中杂质、面粉颗粒大小、面粉中的黄色素含量和氧化酶活性、出粉率及磨粉工艺水平等都会影响面粉白度。不同面食品对面粉白度要求不同。面包、馒头、盐白面条等面食品对面粉白度要求较高；而碱黄面条则要求面粉中黄色素（主要是类胡萝卜素）含量较高。面粉白度与小麦类型（红粒、白粒、软麦、硬麦）、面粉粗细度、面粉含水量有关。面粉白度由白度计测定，或通过与标样进行比较，凭经验感官评定。一般 70 粉的白度为 70%～84%（刘广田等，2003）。

面粉色泽是指面粉的颜色和光泽。小麦粒色和籽粒中所含的色素都会直接影响面粉色泽。国内外对面粉色泽的研究重点放在黄色素和多酚氧化酶（Polyphenol oxidase, PPO）上。小麦籽粒中的黄色素含量和多酚氧化酶活性是影响面制品颜色的重要指标。籽粒中的黄色素含量过高导致面粉黄度增加、白度降低。PPO 活性是面粉及面食品制作和贮存过程中颜色变暗的主要原因（陈锋等，2011）。低黄色素含量和低 PPO 活性的小麦籽粒磨出的面粉白度高、有光泽。因此，培育低黄色素含量和低 PPO 活性的小麦品种是小麦品质改良的重要目标。

小麦籽粒黄色素含量是一个复杂的数量性状，受多基因控制，遗传力高达 0.95（Parker 等，1998；Clarke 等，2006）。前人研究表明，控制小麦籽粒黄色素含量的主效 QTL 位于第 7 部分同源群染色体，其中 7AL 和 7BL 上的 QTL 对籽粒黄色素含量影响较大，可解释的表型变异大于 60%（Parker 等，1998；Pozniak 等，2007；He 等，2008；Crawford 等，2011）。Pozniak 等（2007）克隆了小麦 *Psy1* 基因的部分序列，首次证实 *Psy1* 是影响胚乳颜色的主效基因。

小麦籽粒中的 PPO 主要分布于糊粉层（Okot-Kotber 等，2001），面粉中的 PPO 活性占小麦籽粒总 PPO 活性的 3%左右（Baik 等，1994），但可以解释面粉及面制品加工和贮存过程中 50%～70%的色泽褐变（Kruger 等，1994；Martin 等，2011）。小麦籽粒 PPO 活性受基因型、环境及其互作的影响，其中基因型是最重要的决定因素（Anderson 等，2001；陆成彬等，2005）。小麦籽粒 PPO 活性为受多基因控制的复杂数量性状，主要由位于 2AL 和 2DL 上的*Ppo-A1* 和*Ppo-D1* 两个主效基因控制，并且 2AL 上的*Ppo-A1* 基因对籽粒PPO 活性的影响大于 2DL 上的*Ppo-D1* 基因（陈锋等，2011）。*Ppo-A1* 基因内含子 191 bp 的插入缺失（In/Del）与 PPO 活性密切相关，分子功能标记 PPO18 可用来检测等位基因*Ppo-A1a* 和 *Ppo-A1b*，其中等位基因 *Ppo-A1a* 与高 PPO 活性相关，等位基因 *Ppo-A1b* 与低 PPO 活性相关（Sun 等，2005）。针对 *Ppo-D1* 基因开发的分子功能标记 PPO29 和 PPO16 可用于检测高 PPO 活性和低 PPO 活性等位变异 *Ppo-D1b* 和*Ppo-D1a*（He 等，2007）。

第二节 小麦的二次加工及二次加工品质

小麦的二次加工是指由面粉加工成各种面食品的过程。在小麦粉中加入适量的水和其他辅料;经过一定时间的适当搅拌,使麦醇溶蛋白和麦谷蛋白逐步吸水膨胀,相互粘连,逐步形成具有韧性、弹性、延伸性和可塑性的湿面筋;再进一步制作成各种各样的面食品。小麦中特有的面筋是决定小麦独特加工特性的主要因素。

一、小麦的二次加工

小麦二次加工是指将面粉加工成不同面食品的过程。根据面食品加工方式的不同,可以将面食品分为烘焙食品和蒸煮食品两大类。

1.烘焙食品

烘焙食品是以小麦粉为基本原料,通过发酵(或不发酵)、经高温烘焙过程而熟化的一大类食品。烘焙食品范围广泛,品种繁多,形态不一,风味各异,主要包括面包、蛋糕、饼干等。

面包是以小麦粉为主要原料,以酵母、鸡蛋、油脂、糖、盐等为辅料,加水调制成面团,经过发酵、分割、成形、醒发、烘焙、冷却等过程加工而成的烘焙食品。无论是从形状到外观,还是从营养到口味,面包的种类越来越多样化。随着我国人民消费水平的不断提高,面包在饮食结构中的比例越来越大。

蛋糕种类繁多,口味、式样与装饰各异,是生活中不可或缺的点缀食品。蛋糕根据使用的原料、面糊性质与搅拌方法的不同,大致可分为乳沫类蛋糕、面糊类蛋糕和戚风蛋糕。

饼干的花色种类也非常多,准确分类比较困难。在制作工艺上,根据原料配比来分,大体分为韧性饼干、酥性饼干和发酵饼干(苏打饼干)等。

2.蒸煮食品

蒸煮食品是指通过蒸、煮等较低温度(100 ℃左右)的烹饪方式烹制的食品。研究表明,蒸、煮烹饪方式要远远好于煎、炸、熏、烤等方式。因为通过蒸、煮,可以保留食材中原有的营养成分。蒸煮食品主要包括面条、馒头、水饺、包子等。

面条,将小麦粉和成面团,在机械或手工擀压下形成鲜面条。鲜面条可直接煮熟食用,也可经干燥制成挂面。面条的种类有:拉面、手擀面、刀削面、挂面、板面等。面条制作简单、食用方便、营养丰富,是我国人民喜欢的家常便餐。根据小麦粉的等级,挂面可分为富强粉挂面、上白粉挂面和标准粉挂面。根据面条的宽度,挂面可分为龙须面(1.0 mm)、细面(1.5 mm)、小阔面(2.0 mm)、大阔面(3.0 mm)、特阔面(6.0 mm)。根据营养成分不同,挂面可分为普通面、营养面、风味面、营养添加面、营养强化面等。鲜面条也可以经过汽蒸、油炸或热风干燥制成方便面。

馒头,别称“馍”“馍馍”“蒸馍”等,是一种用发酵的面团蒸成的面食品,是中国北方日常主食之一。馒头以小麦粉和酵母为主要原料,根据所用的酵母来源分为水酵馒头、酵面馒头和现代馒头。由于生活习惯的不同，不同地域的馒头制作工艺及对馒头的口味偏好存在差异。馒头主要有两种类型：即北方馒头和南方馒头。北方馒头通常使用中筋或中强筋小麦粉，这是由于北方人偏好食用有嚼劲的馒头，其重量与体积相对较大，膨胀拱形高，表皮较白，内部组织致密、网孔较小，富有弹性；相比之下，南方馒头使用中筋或弱筋小麦粉，其重量与体积相对较小，内部组织松散、网孔较大，制作时常常加入奶油、糖或盐以增加风味。随着人们生活水平的提高，消费者对馒头品质提出了更高的要求。消费者不仅注重馒头的外观和口感，还注重其营养价值，如在馒头中添加全麦粉或粗粮，以平衡营养。

二、小麦的二次加工品质

小麦的二次加工品质是指在制作各种面食品时对面粉物化特性的要求，包括面粉品质、面团品质、烘焙品质与蒸煮品质等。烘焙品质和蒸煮品质是衡量小麦二次加工品质的直接指标，结果客观、可靠。

衡量面粉品质的主要指标有白度、灰分、面筋含量和沉降值等。

衡量面团品质的主要指标是面团流变学特性中的吸水率、面团形成时间、面团稳定时间、弱化度、评价值和拉伸强度等。

衡量烘焙品质的好坏一般通过烘焙面包的品质指标来反映。主要包括面包的体积、比容、纹理和质构等评分。

衡量蒸煮品质的好坏一般是通过蒸馒头、煮面条的品质指标来反映。主要包括馒头的宽高比、馒头的纹理结构等；面条的弹性、色泽等。多用感官评分来表示。

影响小麦二次加工品质的主要指标有面筋含量、沉降值和面粉流变学特性等。

1.面粉面筋含量

用小麦粉制成的面团在水中揉洗，淀粉和麸皮微粒呈悬浮态分离出来，其他可溶于水的部分溶在水里，剩余的有弹性和黏性的胶状物质称为面筋。小麦面筋的主要成分是醇溶蛋白和谷蛋白，二者占面筋总量的80%左右，此外还含有少量的淀粉、脂肪和糖类等。一般湿面筋中水占2/3，干物质占1/3。小麦粉之所以能加工出丰富多彩、品种繁多的食品，就是由于它具备其他禾谷类作物所不具备的独特物质——面筋。小麦品质的好坏取决于面筋的质量与数量。面筋对面粉和面团特性的影响比蛋白质更直接、更明显。面筋含量既是营养品质性状，也是加工品质性状（田纪春，2006）。湿面筋含量与面团吸水率、面团形成时间、面团稳定时间、面包体积和面包纹理结构等密切相关。

根据湿面筋含量将小麦粉分为四等：强筋（湿面筋含量≥30.5%）、中强筋（湿面筋含量介于28.5%～30.5%）、中筋（湿面筋含量介于24%～28.5%）和低筋（湿面筋含量<24%），并且同时满足其他各项指标[详见主要农作物品种审定标准（国家级）]。

根据干面筋含量将小麦粉分为三等：高筋粉（干面筋含量>13%）、中筋粉（干面筋含量介于10%～13%）和低筋粉（干面筋含量<10%）。

不同的小麦粉适合制作不同的面食品。强筋小麦粉蛋白质含量高，面筋强度强，延伸性好，适于制作面包类烘焙食品。中筋小麦粉蛋白质含量和面筋强度中等，延伸性好，适于制作面条、馒头等蒸煮类食品。弱筋小麦粉蛋白质含量低，面筋强度弱，延伸性较好，适于制作饼干、糕点等烘焙食品。

2. 沉降值

沉降值是评价小麦品质的一个重要指标，最早由 Zeleny 于 1947 年提出，故称为 Zeleny-沉降值。小麦粉在特定条件下和弱酸介质中吸水膨胀，形成絮状物并缓慢沉降，在规定时间内的沉降体积称为沉降值。1978 年 Axford 等提出了 SDS(十二烷基硫酸钠)沉降值测定法，其测定原理与 Zeleny-沉降值测定原理基本相同，只是沉降试剂是由乳酸与 SDS 混合组成，操作方法与 Zeleny-沉降值法略有不同。Zeleny-沉降值具有较好的环境稳定性，即环境条件对不同基因型的作用相对一致。相比之下，SDS-沉降值则更多地受基因型和环境间互作的影响，环境稳定性相对较差(孙家柱等，2005)。在测定沉降值时，较高的面筋含量和较好的面筋质量都会导致沉降较慢和沉降物体积较大。沉降值的大小间接反映小麦中蛋白质含量、面筋含量和面筋质量，是反映面包烘焙品质的一个重要指标。小麦胚乳蛋白质组分含量与沉降值之间的关系研究表明，只有谷蛋白与 SDS-沉降值呈极显著正相关，清蛋白、球蛋白、醇溶蛋白与沉降值相关性很小。SDS-沉降值与高分子量谷蛋白亚基组成的变异有着密切关系，其中具有优质亚基 5+10，1 或 2^* 的品种大多数具有较高的沉降值(马传喜等，1993)。

沉降值受多基因控制，基因作用方式以多基因加性效应为主。多数研究结果表明，沉降值具有较高的遗传力，将沉降值作为早代选择指标，有利于协调品质性状之间的关系(魏益民，2005)。沉降值测定速度快、简单，反映蛋白质的综合性状，是小麦品质重要的评价指标。沉降值与面筋的质量、面团形成时间、稳定时间、评价值等粉质仪参数极显著正相关，与其他品质性状如蛋白质含量、面筋含量等密切相关，与面包体积的关系也较为密切，能很好地反映小麦的面包制作特性。

国内外大量研究证明，沉降值与小麦食品加工(烘烤、蒸煮等)品质呈显著或极显著正相关(田纪春，2006)。根据沉降值的不同，一般将小麦粉分为强力粉(沉降值＞50 mL)、中强力粉(30 mL≤沉降值≤50 mL)和弱力粉(沉降值＜30 mL)。沉降值在 50 mL 以上的小麦粉可用于制作优质面包；沉降值在 30 mL 以下的可用于制作饼干、蛋糕；沉降值在 30～50 mL 的适于制作馒头和面条等。

3. 面团流变学特性

面团流变学特性是小麦品质的主要指标之一，是小麦粉加水后面团耐揉性和黏弹性的综合指标(蔚然，1998)。面团流变学特性是面团物理性能的表现，与食品加工过程中面团的滚揉、发酵以及机械加工直接相关，能够很好地反映小麦粉的二次加工品质，预测小麦粉的烘焙品质。面团流变学特性是目前国内育种和小麦品质检测单位的首要分析指标，它既受面粉蛋白质含量、面筋含量等的影响，又决定着面包、馒头、面条等最终产品的加工品质(刘艳玲等，2005；姜小苓等，2013)。

小麦适合制作哪类面食品可以通过测定面团的流变性特性来判断。目前，用于测定面团流变学特性的主要仪器设备有粉质仪、拉伸仪、揉混仪和吹泡示功仪等。

粉质仪：是我国目前用量最大的用于测试小麦粉筋力强弱的仪器之一，主要进行面团和面特性分析，粉质仪测定小麦粉加水后形成面团和面团发展过程中“力”变化的行为，反映面团形成和发展过程中的特性变化。从粉质曲线可得到吸水率、面团形成时间、面团稳定时间、弱化度和粉质质量指数等品质参数。粉质曲线是评价小麦粉质量的重要依据，弱筋粉面团形成时间和稳定时间短、弱化度大，评价值和粉质质量指数低；中强筋粉面团形成时间和稳定时间较长、弱化度较小，评价值和粉质质量指数较高；强筋粉面团形成时间和稳定时间长、弱化度小，评价值和粉质质量指数高。

拉伸仪：拉伸仪测定的是醒发面团的抗拉伸阻力和延伸性等面团流变学特性，它测定面团在荷载情况下的延伸性和韧性。从拉伸曲线可得到面团延伸度或面团延展性、面团最大拉伸阻力（最大抗延伸性）、50 mm 处面团拉伸阻力（抗延伸性）、拉伸曲线面积（即粉力）、拉力比值（面团的最大拉伸阻力与面团延伸度的比值），其中最重要的是拉伸曲线面积和拉力比值。根据拉伸曲线可以将小麦粉分为强筋粉、中筋粉和弱筋粉。拉伸仪广泛用于小麦品质和面团改良剂的研究，并通过不同醒发时间的面团拉伸性能，指导面包生产，选择适宜的醒发时间。

揉混仪：揉混仪又称和面仪、揉面仪，是用来测定和记录面团抗揉混能力的仪器。揉混曲线能够显示面团最佳形成时间、耐揉性和面团的其他特性，并能用于估计吸水率。揉混仪通常被用来评价添加成分对混合特性、面团流变学特性的作用效果以及对硬麦、软麦和杜仑麦的评价。美国学者根据揉面图的分类标准将小麦粉分为 8 个等级，其中，1～4 级为耐揉性差的小麦粉，面筋强度弱，不适宜烘烤面包；5～6 级为耐揉性适中的小麦粉，面筋强度中等偏上，能较好地满足烘烤面包的要求；7～8 级为耐揉性好的小麦粉，面筋强度强，须掺入一定量的弱筋粉才适宜烘烤面包（田纪春，2005）。

粉质仪、拉伸仪和揉混仪是测定面团流变学特性的主要仪器，其测定方法均有国际标准方法和国家标准方法。前人研究认为：粉质仪测定的主要是加水后面团的流变学特性；拉伸仪测定的主要是醒发面团的流变学特性；而揉混仪主要是加工面包过程中的流变学特性（田纪春，2005）。因此，面团流变学特性的 3 种测定方法各有其特点和应用价值。食品加工实验证明：粉质仪参数中的面团稳定时间、拉伸仪参数中的最大拉伸阻力和揉混仪参数中的和面时间最重要，常作为判断小麦筋力强弱的主要指标，也是面粉厂对优质小麦加价高低的主要依据（刘艳玲，2005）。在具体实践中，制作的面食品种类不同，需要参考的面团流变学特性指标有所侧重。

第三节　小麦的深加工

从世界范围来看，小麦总产量中约 70％用于加工小麦粉，之后用于制作面食品；15％左右用作饲料；6％左右用作种子；各种损耗约 4％左右；还有 5％左右用作其他用途。

小麦经过一次加工得到小麦粉的同时，还得到次粉、麸皮和胚芽 3 种副产品。其中成品面粉以及各种副产品所占的比例约为：面粉 75％、次粉 5％、麸皮 19.8％、胚芽 0.2％（魏益民，2005）。次粉、麸皮和胚芽这些副产品中含有丰富的营养物质，如果能够有效地对其进行开发和利用，将是一笔巨大的财富。所以，国内外企业也对面粉加工过程中的次粉、麸皮和胚芽进行深加工，以提高小麦的附加值。

除此之外，小麦还可以通过深加工生产小麦淀粉、谷朊粉、白蛋白制品、变性和发酵产品等。

一、小麦胚芽

小麦胚芽为金黄色颗粒状，占种子总干重的2.5％～3.5％，是小麦制粉加工业中主要的营养副产品。胚芽作为小麦生长发育的基础，蛋白质含量高，且富含各种必需氨基酸和多种不饱和脂肪酸等，被国内外营养学家一致誉为“人类天然的营养宝库”和“人类的生命之源”。

小麦胚芽中蛋白质含量为26.0％～31.5％，它含有人体必需的8种氨基酸，是一种完全蛋白质。小麦胚芽蛋白质中氨基酸的构成比例与大豆、牛肉、鸡蛋的氨基酸构成比例基本接近，氨基酸平衡，蛋白质利用率高(李利民等，2009)。小麦胚芽的脂肪含量为9.5％～13.5％，其中84％是对人体健康有益的不饱和脂肪酸(刘月等，2022)。除此之外，小麦胚芽还含有维生素E和维生素B_1等多种维生素，是小麦籽粒中营养价值最高的部分，50 g小麦胚芽的营养价值相当于4个鸡蛋＋250 g肉＋1 kg水果的营养价值(魏益民，2005)。

以小麦胚芽为辅料生产加工的产品包括馒头、面包、面条、通心粉、焙烤食品、饮料，豆制品和保健品等。小麦胚芽不但可以增强产品的营养价值，还能改善产品的外观、口感和风味(刘月等，2022)。以小麦胚芽为主料生产加工的产品包括麦胚油、麦胚豆腐、麦胚口服液、小麦胚芽片等，这些产品的营养价值高，可满足消费者的健康需求，产品十分走俏。随着胚芽加工工艺的不断完善、工业设备的升级，小麦胚芽的开发前景越来越广泛。

二、小麦麸皮

小麦麸皮由小麦的果皮、种皮、糊粉层、少量胚和胚乳组成，占小麦籽粒总质量的14％～19％，是面粉加工过程中的主要副产品(李昌文等，2003)。小麦麸皮的主要成分为纤维素，此外还含有多种营养和活性成分，是重要的保健食品原料(林家勇，2020)。目前，大部分的麦麸作为酿酒、制醋、酱油、饲料等生产的原料，经济价值很低。

麸皮中含有丰富的膳食纤维，其膳食纤维总量占干物质成分的35％～50％，其中可溶性膳食纤维含量约为2％(徐瑞等，2011)。此外，麦麸中还含有丰富的维生素、矿物质、蛋白质、多糖和人体必需氨基酸。在食品应用中，因麦麸膳食纤维具有独特的生理功能和加工特性，不仅可以作为食品添加剂，也可以作为新型低热量食品的主要成分，如将麦麸膳食纤维制成保健饮料、保健纤维面包和香肠、即食小吃等食品(邢家溧等，2019)。

小麦麸皮不仅是食品品质的改良剂，还是宝贵的医药资源。麸皮中的多糖系麦麸中有效的天然活性成分，在人体的免疫调节、预防糖尿病、抗氧化与抗衰老中有具有重要的作用。随着提取工艺方法与加工技术的不断完善，小麦麸皮潜在利用价值越来越大。

三、小麦组分的提纯产品

小麦组分的提纯产品主要是指将小麦的淀粉、谷朊粉、白蛋白等加以分离和纯化，得到纯化制品。

淀粉是小麦的主要组成成分，是深加工的重要原料。小麦淀粉是小麦粉经过分离、提纯、干燥后的粉状物，其中蛋白质含量在0.4％以下。小麦淀粉分为A级淀粉和B级淀粉。A级淀粉是大颗粒淀粉，通常指精制淀粉；B级淀粉是小颗粒淀粉，它往往与细小的蛋白质混黏在一起，比较难以分离。小麦淀粉具有独特的理化性质，如较低的糊化温度、较好的淀粉糊的黏度和较好的热稳定性等特点。小麦淀粉是食品及其他工业的重要原料，随着工业加工的深入研究，小麦淀粉的应用越来越广泛（项丰娟等，2021）。

谷朊粉，又称活性面筋粉或小麦面筋蛋白，是从小麦粉中洗出的面筋，经过干燥、粉碎后的粉状物，其中75%以上为谷蛋白和醇溶蛋白，是营养丰富的植物蛋白资源。谷朊粉具有黏性、弹性、延伸性、成膜性和吸脂性，是一种优良的面团改良剂，是目前最好的面粉增筋剂，可用于生产面包粉、蛋糕粉、饺子粉、面条粉等专用小麦粉，以改善这些面制品的烘焙品质、蒸煮品质、食用品质和营养价值（曹希雅等，2018）。在食品工业上，谷朊粉可制成集营养、保健、方便于一体的多种食品，也可作为优质饲料中的蛋白来源。

白蛋白是指溶解在水中的蛋白质。在洗面筋的过程中，小麦粉中的白蛋白溶于水，通过浓缩洗面筋的水溶液，便可得到小麦白蛋白制品。该制品可作为卵蛋白的优质替代产品。白蛋白制品乳化力强，保水性好，能在较高温度下胶体化，并可完全溶于水，可以做成营养强化饮料，也可用于制作肉丸、咸水火腿、红肠、汉堡等食品及高温油炸鱼制品等的配料（左传峰，1997）。

四、小麦组分的变性和发酵产品

小麦组分的变性和发酵产品主要是指小麦淀粉深加工后的变性淀粉、淀粉糖、发酵制品等。

变性淀粉是指对小麦淀粉进行二次加工，在淀粉分子上引入新的官能团，改变淀粉分子大小和淀粉颗粒性质，使其更适合应用的要求。这种经过二次加工，改变性质的淀粉称为变性淀粉。变性淀粉可广泛用于食品、医药、纺织、造纸和石油工业等。

小麦淀粉可进一步生产葡萄糖、麦芽糖浆、麦芽糊精、果糖浆等。小麦淀粉可经微生物发酵加工各种发酵制品，发酵产品主要有：酒精、味精、乳酸、柠檬酸、山梨酸、氨基酸等。淀粉糖和各种发酵制品广泛应用于糖果、糕点、饮料、冷饮、焙烤、罐头、果酱、果冻、乳制品等各种食品中，也可以作为医药、化工、发酵、食品添加剂等行业的重要原料（李利民等，2009）。

除此之外，小麦还可制成营养快餐麦片和膨化小麦等。麦片用开水冲食或略煮几分钟即可食用，是一种非常方便的营养食品。膨化小麦是国外流行的早餐食品和小食品，可单独或牛奶冲饮，也可作为休闲食品。

总之，小麦籽粒全身都是宝，可以通过小麦的加工和深加工，为人类提供多种多样的、营养丰富的食品类型。

思考题

1. 什么是小麦的一次加工？通常受哪些因素影响？
2. 什么是小麦的二次加工？通常受哪些因素影响？

参考文献

[1] 陈锋，左爱辉，崔党群. 小麦籽粒多酚氧化酶及其控制基因研究进展. 麦类作物学报，2011，31(4)：780-785.

[2] 曹希雅，邓长建，王永伟，等. 谷朊粉在食品中的应用研究. 现代农业科技，2018(8)：238-239，241.

[3] 李利民，郑学玲，孙志. 小麦深加工及综合利用技术. 现代面粉工业，2009，23(2)：45-48.

[4] 李昌文，欧阳韶晖. 小麦麸皮的综合利用. 粮油加工与食品机械，2003(7)：55-56.

[5] 林家永. 2018—2019 年我国小麦加工科研概况与建议. 粮油食品科技，2020,28(3)：61-68.

[6] 刘广田，李保云. 小麦品质遗传改良的目标和方法. 北京：中国农业大学出版社,2003.

[7] 刘月，丑建栋，陈玥璋，等. 小麦胚芽的营养功能成分及综合利用研究进展. 食品工业科技，2022，43(12)：457-467.

[8] 刘艳玲，田纪春，韩祥铭，等. 面团流变学特性分析方法比较及与烘烤品质的通径分析. 中国农业科学，2005，38(1)：45-51.

[9] 陆成彬，程顺和，张伯桥，等. 基因型和地点对小麦品种面粉多酚氧化酶活性的影响研究. 中国农业科学，2005，38(1)：13-16.

[10] 马传喜，吴兆苏. 小麦胚乳蛋白质组分及高分子量麦谷蛋白亚基与烘烤品质的关系. 作物学报，1993，19(6)：562-566.

[11] 姜小苓，张强涛，田红玉，等. 面团流变学特性分析方法比较及其主要参数相关性分析. 江苏农业科学,2013，41(7)：257-261.

[12] 孙家柱，尤明山，李保云，等. 小麦几个品质指标的环境稳定性比较. 华北农学报，2005，20(2)：53-58.

[13] 魏益民. 谷物品质与食品加工——小麦籽粒品质与食品加工. 北京：中国农业科学技术出版社，2005.

[14] 蔚然. 面团流变学特性品质分析方法比较与研究. 中国粮油学报，1998，13(3)：10-12.

[15] 田纪春. 谷物品质测试理论与方法. 北京：科学出版社，2006.

[16] 田建珍，温继平. 小麦加工工艺与设备. 北京：科学出版社，2011.

[17] 邢家溧,杜志红,周静,等. 麦麸膳食纤维加工和利用研究进展. 食品研究与开发，2019，40(3)：195-199.

[18] 项丰娟，苏磊，张秀南，等. 小麦淀粉的研究现状. 食品研究与开发，2021，42(16)：212-219.

[19] 徐瑞，王晓曦，谭晓蓉. 小麦加工副产品——麦麸的综合利用. 现代面粉工业，2011，25(6)：33-35.

[20] 张彩英，李宗智. 建国以来我国冬小麦主要育成品种加工品质的演变及评价. 中国粮油学报，1994，9(3)：9 -13.

［21］周艳华，何中虎．小麦品种磨粉品质研究概况．麦类作物学报，2001，21(4)：91-95．

［22］周艳华，何中虎，阎俊，等．中国小麦品种磨粉品质研究．中国农业科学，2003，36(6)：615-621．

［23］庄巧生．中国小麦品种改良及系谱分析．北京：中国农业出版社，2003．

［24］左传峰．小麦深加工综合利用．西部粮油科技，1997，22(3)：54-56．

［25］Anderson J V，Morris C F. An improved whole-seed assay for screening wheat germplasm for Polyphenol oxidase activity. Crop Science，2001，41(6)：1697-1705.

［26］Baik B K，Czuchajowska Z，Pomeranz Y. Comparison of polyphenol oxidase activities in wheats and flours from Australian and US cultivars. Journal of Cereal Science，1994，19(3)：291-296.

［27］Bhatt G M，Derera N F. Genotype × environment interactions on heritabilities and correlation among quality traits in wheat. Euphytica，1975，24：597-604.

［28］Bhave M，Morris C F. Molecular genetics of puroindolines and related genes：regulation of expression，membrane binding properties and applications. Plant Molecular Biology，2008，66(3)：221-231.

［29］Campbell K G，Bergman C J，Gualberto D G，*et al*. Quantitative trait loci associated with kernel traits in a soft × hard wheat cross. Crop Science，1999，39(4)：1184-1195.

［30］Clarke F R，Clarke J M，McCaig T N，*et al*. Inheritance of yellow pigment concentration in four durum wheat crosses. Canadian Journal of Plant Science，2006，86(1)：133-141.

［31］Crawford A C，Stefanova K，Lambe W，*et al*. Functional relationships of phytoene synthase 1 alleles on chromosome 7A controlling flour colour variation in selected Australian wheat genotypes. Theoretical and Applied Genetics，2011，123(1)：95-108.

［32］He X Y，He Z H，Zhang L P，*et al*. Allelic variation of polyphenol oxidase (PPO) genes located on chromosomes 2A and 2D and development of functional markers for the PPO genes in common wheat. Theoretical and Applied Genetics，2007，115(1)：47-58.

［33］He X Y，Zhang Y L，He Z H，*et al*. Characterization of phytoene synthase 1 gene (*Psy1*) located on common wheat chromosome 7A and development of a functional marker. Theoretical and Applied Genetics，2008，116(2)：213-221.

［34］Kaldy M S，Rubenthaler G L. Milling，baking，and physical-chemical properties of selected soft white winter and spring wheats. Cereal Chemistry，1987，64(5)：302-307.

［35］Kruger J E，Hatcher D W，Depauw R. A whole seed assay for polyphnol oxidase in Canadian prairie spring wheats and its usefulness as a measure of noodle darkening. Cereal Chemistry，1994，71：324-326.

［36］Li Y Z，Posner E S. An experimental milling technique for various flour extraction levels. Cereal Chemistry，1989，66(4)：324-328.

［37］Martin J M，Berg J E，Hofer P，*et al*. Allelic variation of polyphnol oxidase genes impacts on Chinese raw noodle color. Journal of cereal science，2011，54(3)：387-394.

[38] Metzger R J, Silbaugh B A. Location of genes for seed coat color in hexaploid wheat, *Triticum aestivum* L. Crop Science, 1970, 10(5): 495-499.

[39] Moss H J, Stenvert N L. The Determination and properties of the fibrous covering of the wheat grains. Australian Journal of Agricultural Research, 1971, 22(4): 547-551.

[40] Okot-Kotber M, Liavoga A, Yong K J, *et al*. Activity and inhibition of polyphenol oxidase in extracts of bran and other milling fractions from a variety of wheat cultivars. Cereal Chemistry, 2001,78(5): 514-520.

[41] Parker G D, Chalmers K J, Rathjen A J, *et al*. Mapping loci associated with flour color in wheat (*Triticum aestivum* L.). Theoretical and Applied Genetics, 1998, 97(1-2): 238-245.

[42] Parker G D, Chalmers K J, Rathjen A J, *et al*. Mapping loci associated with flour yield in wheat (*Tricitum aestivum* L.). Molecular Breeding, 1999(5): 561-568.

[43] Pozniak C J, Knox R E, Clarke F R, *et al*. Identification of QTL and association of a phytoene synthase gene with endosperm colour in durum wheat. Theoretical and Applied Genetics, 2007, 114(3): 525-537.

[44] Rharrabti Y, Royo C, Villegas D, *et al*. Durum wheat quality in Mediterranean environments I. Quality expression under different zones, latitudes and water regimes across Spain. Field Crop Rsearch, 2003, 80(2): 123-131.

[45] Sun D J, He Z H, Xia X C, *et al*. A novel STS marker for polyphenol oxidase activity in bread wheat. Molecular Breeding, 2005, 16(3): 209-218.

（张义荣）

第五章

面食品加工原理

国内面食品主要是面条类和馒头类面食品，而国外面食品主要是面条类和烘焙类面食品。面食品加工一般经过和面、醒面、发酵（或不发酵）、成形和蒸煮（或烘焙）等步骤。和面和醒面过程会牵涉到面筋的形成；面团发酵与发酵的生化反应有关；面食品的制作、成熟和保存与淀粉糊化和凝沉的过程密切相关；烘焙过程中还会发生美拉德反应。

第一节　面筋的形成

面食品的生产和制作离不开和面、揉面等工序。和面和揉面即将面粉和水，按照一定的比例混合在一起。在搅拌和揉搓的过程中，面粉和水的混合物由相对松散的状态逐渐变成表面光滑、具有弹性的面团。在这个过程中，面筋起到了举足轻重的作用。

一、面筋蛋白质的分类

与水稻、玉米和谷子等其他禾谷类作物相比，小麦粉之所以可以加工成各种各样的面食品，与其籽粒中的面筋蛋白密切相关。

根据奥斯本（Osborne）的分类方法，小麦籽粒中的蛋白质主要包括以下 4 种类型：可溶于蒸馏水的清蛋白（Albumins）、能溶于 5% NaCl 溶液的球蛋白（Globulins）、可溶于 70%～90% 乙醇溶液的麦醇溶蛋白（Gliadins）和只溶于稀酸或稀碱的麦谷蛋白（Glutenins）。其中麦醇溶蛋白和麦谷蛋白是面筋蛋白的主要组分。

小麦粉与水混合后，在和面和揉面的过程中，线性的麦谷蛋白互相缠结，球状的麦醇溶蛋白、淀粉等填充其中，形成具有一定黏弹性和可塑性的面团。其中的弹性、黏性是其面筋所赋予的，这也是小麦粉可以加工成各种各样面食品的基础。麦谷蛋白和麦醇溶蛋白的特性及其不同组成比例对小麦面筋强度和面团黏弹性等加工特性具有决定作用。

1. 麦谷蛋白

麦谷蛋白通常以大分子聚合体的形式存在。麦谷蛋白大聚合体在SDS和巯基乙醇作用下，蛋白质分子中的二硫键还原，产生分子质量不同的麦谷蛋白亚基。在和面过程中，麦谷蛋白亚基之间通过分子间的二硫键，形成线状的结构，赋予面团弹性。在SDS-PAGE（Sodium dodecyl sulfate polyacrylamide gel electrophoresis，十二烷基硫酸钠聚丙烯酰胺凝胶电泳）中，SDS能打开麦谷蛋白中的氢键和疏水键，并结合到分子质量不同的蛋白质亚基分子上。根据在SDS-PAGE中的迁移速率，可将麦谷蛋白亚基分为高分子量麦谷蛋白亚基（High molecular weight glutenin subunits，HMW-GS）和低分子量麦谷蛋白亚基（Low molecular weight glutenin subunits，LMW-GS）。

HMW-GS的分子质量为60～90 kDa，占胚乳总蛋白含量的10%左右。其中分子质量较小的y型HMW-GS有5个半胱氨酸残基（Cys）；分子质量较大的x型HMW-GS在N端有3个半胱氨酸残基（Cys）。所有HMW-GS的C端一般只带有1个半胱氨酸残基（Cys），这是麦谷蛋白可以形成分子间二硫键的前提条件（Lindsay和Skerritt，1999）。虽然HMW-GS在小麦籽粒中的含量较低，但HMW-GS仍是目前公认的影响小麦粉品质的关键因素，对面包烘烤品质性状变异有60%左右的贡献（Payne等，1987；He等，2005）。

LMW-GS约占总面筋蛋白的40%，占麦谷蛋白总量的60%～70%。LMW-GS可分为B-LMW-GS（分子质量为42～51 kDa）、C-LMW-GS（分子质量为30～40 kDa）和D-LMW-GS（分子质量为55～70 kDa）三类。LMW-GS的数量和组成既影响小麦品种的面筋质量，也影响面筋含量，但对前者影响相对较大。LMW-GS彼此之间或LMW-GS与HMW-GS间可形成分子间二硫键，进而产生麦谷蛋白聚合体（D'Ovidio & Masci，2004）。LMW-GS既是麦谷蛋白的重要组成部分，也与小麦二次加工品质密切相关。优异的LMW-GS组成可显著改善小麦品种的面团弹性和延展性，对面包品质的贡献甚至大于一些优异HMW-GS（Veraverbeke等，2002）。

2. 麦醇溶蛋白

麦醇溶蛋白是单肽链形式的蛋白，它通过分子内的二硫键、氢键和疏水键作用形成球状结构，没有分子间的二硫键。麦醇溶蛋白赋予面团延展性，是影响面筋结构和小麦烘烤品质的重要因素之一。

根据在酸性聚丙烯酰胺凝胶电泳（Acid polyacry-lamide gel electrophoresis）中的迁移率不同，可将麦醇溶蛋白分为α-醇溶蛋白、β-醇溶蛋白、γ-醇溶蛋白和ω-醇溶蛋白，分别占麦醇溶蛋白总量的25%、30%、30%和15%。其中ω-醇溶蛋白又可分为ω-1型和ω-2型醇溶蛋白。根据含硫氨基酸含量的多少，麦醇溶蛋白又被分为富硫醇溶蛋白（包括α-醇溶蛋白、β-醇溶蛋白和γ-醇溶蛋白）和贫硫醇溶蛋白（ω-醇溶蛋白）。不同类型麦醇溶蛋白的分子质量、空间大小和单层质量如表5-1所示（Ornebro等，1999）。

不同麦醇溶蛋白变异类型与小麦粉的多种品质性状密切相关，科学家已鉴定出许多与小麦品质相关的优异等位基因或优异麦醇溶蛋白条带（Metakovsky，1997；晏月明等，1998）。

表 5-1 小麦醇溶蛋白的特性

醇溶蛋白种类	分子质量/ku	空间大小(长×宽)/nm	单层质量/(mg/m^2)
α-醇溶蛋白	31 000	11.7×3.1	1.4~6.7
β-醇溶蛋白	31 000	11.7×3.1	1.4~6.7
γ-醇溶蛋白	33 000	12.5×3.2	1.4~6.7
ω-醇溶蛋白	44 000~74 000	15.4×3.2	1.8~10.4

注：表中数据引自 Örnebro 等(1999)。

二、面筋形成的化学原理

面筋的形成主要依赖于蛋白质和水之间的相互作用，以及蛋白质和蛋白质之间的相互作用。将水加入面粉中，面粉中的清蛋白和醇溶蛋白遇水会发生水合作用；麦谷蛋白吸水后体积增大，形成麦谷蛋白聚集体。麦谷蛋白聚集体形成连续的纤维网状结构，将醇溶蛋白和其他成分包在其中，形成面团结构。面团经过不断的水洗，淀粉和水溶性蛋白会从网状结构中洗涤出去，留下麦谷蛋白和与麦谷蛋白“框架”紧密结合的麦醇溶蛋白，即为面筋(图 5-1 和数字资源 5-1)。小麦面团中，麦谷蛋白二硫键聚合物结构形成蛋白质骨架，醇溶蛋白、淀粉颗粒和气泡填充于其中(Wrigley，1996)。

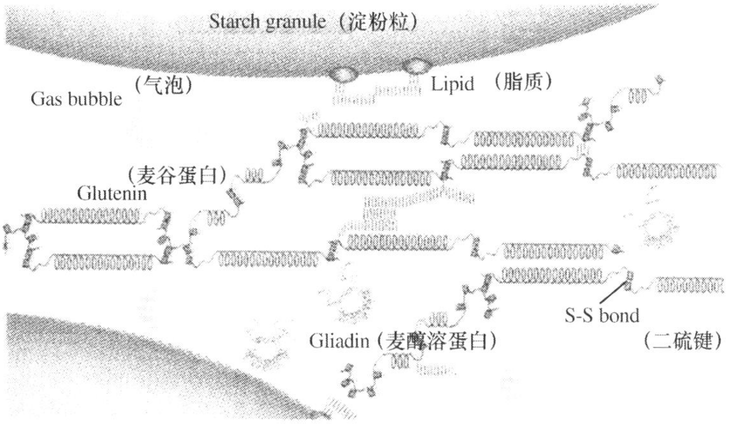

图 5-1 小麦面筋结构(引自 Wrigley，1996)

数字资源 5-1 小麦面筋结构

蛋白质分子接近球状，球状表面为亲水性基团，而内部为疏水性基团。蛋白质分子表面的亲水基团通过分子间氢键与水分子结合，形成水化层，从而使蛋白质由遇水前的紧密堆积状态转为水溶液中的相对独立的蛋白分子。由于水分子的存在和蛋白质分子间距的增加，蛋白质分子表面亲水侧链的自由度增大。并且，在蛋白质分子表面亲水侧链的单链处可以发生侧链旋转，所以蛋白质分子表面反应基团生成化学键的机会大大增加，这非常有利于分子间的结合，从而有利于面筋的网状结构的形成。蛋白质的部分肽链展开，与相邻的肽链互相键合，麦谷蛋白亚基之间通过分子间二硫键形成“骨架”状的大分子聚合体，醇溶蛋白在氢键、疏水键和分子内二硫键的共同作用下形成球形的结构，并以非共价键与麦谷蛋白亚基相结合，填充于麦谷蛋白组成的“骨架”中(图 5-2 和数字资源 5-2)。

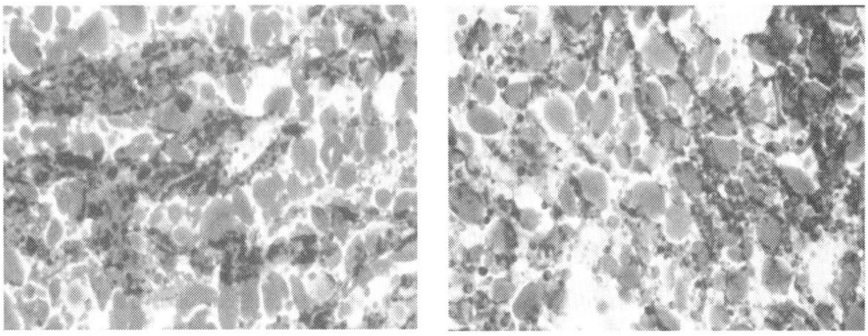

图 5-2　和面开始（左）与和面结束（右）的面团微观结构

（蓝绿色为面筋蛋白，粉红色为淀粉粒）（MacRtchie，2010）

数字资源 5-2　和面开始（左）与和面结束（右）的面团微观结构

三、加水量对面筋蛋白结构的影响

在面团形成过程中，水分的存在是面团形成以及面团具有延展性的必要条件。湿面筋中的水以结合水、松散的结合水和自由水三种状态存在。水分的含量、分布及水合程度对后续面制品的品质特性产生较大的影响（Hardt 等，2016；Doona 等，2007）。在和面过程中，水分和面筋蛋白在水合作用力和剪切作用力的共同作用下，形成面筋结构，赋予面团弹性和延展性。研究表明，面团的流变学特性受到面团含水量的显著影响，面团水分含量同时影响面包的黏弹度和柔软度（Encina-Zelada 等，2018）。同时，面团中面筋蛋白的水合程度对体外淀粉消化率和面制品的品质有重要影响（Hera 等，2014）。

1. 加水量对面筋蛋白显微结构的影响

面团中的水分含量显著影响面团的质构特性和面筋蛋白的二级结构。对于冷冻面团来说，随着水分含量的增加，面筋蛋白中的 α-螺旋和 β-折叠所占的比例升高，β-转角的比例有所降低，面筋蛋白的网状结构更为稳定。

使用扫描电镜研究不同水分含量的面团中面筋蛋白的微观结构（图 5-3），结果发现，加水量（水分与面筋蛋白的质量百分比）分别为 110%、120%、130%、140%、150%、160%、170%、180%和 190%的面团，经冷冻干燥后，面筋蛋白的三维网络结构明显不同。图 5-3 中蛋白的网格状孔洞是蛋白经过快速冷冻后冰晶体脱水形成的。在电镜下观察，麦谷蛋白大分子聚集体贯穿于整个面筋网络中，成为面筋的“骨架”结构，而麦醇溶蛋白则填充于麦谷蛋白“骨架”中。当面团中的含水量较少时，面筋蛋白中的孔洞数目相对较少，孔壁相对较厚（图 5-3a 和图 5-3b）。随着含水量的增加，面筋的网络孔径逐渐变小，而面筋网络结构更加均匀（图 5-3c、图 5-3d 和图 5-3e）。但当加水量超过 160%时，面筋网络结构开始变松散，面筋强度开始变小（图 5-3f、图 5-3g、图 5-3h 和图 5-3i）。这是因为，在含水量比较低的面团中，水分含量影响了面筋网络的充分形成；随着面团水分含量的提升，水分通过链间氢键、巯基二硫化物交换反应和疏水相互作用促进了面筋结构的形成；如果水分含量继续升高，醇溶蛋白的含量受到稀释，影响了醇溶蛋白赋予面团延展性和黏连性的功能，使得面筋的结构强度降低（谢新华等，2019）。

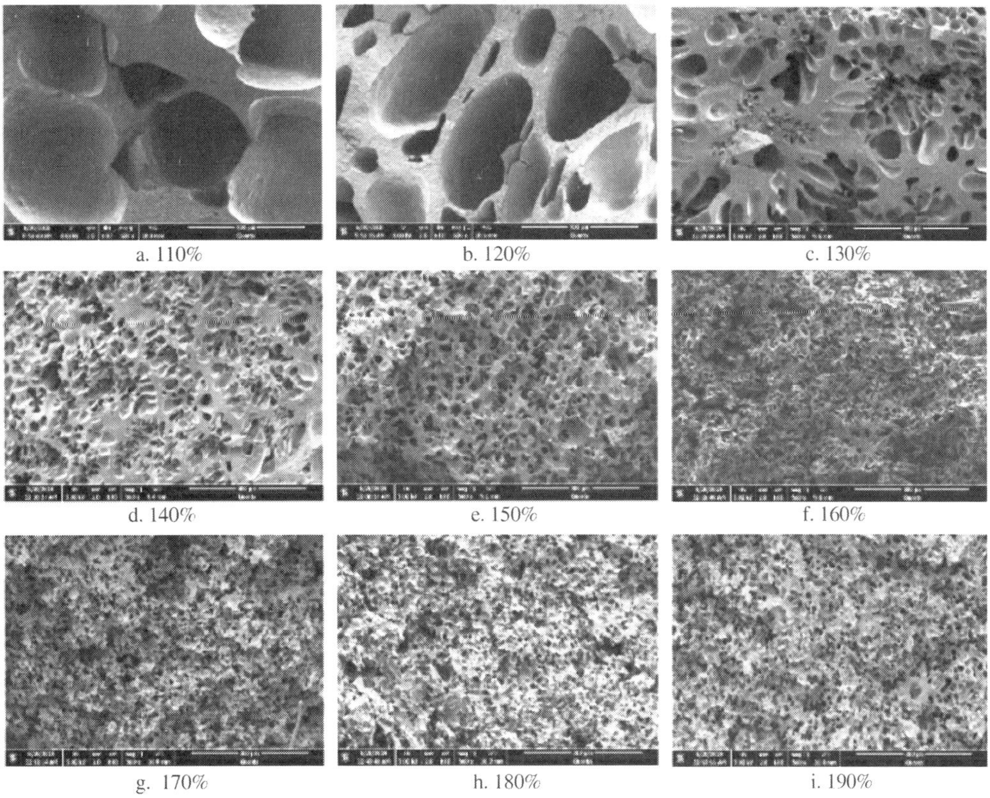

图 5-3　不同加水量下面筋蛋白的微观结构(谢新华等,2019)

2.加水量对面筋蛋白二级结构的影响

使用傅立叶变换红外光谱仪测定不同加水量的面团中的面筋蛋白的二级结构,结果如表5-2所示。面筋蛋白的二级结构主要分为α-螺旋、β-折叠、β-转角和无规则卷曲四种。当加水量为110%时,面筋蛋白中的α-螺旋、β-折叠、β-转角和无规则卷曲的比例分别为11.81%、49.56%、12.72%和25.91%。随着加水量的增加,α-螺旋和β-折叠的比例显著升高;而β-转角和无规则卷曲的比例显著降低(谢新华等,2019)。

表 5-2　加水量对面筋蛋白二级结构相对含量的影响

加水量/%	α-螺旋/%	β-折叠/%	β-转角/%	无规则卷曲/%
110	(11.81±0.10)[a]	(49.56±0.06)[a]	(12.72±0.11)[a]	(25.91±0.15)[a]
120	(12.77±0.16)[b]	(49.39±0.80)[a]	(12.60±0.08)[a]	(25.24±0.72)[a]
130	(24.31±0.04)[cd]	(50.94±0.21)[b]	(11.95±0.14)[b]	(12.80±0.12)[b]
140	(24.23±0.07)[cd]	(51.57±0.16)[b]	(11.68±0.12)[b]	(12.52±0.21)[b]
150	(24.35±0.08)[cd]	(51.95±0.23)[b]	(11.39±0.14)[b]	(12.32±0.09)[b]
160	(23.90±0.17)[c]	(52.37±0.43)[b]	(11.17±0.02)[c]	(12.56±0.28)[b]
170	(24.42±0.13)[d]	(51.43±0.14)[b]	(11.65±0.06)[b]	(12.51±0.07)[b]
180	(24.27±0.03)[cd]	(51.61±0.05)[b]	(11.77±0.01)[b]	(25.91±0.15)[b]
190	(24.20±0.10)[cd]	(51.25±0.02)[b]	(11.76±0.02)[b]	(12.80±0.08)[b]

注:① a、b、c、d 分别代表处理间存在0.05%水平的显著性差异。
② 表中数据引自谢新华等(2019)。

一般认为，与β-转角和无规则卷曲相比，α-螺旋和β-折叠为较为稳定有序的蛋白二级结构。随着水分的增加，α-螺旋和β-折叠的百分含量增加，说明随着水分含量的增加，面筋蛋白形成了更为稳定的状态。在较低含水量时，面团中的蛋白质是通过紧密堆积在一起的氢键形成较为无秩序的状态，随着含水量的增加，蛋白质的水合度加大，水和蛋白质的谷氨酰胺侧链之间的氢键竞争及链间作用形成有序的区域，使蛋白质变得更为稳定。实验还发现，当面团中的水分含量超过130%后，蛋白质二级结构的变化趋势逐渐减弱，但并无规律；而当面团中的水分含量为150%的时候，α-螺旋和β-折叠这两种稳定有序的二级结构的含量之和为最大。这与之前的微观结构观察结果相对应，表明在水分含量为150%的情况下，面筋蛋白最为稳定。

第二节　面团的发酵

面食品发酵的方法主要有酵母发酵、老面发酵和化学膨松剂发酵三种。这三种发酵方法使用不同的发酵剂，产气机理也不尽相同，但都是利用发酵剂在面团中产生二氧化碳等气体，使面团膨胀。不同发酵方法制作的面食品的品质和营养成分存在一定差异。

一、酵母发酵法

酵母发酵法是利用酵母菌作为发酵剂进行发酵。面粉掺水调制后，面粉中的α-淀粉酶、β-淀粉酶在适当的条件下活性显著增强，并将面粉中的部分淀粉水解成麦芽糖；麦芽糖继续水解为葡萄糖，为酵母的繁殖和发酵提供充足的单糖。这个过程就是吃水和面的过程，其变化的化学方程式如下：

$$2(C_6H_{10}O_5)_n\text{(淀粉)} + nH_2O\text{(水)} \xrightarrow{\text{淀粉酶}} nC_{12}H_{22}O_{11}\text{(麦芽糖)}$$

$$nC_{12}H_{22}O_{11}\text{(麦芽糖)} + nH_2O\text{(水)} \xrightarrow{\text{糖化淀粉酶}} 2nC_6H_{12}O_6\text{(葡萄糖)}$$

有了充足的单糖，在合适的条件下，酵母的繁殖和发酵基本上是同时进行的。在发酵初期，面团中的氧气和营养成分供应充足，酵母的生命活动较为旺盛，能迅速将单糖分解为二氧化碳和水，并释放出一定的热量。这时，面团开始起发。由于二氧化碳气体大量产生，体积急剧膨胀，并被面团中的面筋网络包住，不能外溢，使面团体积膨大，从而使面制品蓬松而有弹性。

$$C_6H_{12}O_6\text{(单糖)} + 6O_2\text{(氧气)} \longrightarrow 6CO_2\text{(二氧化碳)} + 6H_2O\text{(水)} + 2\,822\ \text{kJ(热量)}$$

随着发酵作用的继续进行，二氧化碳气体逐渐增加，而面团中的氧气被迅速消耗。酵母在缺氧的环境下，进行无氧呼吸，将面团内的单糖分解为乙醇、二氧化碳和少量热量。乙醇会改变面团的表面张力，降低发酵效果。

$$C_6H_{12}O_6 \longrightarrow 2CO_2\text{(二氧化碳)} + 2C_2H_5OH\text{(乙醇)} + 100\ \text{kJ(热量)}$$

酵母发酵时会分泌蛋白酶，面团中的蛋白质在蛋白酶的作用下被分解为氨基酸。同时，酵母在发酵时还会产生醇类、酯类和低聚糖等风味物质，使发酵面食品产生较好的口味。酵母本身含有丰富的蛋白质、葡聚糖和甘露聚糖、多种B族维生素以及多种矿物质。且酵母中蛋白质的氨基酸组成合理，可以弥补面粉中赖氨酸等的不足，使面食品的营养成分更为均衡。酵母中含有植酸酶，可以水解面食品中的植酸，帮助人体更好地吸收铁、锌和钙等营养物质。

根据酵母的保存状态可分为鲜酵母和干酵母两种。鲜酵母水分含量较高，需要低温保存以保持其活性，对运输和储藏有一定要求，所以没有干酵母适用范围广。干酵母是鲜酵母经干燥处理后得到的，储存携带较为方便，发酵速度快，适用于家庭使用和工业化生产。

二、老面发酵法

老面，在我国又被称为面肥、酵子、起子、酸面团等。利用老面发酵制作馒头、包子等面食品，在我国具有悠久的历史。西方的酸味酵头（Sourdough）与中国的老面有异曲同工之处。在西方，主要用酸味酵头制作面包，尤其是黑麦面包与传统的酸面包。

老面一般是指上次发酵留存的面团。我国幅员辽阔，不同地区使用的老面中所含的微生物菌群并不相同。有些地方，如河南省的部分地区，制作馒头所用的“酵子”不同于一般的老面，在制作馒头时还会添加酒曲和玉米粉等，酒曲中的根霉菌是一种多酶系特征的霉菌，使酵子的发酵能力、酯化能力和糖化能力升高。我国大部分地区的传统老面中，一般以酵母菌和乳酸菌为优势菌群。选取我国五个小麦主产区的五份老面作为研究对象，研究老面所含的微生物菌群，采用分离培养技术鉴定到6种细菌（植物乳杆菌、干乳酪杆菌、枯草芽孢杆菌、糖单胞菌、屎肠球菌和无色菌）、8种真菌（酿酒酵母、异常毕赤酵母、东方伊萨酵母、扣囊复膜孢酵母、季也蒙假丝酵母、橙黄红酵母、光滑念珠菌和米根霉菌）；采用变性梯度凝胶电泳技术鉴定出5种细菌（旧金山乳杆菌、格氏乳球菌、枯草芽孢杆菌、植物乳杆菌和食品乳杆菌）和7种真菌（酿酒酵母、异常毕赤酵母、杰丁毕赤酵母、热带假丝酵母、假丝酵母、德尔布孢圆酵母和米根霉菌）（张国华，2014）。该研究还发现，酿酒酵母是各传统老面发酵剂中的优势菌种。使用梯度变性凝胶电泳法研究了内蒙古西部地区的老面微生物组成，从28个老面材料中发现了17种乳酸菌和11种酵母菌，表明酿酒酵母和植物乳杆菌是老面的优势菌群（Zhang等，2011）。

老面的发酵属于酵母菌和乳酸菌等的混合发酵体系。在这个混合发酵体系中，酵母菌和乳酸菌可以稳定的共存，在面团发酵过程中，很好地发挥各自的作用。酵母菌在发酵过程中负责产生二氧化碳气体，产生醇类、酯类和低聚糖等风味物质；而乳酸菌在发酵过程中利用面团中的糖产生乳酸、醋酸和丙酸等有机酸，这些有机酸可以和酵母菌发酵过程中产生的醇类、醛类和酸类等物质发生作用，形成特殊的风味物质（张国华，2014）。此外，乳酸菌分泌的多糖和有机酸还可以改善面团的质地和面食品的口感。同时，乳酸菌在发酵过程中还可以形成细菌素和抑霉菌化合物等抑菌类物质（苏东海，2010），能够抑制有害菌群的生长，延长面食品保质期（张国华，2014）。乳酸菌发酵产生的胞外多糖可以改变面食品的流变特性，具有提高免疫力的保健作用（苏东海等，2010）。

虽然老面发酵法可能产生比单纯酵母发酵法更好的风味物质，但老面发酵法也存在一些缺点，主要有以下两个方面：①食品安全风险。由于老面是自然发酵体系，是以家庭留存或者小作坊制作等方式获得，在发酵和保存过程中，很容易受到微生物污染，造成老面质量不稳定，容易引发卫生方面的问题。②老面发酵比使用活性干酵母粉发酵时间更长，发酵过程更为烦琐。传统的老面发酵一般采用二次发酵法，即先用一部分面粉和老面加水充分混合后进行发酵，发酵一段时间后，再加入面粉和水进行二次和面与醒发。如果发酵温度和时间掌握不好，非常容易发酵过度，导致产生过多的酸味物质。为避免这种情况发生，一般使用老面发酵时，会使用食用碱中和其酸味。但食用碱的加入会导致面团中大部分维生素 B_1 和部分维生素 B_2 的损失。

三、化学膨松剂发酵法

化学膨松剂是利用能够作为食品添加剂的化学物质，引发化学反应或者生化反应，在面食品中产生大量的二氧化碳气体，使面团的体积膨大，面团内部结构呈多孔状态，从而使最终制成的面食品蓬松适口（寿庆丰，1999）。化学膨松剂产气迅速，且不需要活化就可以直接反应。根据化学组分的不同，可以将化学膨松剂分为单一膨松剂和复合膨松剂两种。

单一膨松剂一般是指碳酸氢钠和碳酸氢铵，二者均为碱性物质，在受热情况下分解产生气体，其中碳酸氢铵一般适用于含水量较少的面食品。单一膨松剂受热分解产生气体的化学方程式如下：

$$2NaHCO_3 = Na_2CO_3 + H_2O + CO_2\uparrow$$

$$NH_4HCO_3 = NH_3\uparrow + H_2O + CO_2\uparrow$$

其中碳酸氢钠受热分解产生的 Na_2CO_3 在温度较高的情况下，会和面食品中的油脂发生皂化反应，使面食品的 pH 升高，颜色加深，口感变差；而碳酸氢铵受热分解产生的 NH_3 气体易溶于水，产生 NH_4OH，使面食品 pH 升高，有刺激性气味，且会破坏面食品中的维生素。因此，应尽量减少碳酸氢钠和碳酸氢铵单独使用（寿庆丰，1999）。

复合膨松剂是由酸性膨松剂、碱性膨松剂与填充剂混合而成。在加热的面团中，酸性膨松剂和碱性膨松剂立刻产生反应释放出二氧化碳气体，从而使面团膨松（张国华，2014）。常用的复合膨松剂为碳酸氢钠和硫酸铝钾的混合物。在加热的环境下，碳酸氢钠和硫酸铝钾的混合物遇水产生二氧化碳，其反应的化学方程式如下：

$$Al^{3+} + 3H_2O = Al(OH)_3 + 3H^+$$

$$2H^+ + CO_3^{2-} = H_2O + CO_2\uparrow$$

泡打粉通常由碳酸氢盐、酸（酒石酸、柠檬酸等）、酸式盐（酒石酸氢钾、磷酸铝钠等）、明矾（硫酸铝钾）和淀粉组合而成，是常见的一种复合膨松剂，应用较为广泛（豆康宁和石晓，2008）。按照泡打粉产气的特点，可以把泡打粉分为慢速泡打粉、快速泡打粉和双效泡打粉。慢速泡打粉在面食品加热过程中，组织开始凝固时开始释放二氧化碳，膨胀时间短，膨胀不充分，蓬松效果有限；快速泡打粉在面食品加热之前就开始产气，面食品体积迅速增大，但在后期加热过程中产气能力弱，面食品经过加热容易出现塌陷；双效泡打粉综合了慢速泡打粉和快速泡打粉的优势，产气时间长，面食品在加热前后都能产生足够的气体，pH 相对稳定，面食品体积膨胀良好。

之前市场上常见的含有烧明矾[$KAl(SO_4)_2$]的泡打粉因其良好的产气效果、较低的价格被广泛使用，但铝是一种低毒金属元素，已有报道铝对于人体中枢系统、免疫系统和生殖系统等均有危害（白雪松等，2008），世界卫生组织在 1989 年就将铝定为食品污染物质。无铝泡打粉的问世解决了上述问题，已在市场上广泛应用。

第三节 淀粉的糊化

碳水化合物是禾谷类作物籽粒中含量最多的成分，约占籽粒干重的 80%以上。通常将碳水化合物按照聚合度分为单糖（Monosaccharide）、低聚糖（Oligosaccharide）和多糖（Polysaccharide）三大类。多糖没有均匀一致的聚合度，分子结构复杂庞大，具有许多不同单糖残基、不同连接位置和不同类型的糖苷键，能形成具有不同的构象、不同的相对分子质量以及链内和链间氢键的二级结构。小麦籽粒中重要的多糖是淀粉（Starch）、纤维素（Cellulose）和半纤维素（Hemicellulose）。由于淀粉的糊化特性、淀粉与蛋白质、脂类的相互作用等，淀粉在面食品的制作和成形过程中起着举足轻重的作用。

小麦淀粉品质性状主要包括总淀粉含量、直链淀粉与支链淀粉的比例和含量、淀粉粒结构、淀粉糊化特性、淀粉凝沉特性、淀粉黏度特性、损伤淀粉含量等。这些品质性状对于面包、馒头、面条和饼干等面食品的感官品质和货架期等都有影响，也是小麦品质育种、淀粉工业和食品行业的重要指标。

一、小麦淀粉及其组成

淀粉是小麦籽粒中最重要的碳水化合物，占小麦籽粒总重量的 65%～70%。小麦籽粒中的淀粉以淀粉粒形式储藏于籽粒的胚乳细胞中。淀粉粒是在质体中形成的，每个质体中存在一个淀粉粒。小麦籽粒中的淀粉根据其分子的结构和大小，被分为直链淀粉和支链淀粉（图 5-4）（卞科和郑学玲，2017）。小麦籽粒中直链淀粉和支链淀粉的比例大约为 1∶3。直链淀粉一般含有 60～1 200 个葡萄糖残基，由 α-1,4 糖苷键相连。直链淀粉的分子质量较小，是一种线性多聚物，但并非一条直线状分子，它的分子内氢键使直链发生卷曲，形成螺旋状。直链淀粉可以溶于热水，遇到 I_2-KI 溶液显蓝色。直链淀粉没有分支，结合较为紧密，易形成沉淀。支链淀粉是一种高分支的束状结构，由 6 000 个或者更多的葡萄糖残基组成，其主链由 α-1,4 糖苷键相连而成，支链由 α-1,6 糖苷键相连，支链平均含有 24～30 个葡萄糖残基，相对分子质量较大，不容易形成沉淀，容易形成透明或者半透明状的凝胶。

二、小麦淀粉粒的结构和特性

小麦淀粉粒的形态和大小对淀粉的理化性质和面食品的品质有重要影响（朱帆等，2008）。小麦淀粉粒按其直径大小分为 A 型淀粉粒（粒径 10～40 μm）和 B 型淀粉粒（粒径＜10 μm）。粒径小于 1 μm 的淀粉粒被认为是 C 型淀粉粒，但因其质量较少（仅为小麦胚乳淀粉总量的

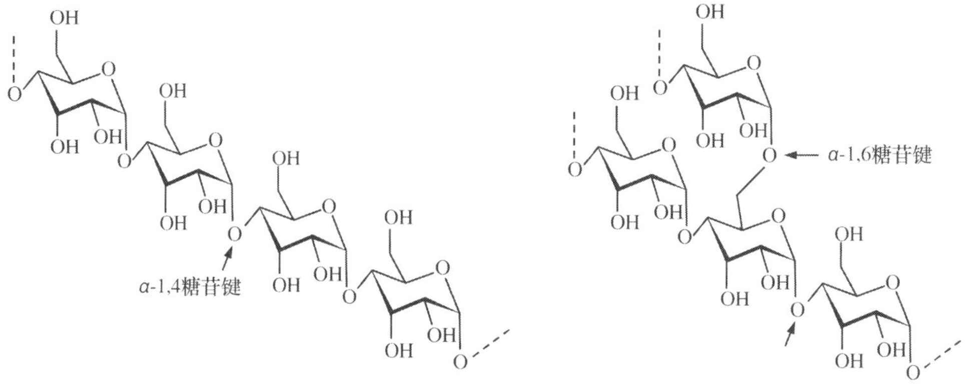

a　　　　　　　　b

图 5-4　直链淀粉(a)和支链淀粉(b)(卞科和郑学玲,2017)

3%左右),被归为B型淀粉粒的亚型(Stoddard,2003)。小麦开花后4天左右A型淀粉粒开始形成,花后第11天B型淀粉粒开始形成(朱帆等,2008)。

A型淀粉粒和B型淀粉粒在理化性质方面具有很大不同。从淀粉粒形态上看,A型淀粉粒主要有椭圆形、扁豆形和偏圆的鹅卵石形,表面较为光滑,直径越大的淀粉粒呈现越圆、越扁的形态;而B型淀粉粒呈球形或者多角形。B型淀粉粒包含部分破损淀粉,不完整度比较高,淀粉粒表面凹面较多,凹陷较深(图5-5)(朱帆等,2008)。小麦胚乳淀粉中的A型淀粉粒和B型淀粉粒的重量、体积和颗粒数量比例因小麦品种的基因型不同而有变化。在7个中国小麦品种中,A型淀粉粒和B型淀粉粒的体积百分比分别为52.7%～65.5%和34.5%～47.3%(Dai等,2009)。相对于B型淀粉粒,A型淀粉粒结晶度较低,且具有较高的糊化起始温度(T_0)、焓值(ΔH)、峰值黏度和最终黏度(Zhang等,2016)。淀粉粒径分布会影响面团的流变学特性。大颗粒(>16 μm)淀粉粒含量越高,面团软化程度越低,粉化面积越小。淀粉粒平均粒径越大,破碎时间越长,面团弱化程度越低(ŠEBEČIĆ等,1996)。朱帆等人研究了小麦淀粉粒的微观结构与糊化性质的关系,结果表明,A型淀粉粒的粒径越大,淀粉越难糊化;而B型淀粉粒的粒径越大,淀粉越易糊化(朱帆等,2008)。Huang等的研究表明,淀粉粒的粒径影响面团的拉伸特性(Huang等,2010)。

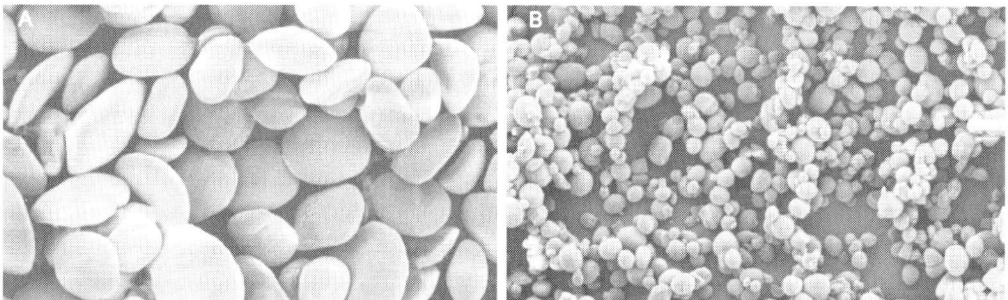

图 5-5　扫描电镜下A淀粉粒(A)和B淀粉粒(B)(Zhang等,2016)

三、淀粉的糊化

1.淀粉的糊化和凝沉

小麦淀粉不溶于冷水，但将小麦淀粉在冷水中搅拌可形成乳白色、不透明的淀粉乳悬浮液。淀粉的糊化是指淀粉悬浮液在被加热至一定温度时，吸水膨胀，水溶液中的淀粉粒的结构从有序至无序的过程。在热的作用下，水分子进入淀粉粒的内部，以氢键的形式与部分淀粉粒相结合，淀粉粒的无定形区被破坏，淀粉结晶区逐渐溶解，淀粉粒膨胀；随后，在吸水作用和热作用下，直链淀粉开始流动，并从淀粉粒中流出，晶体区完全溶解，双折射丧失；随着淀粉粒的进一步膨胀，位于淀粉粒外的支链淀粉发生破裂，变成凝胶，从淀粉粒中流出的直链淀粉形成溶胶。宏观表现为淀粉从悬浮液逐渐变为透明的黏稠糊状溶液，这个过程被称为淀粉的糊化，也称胶化和 α 化。Jonas 等对 1% 淀粉溶液的糊化过程在光学显微镜下进行了观察，如图 5-6 和数字资源 5-3 所示，同时收集亮场（图 5-6 A、B 和 C）和偏振光（图 5-6 D、E 和 F）图像，发现淀粉在大约 50 ℃左右开始膨胀，并失去双折射（图 5-6 B 和 E），所有淀粉颗粒在大约 70 ℃时糊化（图 5-6 C 和 F）。淀粉颗粒需要时间膨胀，在恒定温度下，单个淀粉颗粒需要大约 5 min 才能达到最大溶胀（Jonas 等，2015）。

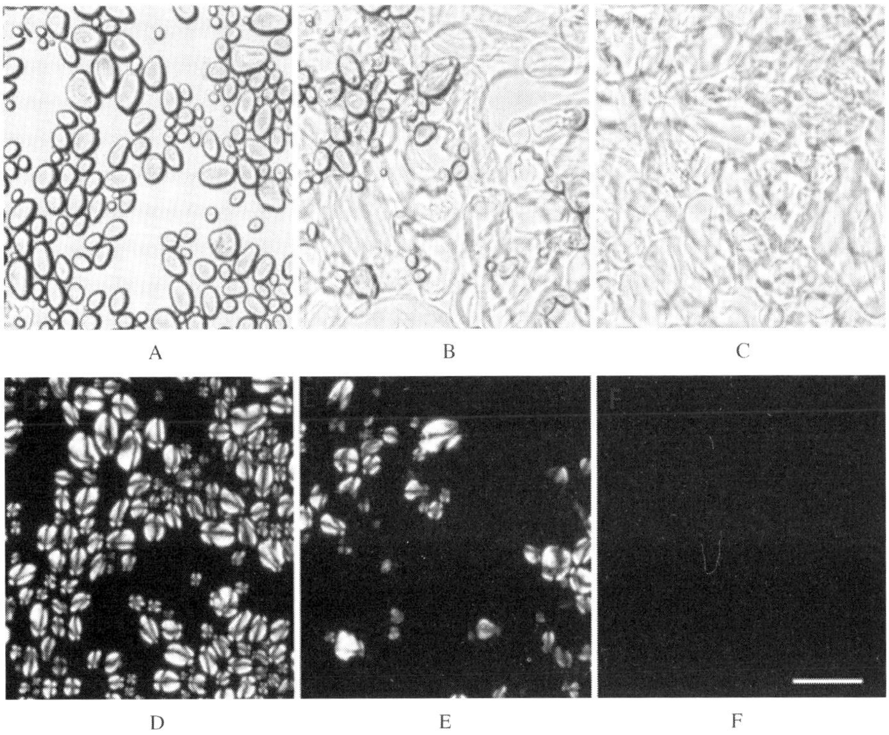

数字资源 5-3
淀粉糊化过程的光学显微镜观察
（Jonas 等，2015）

图 5-6　淀粉糊化过程的光学显微镜观察（Jonas 等，2015）

A 和 D 为 25 ℃的淀粉溶液，B 和 E 为 60 ℃的淀粉溶液，C 和 F 为 75 ℃的淀粉溶液。

A、B、C 为自然光，D、E、F 为偏振光。Bar 100 μm

淀粉糊化的本质是淀粉颗粒内部分子间氢键因膨胀而断裂、晶体区域破碎、淀粉粒膨胀和直链淀粉扩散，最终成为具有黏性的糊状溶液。

淀粉糊化时的温度即为糊化温度。即使是同一作物（如小麦淀粉、玉米淀粉等），不同品种的淀粉粒大小分布也是有差异的，淀粉吸水膨胀需要的温度也不同，所以淀粉糊化温度不是一个确定值，而是一个范围。习惯上将淀粉中有 2% 的淀粉粒的结晶被破坏失去双折射所对应的温度称为起始糊化温度；50% 淀粉粒的结晶结构被破坏失去双折射所对应的温度称为中间糊化温度；98% 淀粉粒的结晶结构被破坏失去双折射所对应的温度称为终点糊化温度。不同来源的淀粉其糊化温度也不相同。张正茂等研究了包括常见的 8 种不同来源的淀粉的糊化温度，发现玉米淀粉的起始糊化温度最高，为 72.2 ℃；小麦淀粉的起始糊化温度最低，为 62.6 ℃（张正茂等，2016）。

糊化后的淀粉自然冷却后，在储藏过程中，被破坏的分子间氢键重新结合使得黏度增加，变成弹性凝胶状沉积物，这个过程被称为淀粉的凝沉，俗称老化、回生或 β 化。凝沉后的淀粉分子羟基很多，结合特别牢固，以致难以再溶解，不易被淀粉酶酶解，遇到碘溶液不会变蓝。

凝沉是淀粉分子间及水分子在空间构象上互相匹配，重新排列，回归更为有序状态的过程。其实质是糊化后的淀粉分子在降温时，因分子热运动能量不足，分子链间借氢键的相互吸引，趋于相互靠拢并平行排列，排列成致密的、结晶化的分子微晶束，形成凝胶体。其过程包括直链淀粉分子之间通过氢键形成螺旋结构，通过堆积形成结晶；支链淀粉外侧支链间双螺旋结构的形成和双螺旋之间的有序堆积，形成树状分枝结构（图 5-7）（孟祥艳，2007；乔聪聪等，2019）。

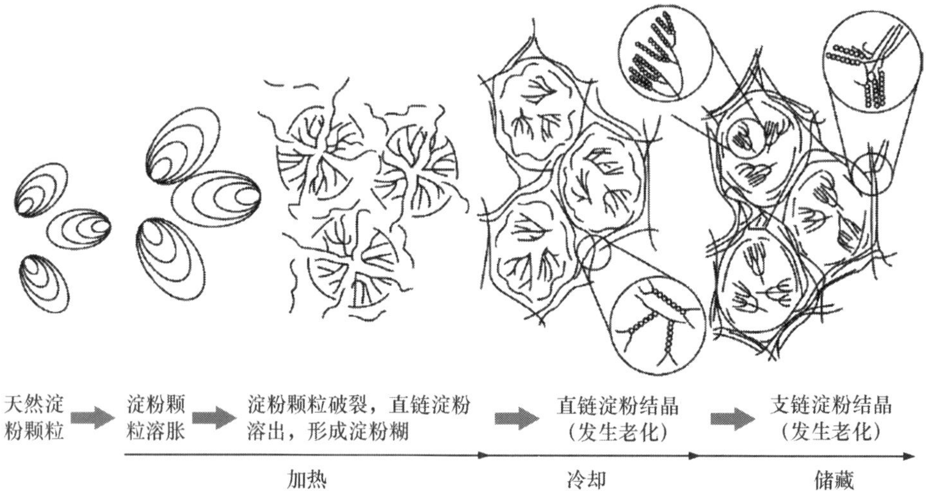

图 5-7　淀粉老化模拟图（乔聪聪等，2019）

淀粉的凝沉（老化）受直链淀粉与支链淀粉的比例影响较大。当直链淀粉含量较高时，因糊化后的直链淀粉空间位阻较小，很容易通过氢键的吸引形成凝胶结构，凝沉速率较快，因此，凝沉速率主要取决于直链淀粉含量。而支链淀粉由于其结构的极度分枝，强烈控制氢键的吸引和聚合，其凝沉速率较为缓慢。因此，在支链淀粉含量较多的情况下，淀粉的凝沉速率较慢。此外，淀粉的分子链长、淀粉溶液的浓度、淀粉质食品中的外源性组分（如非淀粉类碳水化合物、蛋白质、脂质和盐等）、温度和 pH 等因素都会影响淀粉的凝沉速率（王宏伟等，2021）。

淀粉凝沉对淀粉质食品的质构特征具有显著的影响。淀粉质食品在存储和运输过程中发生的凝胶强度、透明度、硬度和弹性等质构特征和感官品质的变化与淀粉的凝沉动态过程密切相关。部分淀粉质食品，如粉丝和米线等，需要根据其加工指标进行淀粉的适度老化。而有些淀粉质食品，如面包、馒头、蛋糕、方便面等，则必须利用技术手段抑制淀粉的老化，以改善产品品质，延长货架期。

2. 淀粉的黏度特性

淀粉的黏度特性是指淀粉加水后形成的悬浮液被加热到糊化温度以上时形成的浆糊的黏性，这种黏性因温度的变化而改变。黏度（Viscosity）是反应黏性强弱的物理量。

淀粉粒在温度升高后充分膨胀，随着淀粉粒的互相摩擦，淀粉胶体黏度开始上升，并达到最大值，此时的淀粉胶体黏度值称为峰值黏度（Peak viscosity），它反映了淀粉的吸水率和增稠性。直链淀粉因分子间的结合能力相对较强，糊化所需的时间相对较长，到达峰值黏度的时间也相对较长；反之，支链淀粉分子间结合力相对较弱，淀粉糊化所需时间相对较短，到达峰值黏度的时间也相对较短。淀粉溶液到达峰值黏度后，经过一段时间的保温，如继续搅拌，会导致淀粉破裂，淀粉黏度剧烈下降，达到最低黏度，也被称为低谷黏度（Trough viscosity）。峰值黏度与低谷黏度的差值即为崩解值（breakdown）（也叫稀懈值、破损值或者衰减值），它反映了淀粉糊的热稳定性，即淀粉在高温时的耐剪切能力。淀粉糊的热稳定性越差，崩解值就越大。当淀粉糊温度进一步降低，淀粉回生，黏度又开始上升，并稳定在一定黏度，这个黏度值即为最终黏度（Final viscosity）。最终黏度与低谷黏度的差值，被称为反弹值（Setback）。

淀粉的黏度特性与淀粉粒的大小和比例、直链淀粉与支链淀粉的比例、支链淀粉结构等密切相关。目前，主要使用快速黏度测定仪（Rapid viscosity analyser，RVA）和 Brabender 黏度仪（Brabender viscoamylograph，BV）进行淀粉黏度值的测量，其原理是通过一定水解和温度条件下的机械切割力进行测定。RVA 法和 BV 法各有所长，在育种上，使用 BV 法样品用量较大（淀粉需 35 g，面粉需 50 g），不适合育种早代材料的测定；而使用 RVA 法样品用量较少（淀粉需 3.0 g，面粉需 3.5 g，全麦粉需 4.0 g），较适于在育种早代进行淀粉品质测定。淀粉黏度特性显著影响面条品质，因此，通常使用 BV 法和 RVA 法的黏度曲线来进行面条品质评价。

在面食品中，淀粉的存在稀释了面筋的浓度，这对于面食品的加工和风味的保持是非常重要的。如果面食品中全部都是面筋成分，其性状和味道都不会太好。对于需要发酵的面食品，酵母发酵需要利用单糖，破损淀粉更易在淀粉酶的作用下，为酵母的发酵活动提供充足的单糖，因此，适当的破损淀粉含量，对于发酵面食品的感官品质非常重要。此外，淀粉有利于发酵面食品的形状保持。发酵面食品的体积，除了和面筋蛋白的质量和含量相关外，与淀粉的固定作用也密切相关。在发酵阶段，面筋蛋白在二氧化碳气体的充盈下，形成面食品的骨架结构，而在蒸煮和烘烤过程中，面食品的最终性状需要面筋的变性和淀粉的部分糊化共同起作用（卞可等，2017）。

四、破损淀粉粒

破损淀粉粒是指在小麦磨粉过程中受到机械损伤的淀粉粒（图 5-8、图 5-9）。面粉中破损淀粉粒的含量对面食品的加工品质有重要影响。

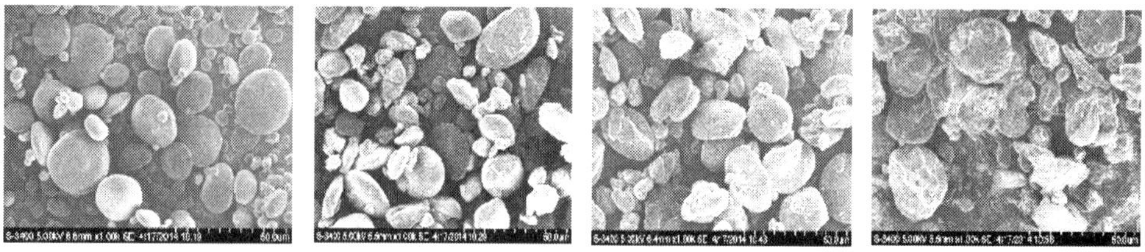

图 5-8　球磨处理 0 h、1 h、3 h 和 5 h 的郑麦 366 淀粉粒扫描电镜图(刘琳,2015)

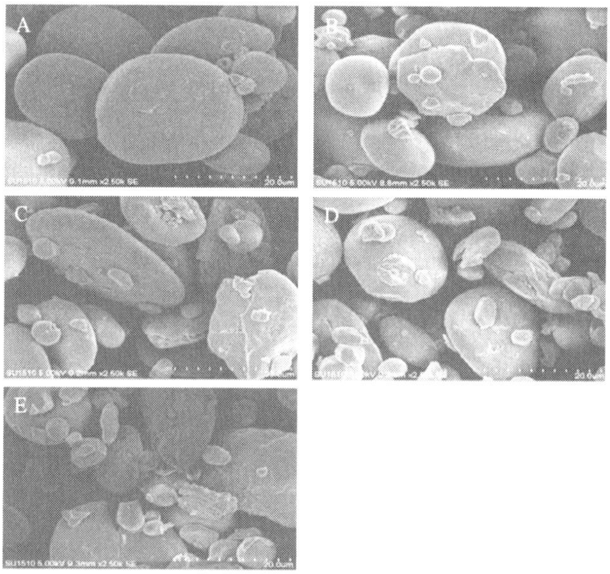

图 5-9　不同损伤程度小麦淀粉粒扫描电镜图(李静,2016)

小麦籽粒需要经过磨粉才能变成面粉,被用于制作各种面食品。在磨粉过程中,小麦籽粒胚乳中的淀粉粒由于受到机械力的作用,不可避免的使部分淀粉粒的外表形状和内部结构受到损伤,产生破损淀粉粒,使小麦粉的功能性质和营养品质发生变化。与完整淀粉粒相比,破损淀粉粒吸水率高 2.5 倍左右,且破损淀粉粒对 α-淀粉酶和 β-淀粉酶更敏感(朱宝成,2014)。面团吸水率与破损淀粉粒含量呈极显著正相关(李东森,2011)。由于破损淀粉粒的上述特性,在面团发酵过程中,α-淀粉酶和 β-淀粉酶会使破损淀粉粒分解为糖类,在发酵过程中为酵母提供更多的养分,使面团体积增大,同时增加面粉的吸水率。如果破损淀粉粒过多,面粉过度吸水,就会造成面食品内部组织过软、支撑力下降等问题,对面食品品质造成负面作用(朱宝成,2014)。

1.面粉中破损淀粉粒含量的影响因素

不同小麦品种的面粉中,破损淀粉粒的含量存在差异。以强筋、中筋、弱筋小麦粉和直链淀粉含量极低的糯小麦粉为试验材料,对其破损淀粉粒的含量进行测定,发现破损淀粉粒含量在不同小麦粉之间的大小顺序为:强筋小麦粉＞中筋小麦粉＞弱筋小麦粉＞糯小麦粉。推测其原因是强筋小麦籽粒中蛋白质与淀粉的缔结程度大于中筋和弱筋小麦,在磨粉受到机械压力时,蛋白质与淀粉粒不容易分开,因此强筋小麦粉破损淀粉粒的含量相对较多(谭彩霞等,2011)。通常由硬麦和春麦加工成的面粉比软麦和冬麦加工成的面粉破损淀粉粒含量高(徐荣敏等,2005)。

研磨工艺也会影响面粉中的破损淀粉粒含量。一般来说，制粉生产线的粉路越长，研磨的道数越多，破损淀粉粒含量越高。磨辊的剪切和挤压作用越大，破损淀粉粒含量越高（朱宝成，2014）。研究表明，研磨道数和研磨强度都与破损淀粉粒含量正相关，且研磨道数比研磨强度对淀粉破损程度影响更大。相较于光辊，齿辊造成的淀粉破损程度更大（王晓曦，2004）。制粉时的环境温度也与破损淀粉粒含量正相关（朱宝成，2014）。小麦加工润麦时水分含量和润麦时间也会对破损淀粉粒含量产生影响，因此，在生产中需要探索合理的润麦时间和加水量，使面粉的破损淀粉粒含量处于合适的范围（申晓燕，2010）。

面粉粒度越小，破损淀粉粒含量越高（朱宝成，2014）。分析不同粒度区间小麦粉的破损淀粉粒含量，结果表明，不同粒度区间的破损淀粉粒含量与淀粉粒的大小存在一定的线性关系，破损淀粉粒含量随小麦面粉粒度的减小而显著升高（齐婧等，2017）。

2.破损淀粉粒对面食品品质的影响

1）破损淀粉粒对烘焙面食品品质的影响

破损淀粉粒对烘焙食品品质具有重要影响。破损淀粉粒可以迅速形成水合物，且可以在酶的作用下被分解成糊精、麦芽糖和葡萄糖，这些物质对于面团的发酵、维持烘焙过程中的水分含量有重要影响（徐荣敏等，2005）。面粉中的破损淀粉粒过高或过低，都会对烘焙产生不利影响。因破损淀粉粒比整粒淀粉对 α-淀粉酶和 β-淀粉酶的敏感性高，如果破损淀粉粒含量过高，会产生面包体积过大，易塌陷等问题，影响面包品质。如果破损淀粉粒含量过低，面团吸水率会降低，面团发酵时没有充足的单糖而造成发酵不足，烘焙制品体积和质构不佳。因此，在面粉加工过程中，应对破损淀粉粒的含量进行适当控制。

淀粉类食品经过烘焙后会产生丙烯酰胺。面包在烘焙过程中的丙烯酰胺的产生主要受面粉中破损淀粉粒含量和还原糖含量的影响（Wang et al.，2017）。有研究证明，就同一种小麦而言，随着淀粉破损程度的升高，面粉中的还原糖含量增加。说明淀粉的破损程度与还原糖之间存在正相关性。但淀粉破损程度并不是影响面粉中还原糖含量的主要因素（王书军等，2015）。不同焙烤面团中的丙烯酰胺的测量结果表明，面粉中破损淀粉粒含量越多，还原糖就越多，产生丙烯酰胺的量就越多（Mehrajfatema，2009）。因此，可通过降低小麦粉中的破损淀粉粒含量来抑制成品面包中的丙烯酰胺的生成。

2）破损淀粉粒对蒸煮食品品质的影响

破损淀粉粒对蒸煮食品品质的影响，主要表现在对面团吸水率和对淀粉酶的敏感性两个方面。

破损淀粉粒含量对面团的蒸煮品质影响较大，随着破损淀粉粒含量的增加，面条的品质有所降低。破损淀粉粒含量较高时，面团吸收较多的水分，面筋蛋白与水分的作用时间和作用量减少，面筋不能充分形成和扩展。并且，破损淀粉吸水膨胀后，体积增大，从而在空间上限制了面筋的扩展（赵君兰，2015）。破损淀粉粒的含量对面团的流变学特性也有较大影响（闵照永，2015）。研究发现，随着面粉中破损淀粉粒含量的增加，面团的稳定时间呈下降趋势（赵君兰，2015）。破损淀粉粒的含量还对面条的色泽产生影响，如破损淀粉含量过高，面条的色泽变暗。这可能是由于研磨中的高温和反射面小造成的。破损淀粉粒的含量还会影响面条的韧性和黏性。破损淀粉粒含量较高，制作的面条黏性较大，韧性较低，适口性较差（赵君兰，2015）。因此，在面条生产中，可通过摸索最适的破损淀粉粒含量来提高面条的蒸煮品质。

小麦粉中破损淀粉粒含量对馒头的组织结构、体积和外观均产生显著影响（陈志成，

2007)。在馒头醒发的过程中，由于破损淀粉粒的存在，提高了淀粉对 α-淀粉酶和 β-淀粉酶的敏感性，由此产生较多的糖类，提供酵母生理活动所需的较多营养物质；同时由于破损淀粉粒的存在，增加了面团的吸水率，从而增加了馒头的产量。如果破损淀粉粒含量过低，会造成面团的吸水率过低，在同样的搅拌和醒发步骤内面团不能较好地形成和醒发，在蒸制过程中也不能充分糊化。但是，如果破损淀粉粒含量过高，面团稳定时间缩短，含水量过大，造成馒头组织过软，支撑力不够，从而出现塌陷、体积收缩等问题。过高的破损淀粉粒含量还会造成馒头表面颜色变深、表皮起泡。因此，面粉的破损淀粉粒含量应有一个合理的临界范围，才能充分发挥破损淀粉粒对馒头生产的正面作用(董斌等，2005；陈志成，2007)。

第四节　美拉德反应

美拉德反应(Maillard reaction)也称非酶促褐变反应、羰氨反应，广泛存在于食品加工与储藏过程中(欧阳宇等，2021)，主要是羟基化合物与氨基化合物之间的复杂反应，最终生成棕色含氮聚合物或共聚物，称为类黑素(郑文华等，2005)。美拉德反应是 1912 年由法国化学家美拉德(Maillard L. C.)在描述葡萄糖与甘氨酸混合加热时形成褐色类黑素的反应时提出的。1953 年，霍奇(Hodge J. E.)等将其正式命名为美拉德反应(Hodge，1953；杨调调等，2017)。美拉德反应广泛存在于食品行业的各个环节，它可以帮助食品形成特有的风味、口感和色泽等，如面包和饼干烘焙中发生的美拉德反应；也会给许多食品造成不利的影响，如马铃薯为原料的食品在储藏过程中产生的褐变等(张利奋，1984；林静嫦，2020)。

一、美拉德反应的过程

美拉德反应的机理和产物较为复杂，可归纳为羟基化合物(如还原糖、脂质、醛、酮、多酚、抗坏血酸和类固醇等)和氨基化合物(如氨基酸、肽以及蛋白质等)在加热或者常温状态时发生的一系列氧化、还原、聚合和脱水等化学反应，产生多种美拉德反应产物(李亚丽等，2012；欧阳宇等，2021)。

美拉德反应一般可分为初级反应阶段、中间反应阶段和高级反应阶段(图 5-10 和数字资源 5-4)：

1. 初级反应阶段

氨基酸的氨基和还原糖的羰基发生羰胺缩合反应，产生 N-葡萄糖胺和水。如果还原糖为醛糖，则重排产生 Amadori 重排产物；如果还原糖为酮糖，则发生 Heynes 重排反应(欧阳宇，2020；戚繁，2020)。在初始反应阶段不会使食品的香味和色泽发生改变，其产物是不挥发性香味化合物的前体(肖怀秋等，2005)。

2. 中间反应阶段

根据不同的 pH，重排反应产物会发生不同的降解反应。如果 pH＞7.0，主要发生 2，3-烯醇化反应，经过分子内重排反应，去掉氨基生成 1-脱氧糖酮，经脱水反应生成还原酮和很多裂解产物；α-二羰基化合物继续和自由氨基缩合，发生 Strecker 反应，生成 α-氨基酮和醛。如果 pH≤7.0，重排产物将主要生成 1,2-烯醇化产物，进一步反应生成醛（如果还原糖为戊糖，会生成糠醛；如果还原糖为己糖，则会生成羟甲基糠醛）（戚繁，2020）。

3. 高级反应阶段

初级反应阶段和中间反应阶段生成的许多中间产物，如 N-葡萄糖胺、1-脱氧糖酮、α-氨基酮和还原酮等，会和还原糖或者氨基酸继续发生复杂的脱氧、醇醛缩合、重排和异构化等多种化学反应，最终产生被称为类黑素的含氮高分子聚合物和共聚物（戚繁，2020，王旭等，2013）。

数字资源 5-4　美拉德反应产物生成路线图

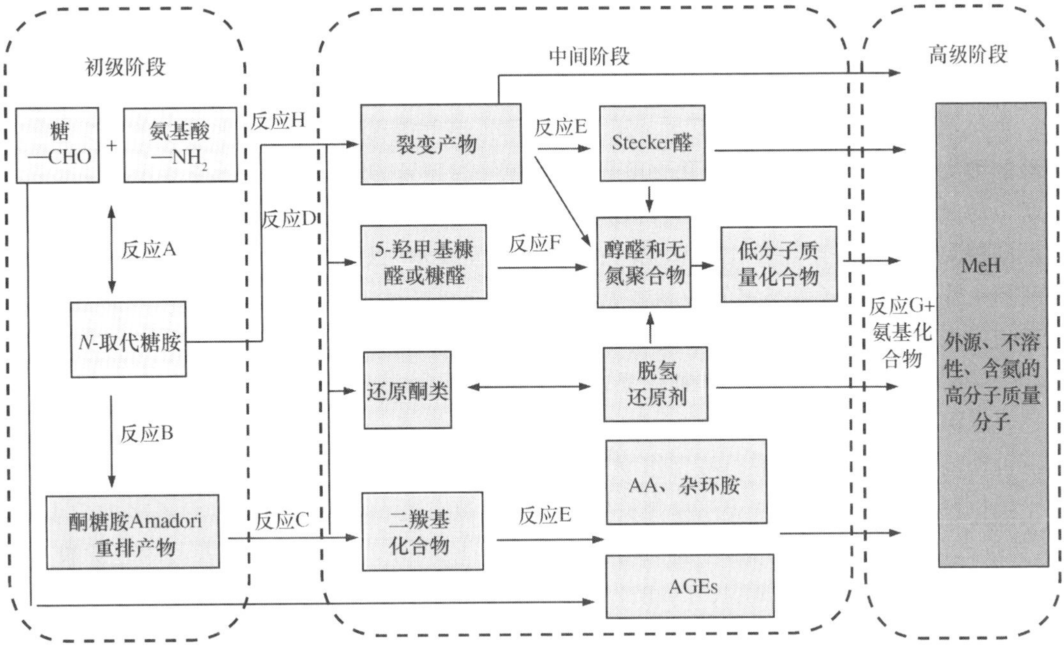

图 5-10　美拉德反应产物生成路线图（欧阳宇等，2021）

二、美拉德反应的产物

在美拉德反应产物中，除了类黑素外，还有还原酮、醛类和挥发性杂环化合物等多种风味物质，赋予食品独特的色泽、质地和风味（表 5-3）。类黑素广泛存在于各种食品中。Pastoriza 等研究了西班牙饮食中常见的热加工食品中的类黑素含量，发现饼干中的类黑素含量高达 20.2%；面包中的类黑素含量为 4.4%，而面包皮中的类黑素含量为 14.0%；早餐麦片中的类黑素含量为 25.5%（Pastoriza 和 Rufián-Henares，2014）。

表 5-3　食品中的美拉德反应产物

产物类型	产物组成
氨基酸裂解及其衍生物	氨基酸、胺类、羧酸类、烷烃和芳香烃、氨基酸特异性侧链片段等
糖裂解及其衍生物	乙二醛、乙醛、乙酸、甘油醛、丙酮醛、羟丙酮、二羟丙酮、2,3-丁二酮、1-羟基-2-丁酮、2-羟基丁醛、戊糖、脱氧衍生物、呋喃酮、呋喃、吡喃酮、葡糖苷、脱氧葡糖苷等
二羰基化合物	3-脱氧葡萄糖醛酮、3-脱氧半乳糖醛酮、3-脱氧戊糖酮、乙二醛、丙酮醛、丁二酮等
晚期糖基化终末产物	N-ε-羧甲基赖氨酸、N-ε-羧乙基赖氨酸、乙二醛链接的赖氨酸二聚体、丙酮醛链接的赖氨酸二聚体、戊糖苷素、咪唑酮、吡咯素等
风味化合物	呋喃及其衍生物、噻唑、呋喃硫醇、吡嗪类、丁二酮、3-甲基丁醛、吡咯及其衍生物、含硫化合物等
颜色化合物	类黑素
有害化合物	杂环胺、咪唑类、丙烯酰胺、5-羟甲基糠醛、呋喃等

注:引自欧阳宇等(2021)。

美拉德反应的产物与反应温度、pH、反应时间、溶剂等密切相关,也与参与反应的糖和氨基酸的种类有重要关系(郑文华等,2005;杨调调等,2017)。还原糖-氨基酸体系的美拉德反应所产生的风味物质主要由反应体系中的氨基酸类型决定。Wong 等研究了酸性条件下葡萄糖和不同种类的氨基酸产生美拉德反应的感官香气,发现苯丙氨酸和酪氨酸产生干玫瑰香气,蛋氨酸产生炸土豆的香气,半胱氨酸和蛋氨酸产生肉味和酱汁味,甘氨酸、赖氨酸、苏氨酸和缬氨酸产生令人愉快的焦糖样气味(Wong 等,2008)。在确定底物的美拉德反应体系中,温度、时间和金属离子等会影响美拉德产物的颜色。一般情况下,温度越高,时间越长,美拉德产物的颜色就越深;碱性条件可以使美拉德产物的颜色更深;铁离子可以使美拉德反应的速率增加,且三价铁离子比二价铁离子的催化作用更强(吴慧玲等,2010)。

美拉德产物的生物活性功效也是科学家研究的热点之一。美拉德产物具备多样的生物活性,如抗氧化、抗病毒、抗突变、降糖、抗高血压等(杨调调等,2017)。研究者利用还原糖-氨基酸(木糖/葡萄糖分别与赖氨酸、甘氨酸、半胱氨酸和谷氨酰胺)模式的美拉德反应,研究了不同反应条件对美拉德产物抗氧化活性的影响,发现大多数还原糖-氨基酸反应产生的美拉德产物都有一定的抗氧化活性,且随着反应时间的增加,美拉德产物的抗氧化能力呈上升趋势(张严等,2012)。Michalska 等研究了黑麦面包制作中的美拉德反应,结果表明后期的美拉德反应产物对过氧自由基和 ABTS 自由基有良好的清除作用,而早期的美拉德反应产物似乎与抗氧化活性无关(Michalska 等,2008)。Patrignani 等通过体内和体外试验研究了饼干的美拉德反应产物在消化道中的抗氧化能力,证明了美拉德反应产物可改善大鼠胃肠道的抗氧化状态,饼干美拉德产物中可能存在益生元活性(Patrignani 等,2019)。

美拉德产物中也有一些对食品安全具有负面影响的物质,如丙烯酰胺、羟甲基糠醛、3-脱氧葡糖醛酮、4(5)-甲基咪唑、丙醛酮、呋喃等(邵澜媛等,2012;曾稳稳等,2011)。其中丙烯酰胺被认为是 2A 类致癌物,且会导致基因、神经和生殖系统的损伤(邵澜媛等,2012);3-脱氧葡糖醛酮和丙酮醛被证明和糖尿病相关,丙酮醛也被列为 3A 类致癌物,能增强组织细胞的氧化应激,造成细胞损伤(林静嫦等,2020)。尽管人体的排泄系统可以排出通过食物摄入的大部分美拉德反应产物,但部分美拉德产物可能在人体内的某些器官中堆积(曾稳稳等,2011),因此,在充分利用美拉德产物给我们带来感官上的美好享受和有益功效的同时，如何减少美拉德反应产物中的有害物质的生成也是亟待解决的科学问题。目前，对美拉德反应已经有了较为深入的认识，但是由于美拉德反应机制的复杂性，较为完整的反应机理和反应路径亟待研究。

第五节　油、糖、盐等其他物质对面食品品质的影响

油、糖、盐等作为配料出现在形形色色的面食品中。它们的加入不仅增加了面食品的风味，还通过影响面团的流变学特性等影响面食品的品质。

一、油脂对面食品品质的影响

在面食品的制作过程中，加入的油脂会附着在蛋白质和淀粉等成分上形成油膜，调节面筋的涨润性，增强小麦面团的持气性和面筋网络的延展性，使面团不容易干燥和老化。油脂的品种、添加量等都会影响面团的流变学特性，进而影响面食品的品质。同时，油脂也是风味物质和营养成分的一种。不同油脂的加入使得面食品的风味和营养发生变化。此外，油脂还是有效的传热介质。利用油脂的这一特性可制作出不同风味和品种的油炸面食品。

1.油脂的种类对面团特性和面食品品质的影响

应用于面食品加工的油脂一般分为液态油脂和固态油脂。液态油脂通常为植物油；而固态油脂通常为动物脂肪。面食品中的油脂来源包括小麦粉中的内源脂和额外添加的外源脂。其中内源脂的含量较少，常通过添加外源脂的形式来改善面团的特性。外源脂的添加主要包括天然动植物油和改性动植物油等，不同种类的油脂添加对面团流变学特性和面食品品质的影响不同。

不同类型油脂对面团特性的影响不同。将面粉分离出的内源脂、麦胚油、猪油和花生油4种脂类与面粉混合，研究面粉的面筋含量、粉质特性和糊化特性的变化。结果表明，4种油脂的加入均使面粉的湿面筋含量、吸水率和峰值黏度显著降低。麦胚油和花生油的加入对面团的粉质指数、面团形成时间和面团稳定时间均有显著改善；而内源脂和猪油的添加却使面团稳定时间和粉质指数有一定程度的下降。猪油的添加能够提高面粉的沉降值；而内源脂的加入导致沉降值下降(郭孝源等，2013)。葛瑞宏等研究了大豆油和棕榈油为原料制备的专用油脂对冷冻面团焙烤品质的影响，结果表明，专用油脂的添加使面粉、脂类和乳化剂等在面团形成的过程中互相作用，增加淀粉的光滑度，延长面团的稳定时间，提高冷冻面团的筋力和延展性，延缓冷冻面团因冻藏导致的烘焙品质下降(葛瑞宏等，2010)。

王凤成等研究了不同类型的油脂对馒头品质及老化的影响。结果发现，以起酥油和精制猪油为代表的固态油脂的适量加入，对馒头的表层色泽和内部质构有所改良；同时可以增加馒头体积并延缓馒头的老化。而以一级豆油为代表的液体油脂对馒头的品质改善不明显(王凤成等，2006)。

油脂对饼干口味影响很大，饼干用油应具有较好的风味及氧化稳定性，不同的饼干对油脂种类还有不同的要求：①韧性饼干要求在充分水化条件下形成面团，一般不要求高油脂。普通

饼干只用小麦粉量6%～8%的油脂，中高档饼干则添加14%～20%的奶油、人造奶油、优质猪板油等。②酥性饼干要求油脂乳化性优良，起酥性好。酥性饼干用油脂量较多，一般添加小麦粉量的14%～30%，优质人造奶油最佳，猪板油次之；而甜酥性的曲奇饼干类油脂常用量为40%～60%，中高档曲奇饼干多选用优质黄油。③苏打饼干要求使用起酥性与稳定性兼优的油脂，尤其是起酥性更重要。猪板油的起酥性好，能使苏打饼干组织细密，层次分明，口感松脆；植物性的起酥油对改善饼干层次有利，但降低饼干松酥度。因此，通常混合使用植物油与猪板油。④半发酵饼干的表面要求喷油，以使其表面油润有光泽。棕榈油最佳，精炼植物油次之。为增加其酥脆性，一般添加人造奶油，或将人造奶油与适量猪板油或精炼植物油混合使用。

2.油脂的饱和度及其存在状态对面团特性和面食品品质的影响

同一类油脂中脂肪酸的组成和饱和度存在较大差别，导致对面团流变学特性的影响有所差异（马启昱，2021）。利用油脂氢化反应，可以使不饱和脂肪酸的双键与氢发生加成反应，降低不饱和脂肪酸的含量（仪凯等，2017）。王显伦等研究了油脂对饼干品质的影响，结果表明，脂肪酸饱和度越高的油脂，乳化时面团的持气量越多，起酥性也越好（王显伦等，1997）。Culetu等将不同固体脂肪指数的6种脂肪（氢化棕榈油、精制硬脂酸棕榈油、精制棕榈油、黄油、人造黄油和猪油）添加至无麸质的燕麦面团中，结果发现，面团硬度和饼干断裂强度与油脂的固体脂肪指数呈显著正相关，表明猪油和精制棕榈油对无麸质燕麦饼干具有改良作用（Culetu et al.，2021）。

3.油脂添加量对面团特性和面食品品质的影响

油脂的不同添加量会对面团特性和面食品品质产生不同的影响。王晓曦等研究了不同浓度梯度麦胚脂的添加对小麦粉、面团和面条品质的影响。结果表明，麦胚脂的添加，对于小麦粉干面筋含量、湿面筋含量和降落数值没有影响；但与面粉白度、面粉吸水率和面团延伸度呈显著负相关；与粉质质量指数、面团形成时间、面团拉伸面积、面团最大拉伸阻力和最大拉伸比呈显著正相关（王晓曦等，2009）。

在麦胚脂添加量为0～6%时，面条的感官评价总评分随着麦胚脂含量的增加而增加；超过此范围，则随着麦胚脂含量的增加而减少。随着面粉内源脂含量的增加，重组面粉的衰减值和回生值表现为上升趋势。而对于麦胚油、花生油和猪油来说，随着油脂含量的增加，重组面粉的衰减值和回升值均随着脂肪含量的增加而下降。猪油添加量为1%时，重组面粉的面筋质量最好；内源脂添加量为1%时，面筋含量达到最大值（郭孝源等，2013）。

添加油脂能改善面团和面食品的品质。添加适量的麦胚油，能增加面团的稳定时间和粉质指数（郭孝源等，2013），添加适量棕榈油的能改善馒头感官评分和白度值，也能提升面条的蒸煮品质、质构品质和感官评分。

二、食糖和糖醇类物质对面食品品质的影响

参照中华人民共和国国家标准，“食糖”以蔗糖为主要成分，按照其加工工艺可分为白砂糖、绵白糖、赤砂糖、冰片糖等。面食品加工时，食糖的添加不仅能增加面食品的甜味并激发出面食品其他风味，还能显著改善面团品质。在面团中加入蔗糖，可在蛋白质外部形成高渗透压，促进面筋蛋白的吸水，从而增加面筋强度并影响面筋的涨润度，保证面制品熟化后的成品

外形不会收缩。对于发酵面食品来说，食糖的加入可以提高酵母的活性，缩短发酵时间。此外，食糖运用于面食品，还能起到赋予面食品美观的形态和色泽，延长面食品的货架期等作用。

食糖是制作糕点面食品的主要原料之一。糕点中常用的食糖主要有蔗糖和淀粉糖两大类。其中蔗糖主要品种有绵白糖、白砂糖和赤砂糖等。淀粉糖是以淀粉为原料，经水解、糖化、脱色、浓缩等工艺制作的糖，主要包括饴糖、果葡糖浆、淀粉糖浆等。糖类对于糕点面食品的作用首先在于提供甜味和能量。糕点面食品的甜味主要来源于添加的食糖，且糖分极易被人体消化吸收。食糖在糕点面团的制作中还起到反水化作用。部分糖类较强的吸水性可以在面团形成时阻碍面粉中的蛋白质吸水膨胀，从而影响面筋的形成，降低面团的弹性，保证糕点内部结构的疏松，增加适口性。特别是在蛋糕制作中，食糖可以增强蛋糊的机械强度和泡沫韧性，保证蛋糊不易坍塌，从而提升蛋糕的感官品质。浆皮类的糕点，面粉中加入转化糖浆和饴糖等，就是利用这些糖类具有的吸湿作用，保持表皮的柔软度和新鲜外观。另外，富含糖分的糕点面食品在焙烤时，高温使糖分脱水并发生焦糖化反应，产生香味，并使糕点表面呈好看的金黄色。

木糖醇是一种五羟基多元醇，是一种功能性甜味剂，具有不易发酵、吸湿性和热稳定性好等多种特性。木糖醇可以增加面团的形成时间和稳定时间，降低面粉吸水率与弱化度。随着木糖醇添加量的增加，面团的拉伸阻力、拉伸能量和拉伸比增加，而面团延展度无明显变化。木糖醇的加入可以减小面团的硬度、咀嚼性和胶黏性，增加面团的弹性和内聚性。木糖醇还可以在一定程度上促进面筋网络的形成（刁子蔚，2017）。

三、食盐对面食品品质的影响

食盐是一种亲水性的中性盐，其主要成分是氯化钠。食盐是制作面包的基本成分之一；在面条和其他面食品中，食盐也是常用的添加剂。食盐可以改善面团的物理特性，如增强面团的筋力、提高面团的吸水能力等，还可以调节发酵，改善面食品的风味等。

1.食盐对面包品质的影响

食盐作为面包常规配方的四大要素之一，是面包的重要改良剂。首先，食盐可以改善面团的物理特性。食盐的添加可以使面团的质地变得致密，同时增强面团的弹性，使面团的吸水能力显著增强，有助于在面团膨胀时保证其面筋不断裂。对于筋力较弱的小麦粉，食盐的改善作用更为明显。其次，食盐可以调整面团的发酵作用。食盐的加入，可以使面团的面筋充分成熟，改良面团的组织结构，使其组织细腻，孔度得到改善。

食盐对面包烘焙品质的影响主要有以下两个方面：① 食盐的加入有助于改善面包内部组织的色泽和外表面的皮色。食盐虽然不是漂白剂，但经过食盐调理的面筋，烘焙后面包瓤心因孔度细腻均匀导致反光均匀，感官上感觉面包白度增加了。② 食盐的添加可以在烘焙过程中烘托出其他原料的味道，增加面包的风味。

2.食盐对面条品质的影响

中国的传统面条大多为白盐面条（White salted noodles），如河南烩面、兰州拉面、空心挂面等，是由面粉、水和食盐为主要原料制成的（荆鹏等，2014）。食盐可以显著改善面条的品质。在面团形成过程中，食盐可以促进蛋白质的吸水并稳定蛋白结构。在食盐添加的初期，面团的流变学特性得到改善，质构指标有显著变化，面团的稳定时间和断裂时间延长（申倩等，2017）。在食盐的添加量为1%～3%时，食盐的添加量和面团流变学特性指标呈正相关；而在食盐添加量超过3%时，过多的食盐会对面筋的充分水化造成影响，进而使面团的内部结构变得干燥、分散，导致面条品质下降（王冠岳等，2008）。

食盐的添加对二硫键的含量和维持面筋网络稳定性具有一定影响。在食盐添加量为5%以内时，随着食盐添加量的增加，面团中二硫键的含量呈现先升高后降低的趋势；而在食盐添加量大于5%时，过量的食盐添加会破坏二硫键，将二硫键变为游离硫基（陈洁等，2015）。食盐的少量添加可以使面团的蛋白大分子网络结构更加均匀和致密，从而使面条外观白亮。同时，食盐的适量添加可以使蒸煮过程中的面筋蛋白与外界水分交换速度加快。因此，最佳蒸煮时间也会在一定范围内随着加盐量的增加而缩短（王冠岳等，2008）。

四、食用碱对面团特性和面条品质的影响

食用碱是一种常用的食品添加剂。常见的食用碱包括碳酸钠、碳酸钾和碳酸氢钠等。食用碱的加入会对小麦面团的品质产生显著影响。食用碱可以促进面团中游离的巯基转变为二硫键，并使面团中的氢键增加，减少疏水性相互作用，使麦谷蛋白大聚体的含量增加。显微观察发现，食用碱的加入可以使面筋蛋白分子链缠绕程度升高，形成表面凹凸不平的球状立体形态，增强面筋网络（任佳影，2020）。

在我国，食用碱经常被作为面条添加剂使用，如在兰州拉面、武汉热干面和河南烩面的制作过程中都会加入食用碱。食用碱可以与面粉中的黄酮类化合物产生反应，赋予面条微微的黄色，还能起到中和胃酸的作用，并产生独特的风味（郑芃园等，2020）。当食用碱添加量小于0.2%时，随着食用碱含量的增加，面条的吸水率显著增加；当食用碱添加量大于0.2%时，食用碱的添加量和面条吸水率呈负相关。食用碱的添加使淀粉在加热条件下的流失变大，蛋白质网络降解，致使面条的蒸煮损失率升高（任佳影，2020）。随着食用碱添加量的增加（0～1.2%），武汉热干面面条的色度b值增大，面条的硬度、拉伸距离和拉伸强度均表现为先升高后降低。当食用碱添加量为0.6%时，面条的硬度、吸水率和拉伸强度达到峰值（郑芃园等，2020）。

思考题

1. 面筋形成的机理是什么？通常受哪些因素影响？
2. 面团发酵的机理是什么？发酵对面食品加工有什么影响？
3. 淀粉糊化对面食品有什么影响？
4. 美拉德反应对面食品有何利弊？

参考文献

[1] 白雪松，杜鹃，宋春梅．铝与人体健康的研究进展．吉林医药学院学报，2008，29（6）：355-357.

[2] 卞科，郑学玲．谷物化学．北京：科学出版社，2017.

[3] 陈洁，石林凡，汪礼洋，等. 食盐对拉面面团延伸性影响的研究. 粮食与饲料工业，2015(2)：35-38.

[4] 陈志成. 面粉质量和粒度对主食馒头品质影响机理的研究. 粮食加工，2007，32(5)：19-22.

[5] 董彬，郑学玲，王凤成. 小麦粉组分特点和馒头品质关系. 粮食与油脂，2005(2)：12-14.

[6] 葛瑞宏，吴文民，王德志，等. 专用油脂对冷冻面团焙烤品质的影响. 食品科学，2010，31(13)：114-117.

[7] 郭孝源，陆启玉，章绍兵，等. 不同种类油脂对面粉品质的影响研究. 食品科技，2013，38(4)：160-164.

[8] 荆鹏，郑学玲，丁旋子，等. 食盐对面絮及面条品质影响研究. 粮食与饲料工业，2014(9)：32-35.

[9] 李东森，郑学玲，曹维让，等. 小麦各系统面粉面筋及破损淀粉含量与面团吸水率的关系. 现代面粉工业，2011，25(3)：36-40.

[10] 李亚丽，刘晓徐，郑培华，等. 美拉德反应研究进展. 食品科技，2012，37(9)：82-87.

[11] 林静嫦，钟先锋，汪彩云. 美拉德反应对饼干品质及安全性的研究进展. 农产品加工，2020(6)：62-65.

[12] 刘佳，陈玲，李琳，等. 小麦 A、B 淀粉凝胶质构特性与分子结构的关系. 高校化学工程学报，2011，25(6)：1033-1038.

[13] 刘琳. 球磨和湿热处理对淀粉结构和理化性质的影响. 河南工业大学硕士学位论文，2015.

[14] 马启昱，刘忠义，付满，等. 油脂对面团特性及面制品品质影响研究进展. 食品与机械，2021，37(10)：235-240.

[15] 孟祥艳. 淀粉老化机理及影响因素的研究. 食品工程，2007(2)：60-63.

[16] 闵照永，汪雅馨，师玉忠. 损伤淀粉对小麦粉物化特性以及面条品质的影响. 粮食与饲料工业，2015(11)：35-39.

[17] 欧阳宇，赵扩权，冯莹娜，等. 美拉德反应产物的生物学活性和潜在健康风险. 食品科学，2021，42(17)：350-362.

[18] 潘治利，王涛，王娜，等. 冷冻熟制面条保温加热及速冻节能加工工艺. 农业工程学报，2015，31(6)：311-318.

[19] 戚繁. 美拉德反应在食品工业中的研究进展. 现代食品，2020(19)：44-46.

[20] 齐婧，吕莹果，王远辉. 不同粒度区间小麦粉的淀粉特征. 食品科技，2017，42(7)：164-170.

[21] 乔聪聪，吴娜娜，陈辉球，等. 谷物制品老化机理及其调控技术研究进展. 中国粮油学报，2019，34(4)：133-140.

[22] 任佳影，陈洁，汪磊. 食用碱对蛋白质聚集行为及面条品质的影响. 河南工业大学学报(自然科学版)，2020，41(3)：27-33.

[23] 申倩，陆启玉. 盐、碱的添加对面条品质的影响. 粮食与油脂，2017，30(3)：31-32.

[24] 申晓燕. 影响面粉中破损淀粉含量的因素. 现代面粉工业，2010，24(2)：38-40.

［25］寿庆丰. 膨松剂及其应用. 食品科技，1999(1)：30-31.

［26］苏东海，胡丽花，苏东民. 乳酸菌在传统主食馒头中的应用前景. 中国农学通报，2010，26(4)：61-65.

［27］孙笑雨. 糖在面点中的作用. 现代食品，2019(17)：98-99.

［28］谭彩霞，封超年，郭文善，等. 不同品种小麦粉黏度特性及破损淀粉含量的差异. 中国粮油学报，2011，26(6)：4-7，12.

［29］王凤成，李鹏，王显伦. 油脂对馒头品质的影响. 中国粮油学报，2006，21(3)：238-240.

［30］王冠岳，陈洁，王春，等. 氯化钠对面条品质影响的研究. 中国粮油学报，2008，23(6)：184-187.

［31］王宏伟，许可，张艳艳，等. 淀粉老化的影响因素及其检测技术研究进展. 轻工学报，2021，36(1)：17-29.

［32］王鹏林，韩艳芳，谭兴亮. 浅谈面粉破损淀粉含量对馒头的影响. 现代面粉工业，2016，30(6)：17-19.

［33］王显伦，罗晓岚，阎向阳. 油脂对饼干生产影响的探讨. 粮食与油脂，1997(2)：26-27.

［34］王晓曦，曲艺，雷宏，等. 小麦胚中脂类对小麦粉品质的影响. 粮食与饲料工业，2009(3)：13-16.

［35］王晓曦. 研磨对小麦粉破损淀粉含量影响及破损淀粉对面制品品质影响研究. Proceedings of Shanghai International Syposium on the Safety of Cereal，Oil & Food (ISSCOF) 2004:88-89.

［36］王旭，冯涛，庄海宁. 氨基酸对美拉德反应产物呈香特性的研究进展. 中国调味品，2013，38(7)：1-5，13.

［37］吴昊，张青，邵娟娟. 糊化淀粉的研究进展. 粮食与油脂，2020，33(1)：6-8.

［38］吴惠玲，王志强，韩春，等. 影响美拉德反应的几种因素研究. 现代食品科技，2010，26(5)：441-444，440.

［39］项丰娟，苏磊，张秀南，等. 小麦淀粉的研究现状. 食品研究与开发，2021，42(16)：212-219.

［40］肖怀秋，李玉珍，林亲录. 美拉德反应及其在食品风味中的应用研究. 中国食品添加剂，2005(2)：27-30.

［41］谢新华，毋修远，沈玥，等. 加水量对面筋蛋白水分分布及结构的影响. 农业机械学报，2019，50(6)：365-370.

［42］徐荣敏，王晓曦. 小麦淀粉的理化特性及其与面制品品质的关系. 粮食与饲料工业，2005(10)：23-24.

［43］晏月明，刘广田，Prodanovic S，等. 小麦醇溶蛋白的遗传与品质改良. 麦类作物学报，1998，18(1)：1-4.

［44］仪凯，彭元怀，李建国. 我国食用油脂改性技术的应用与发展. 粮食与油脂，2017，30(2)：1-3.

［45］尹寿伟，陆启玉，杨秀改. 破损淀粉对面条蒸煮品质的影响研究. 食品科技，2005(10)：68-71.

［46］岳凤玲，朱科学，郭晓娜．面粉中破损淀粉含量对冷冻熟面品质的影响．食品与机械，2017，33(4)：4-8，22.

［47］张国华．不同地区传统面食发酵剂中菌群结构及优势菌种代谢的研究．浙江大学博士学位论文，2014.

［48］张利奋．食品中的美拉德反应（1)原理和研究进展．食品与发酵工业，1984(1)：69-76.

［49］张严，汪何雅，钱和．美拉德反应产物的褐变、荧光吸收及抗氧化性的研究．食品工业科技，2012，33(6)：193-196.

［50］张正茂，王志华，颜永斌．不同来源淀粉的糊化特性研究．食品工业，2016，37(6)：141-145.

［51］赵君兰．损伤淀粉与面条品质．现代面粉工业，2015，29(5)：24-26.

［52］郑芃园，汪师帅．食用碱对碱水面品质的影响．粮食与油脂，2020，33(12)：65-67.

［53］郑文华，许旭．美拉德反应的研究进展．化学进展，2005，17(1)：122-129.

［54］朱宝成．破损淀粉的研究与应用．现代面粉工业，2014，28(6)：9-11.

［55］朱帆，徐广文，姚历，等．小麦淀粉颗粒的微观结构研究．食品科学，2008，29(5)：93-96.

［56］Branlard G，Dardevet M. Diversity of grain proteins and bread wheat quality：I. Correlation between gliadin bands and flour quality characteristics. Journal of Cereal Science，1985，3(4)：329-343.

［57］Choi S M，Ma C Y. Structural characterization of globulin from common buckwheat（Fagopyrum esculentum Moench）using circular dichroism and Raman spectroscopy. Food Chemistry，2007，102(1)：150-160.

［58］Culetu A，Stoica-Guzun A，Duta D E. Impact of fat types on the rheological and textural properties of gluten-free oat dough and cookie. International Journal of Food Science and Technology，2021，56(1)：126-137.

［59］D'Ovidio R，Masci S. The low-molecular-weight glutenin subunits of wheat gluten. Journal of Cereal Science，2004，39(3)：321-339.

［60］Dai Z M，Yin Y P，Wang Z L. Starch Granule Size Distribution from Seven Wheat Cultivars Under Different Water Regimes. Cereal Chemistry，2009，86(1)：82-87.

［61］Doona C J，Baik M Y. Molecular mobility in model dough systems studied by time domain nuclear magnetic resonance spectroscopy. Joumal of Cereal Science，2007，45(3)：257-262.

［62］Encina-Zelada C R，Cadavez V，Monteiro F，*et al*. Combined effect of xanthan gum and water content on physicochemical and textural properties of gluten-free batter and bread. Food Research International，2018，111：544-555.

［63］Hardt N A，Boom R M，van der Goot A J. Wheat dough rheology at low water contents and the influence of xylanases. Food Research International，2014，66：478-484.

［64］He Z H，Liu L，Xia X C，*et al*. Composition of HMW and LMW glutenin subunits and their effects on dough properties，pan bread，and noodle quality of Chinese bread wheats.

Cereal Chemistry, 2005, 82(4): 345-350.

[65] de la Hera E, Rosell C M, Gomez M. Effect of water content and flour particle size on gluten-free bread quality and digestibility. Food Chemistry, 2014, 151: 526-531.

[66] Hodge J E. Dehydrated Foods, Dehydrated foods, Chemistry of browning reactions in model systems. Journal of Agricultural and Food Chemistry, 1953, 1(15): 928-943.

[67] Huang Y C, Lai H M. Noodle quality affected by different cereal starches. Journal of Food Engineering, 2010, 97(2): 135-143.

[68] Carlstedt J, Wojtasz J, Fyhr P, *et al*. Understanding starch gelatinization: The phase diagram approach. Carbohydrate Polymers, 2015, 129: 62-69.

[69] Lindsay M P, Skerritt J H. The glutenin macropolymer of wheat flour doughs: structure-function perspectives. Trends in Food Science & Technology, 1999, 10(8): 247-253.

[70] Liu C, Li L M, Hong J, *et al*. Effect of mechanically damaged starch on wheat flour, noodle and steamed bread making quality. International Journal of Food Science & Technology, 2014, 49 (1): 253-260.

[71] Metakovsky E V. Annicchiarico P, Boggini G. Relationship between gliadin alleles and dough strength in Italian bread wheat cultivars. Journal of Cereal Science, 1997, 25(3): 229-236.

[72] Michalska A, Amigo-Benavent M, Zielinski H, *et al*. Effect of bread making on formation of Maillard reaction products contributing to the overall antioxidant activity of rye bread. Journal of Cereal Science, 2008, 48(1):123-132

[73] Mulla M Z, Bharadwaj V R, Annapure U S, *et al*. Effect of damaged starch on acrylamide formation in whole wheat flour based Indian traditional staples, chapattis and pooris. Food Chemistry, 2010, 120(3): 805-809.

[74] Örnebro J, Wahlgren M, Eliasson A C, *et al*. Adsorption of α-, β-, γ- and ω-Gliadins onto Hydrophobic Surfaces. Journal of Cereal Science, 1999, 30(2):105-114

[75] Pastoriza S, Rufián-Henares J A. Contribution of melanoidins to the antioxidant capacity of the Spanish diet. Food Chemistry, 2014, 164:438-445.

[76] Patrignani M, Rinaldi G J, Rufián-Henares J Á, *et al*. Antioxidant capacity of Maillard reaction products in the digestive tract: An in vitro and in vivo study. Food chemistry, 2019, 276: 443-450.

[77] Payne P I, Nightingale M A, Krattiger A F, *et al*. The relationship between HMW glutenin subunit composition and the bread-making quality of British-grown wheat varieties. Journal of the Science of Food and Agriculture, 1987, 40(1): 51-65.

[78] Qi P F, Wei Y M, Yue Y W, *et al*. Biochemical and molecular characterization of gliadins. Molecular Biology, 2006, 40(5): 713-723.

[79] Šebečić B I, Šebečić. Wheat flour starch granule-size distribution and rheological properties of dough. Part 4. Farinographic measurements. Food / Nahrung, 1996, 40(5): 256-260.

[80] Stoddard F L. Genetics of starch granule size distribution in tetraploid and hexaploid

wheats. Australian Journal of Agricultural Research，2003，54(7)：637-648.

[81] Veraverbeke W S，Delcour J A. Wheat protein composition and properties of wheat glutenin in relation to breadmaking functionality. Critical Reviews in Food Science and Nutrition，2002，42(3)：179-208.

[82] Wang S J，Yu J L，Xin Q W，*et al*. Effects of starch damage and yeast fermentation on acrylamide formation in bread. Food Control，2017，73：230-236.

[83] Wong K H，Aziz S A，Mohamed S. Sensory aroma from Maillard reaction of individual and combinations of amino acids with glucose in acidic conditions. International Journal of Food Science and Technology，2008，43 (9)：1512-1519.

[84] Zhang J C，Liu W J，Sun Z H，*et al*. Diversity of lactic acid bacteria and yeasts in traditional sourdoughs collected from western region in Inner Mongolia of China. Food Control，2011，22(5)：767-774.

[85] Zhang Y，Guo Q，Feng N，*et al*. Characterization of A- and B-type starch granules in Chinese wheat cultivars. Journal of Integrative Agriculture，2016，15(10)：2203-2214.

（赵 悦）

第六章

小麦品质指标检测技术

小麦品质指标因小麦种植者、面粉和面食品加工者、面食品消费者的需求不同各有侧重。小麦品质可以分为籽粒外观品质、营养品质、磨粉品质、烘焙品质、蒸煮品质和食用品质等。小麦品质的优劣取决于小麦品种的遗传基础和其种植的环境条件。最终面食品品质的好坏还受面粉品质、面食品加工方法和加工工艺的影响。

小麦粉品质可通过面粉的组成、理化指标、面团流变学特性、淀粉酶活性及面糊的黏度特性等进行直接评价。面食品品质可通过蒸煮试验、烘焙试验的感官评价直接评定或用仪器进行间接评定。

本章主要介绍目前常用的小麦粉品质特性(面筋含量、沉降值、溶剂保持力、淀粉糊化特性等)、小麦面团流变学特性(粉质曲线参数、拉伸曲线参数、揉混曲线参数和吹泡示功仪曲线参数等)、面食品成品内部结构特性(质构仪参数和 C-Cell 图像分析仪参数等)等的品质检测技术。

第一节　小麦粉品质指标的检测技术

小麦粉的品质特性与面食品加工品质息息相关,因此在小麦品质育种和小麦粉加工过程中,通过小麦粉品质指标的检测,可以在一定程度上预测和评价不同小麦粉终端产品的加工适应性。

面粉品质主要包括面粉的理化品质和面团流变学特性。面粉理化品质指标主要包括面筋品质、面粉粗细度、面粉吸水率、灰分含量、面粉色泽、沉降值和降落数值等。其中面筋品质指标主要有湿面筋含量、干面筋含量和面筋指数等。

一、小麦粉中面筋含量的测定

1.实验原理

面筋是小麦蛋白质存在的一种特殊形式。小麦粉样品用氯化钠溶液揉合成面团,再用氯化钠溶液洗涤并去除面团中的淀粉、糖、纤维素及可溶性蛋白质等，再去除多余水分，剩余的具有弹性和黏性的胶状物即为面筋。

面筋主要由醇溶蛋白和谷蛋白组成，还包括洗面筋时残留的少量淀粉、纤维、脂类和矿物质。谷蛋白溶于酸和碱，弹性高，抗拉伸；而醇溶蛋白溶于乙醇，延展性好，且具有黏性。面筋的黏弹性主要依赖于醇溶蛋白黏合力和谷蛋白凝结力的综合作用。

洗面筋的方法主要有手工洗涤法和机器洗涤法。不同的人手洗面筋的结果可能存在差异。机器洗涤法操作简便快速，已被广泛采用。但对于面筋含量少和面筋强度弱的小麦粉，机器洗涤不易洗涤出面筋。

2. 实验目的

1）掌握湿面筋含量和干面筋含量的测定方法及原理。

2）认识强筋小麦粉、中筋小麦粉和弱筋小麦粉的面筋差异。

3. 材料和仪器

1）试剂：20 g/L 氯化钠溶液、0.2%～2%碘化钾/碘溶液（Lugol's 溶液）。

2）仪器：玻璃棒、移液管、烧杯、两块挤压板、带下口的玻璃瓶、手套、带筛绢的筛具、秒表、天平、毛玻璃盘、湿面筋仪、面筋干燥仪。

3）试样：强筋小麦粉、中筋小麦粉和弱筋小麦粉（颗粒粗细度小于 250 μm）。

4. 实验步骤

方法一：手洗法

1）样品称取：称量待测样品 10.00 g（换算成 14%含水量），置于小搪瓷碗或 100 mL 烧杯中，记录为 m_1。

2）面团制备和静置：用玻璃棒不停搅动样品的同时，用移液管一滴一滴地加入 4.6～5.2 mL 氯化钠溶液。拌合混合物，使其形成球状面团。注意避免造成样品损失，同时将黏附在器皿壁上或玻璃棒上的残余面团也收到面团球上。

注：面团样品制备时间不能超过 3 min。

3）洗涤：将面团放在手掌中心，用容器中的氯化钠溶液以每分钟约 50 mL 的流量洗涤 8 min；同时用另一只手的拇指不停地揉搓面团。将已经形成的面筋球继续用自来水冲洗、揉捏，直至面筋中的淀粉洗净为止。

当从面筋球上挤出的水无淀粉时表示洗涤完成。为了测试洗出液是否无淀粉，可以从面筋球上挤出几滴洗涤液到培养皿上，加入几滴碘化钾/碘溶液，若溶液颜色无变化，表明洗涤已经完成。若溶液颜色变蓝，说明仍有淀粉，应继续进行洗涤，直至检测不出淀粉为止。

注：洗涤操作应在带筛绢的筛具上进行，以防止面团损失。在操作过程中，实验人员应该戴光面橡胶手套，防止面团吸收手的热量和手部排汗的污染。由面粉制成的面团需要洗涤 2 min 以上，而由全麦粉制成的面团洗涤时应适当延长时间。

4）排水：将面筋球用一只手的几个手指捏住并挤压 3 次，以去除面筋球上残留的洗涤液。将面筋球放在一块洁净的挤压板上，用另一块挤压板压挤面筋，排出面筋中的游离水。每压一次后取下，并擦干挤压板。反复压挤，直到稍感面筋有粘手或粘板为止(挤压约 15 次)。

注：也可采用离心装置排水。将面筋球装入孔径为 500 μm 筛盒后，连面筋球带盒一起放入离心机，转速为(6 000±5) r/min，加速度为 2 000g，直至用手掌轻轻揉搓面筋团至稍感黏手为止。

5)测定湿面筋的质量：面筋球排水后，取出面筋，放在预先称重的培养皿或滤纸上称重，准确至 0.01 g，湿面筋质量记录为 m_2。湿面筋含量为：m_2/ m_1×100%。

注：同一样品应做 2 次平行测定，取其平均值。

6)干面筋的制备和称量：将湿面筋球置于已经预热的面筋干燥仪中，加热 (300±5) s。从干燥器中取出干面筋并称量，记录为 m_3，准确至 0.01 g。干面筋含量为：m_3/ m_1×100%。

方法二：仪器法

1)样品称取：选择正确的清洁筛网，并在实验前润湿，将称取的待测样品 10.00 g(换算成 14%含水量)，倒入面筋仪的洗涤室中，记录为 m_1。

注：面粉样品应使用孔径为 88 μm 的聚酯筛或 80 μm 的金属筛，全麦粉样品应使用孔径为 840 μm 的聚酯筛或 800 μm 的金属筛。

2)面筋制备：用移液器向样品中加入 4.8 mL 氯化钠溶液，轻轻摇动洗涤室使溶液均匀分布在面粉的表面。接着将放入样品的洗涤室放在正确的仪器工作位置，在销孔上卡好，按下绿色 START 按钮，启动标准程序进行混合和洗涤。当面筋仪停止工作时，取下洗涤室并小心取出全部面筋。

注：取出面筋时不能拉伸或撕开面筋。

3)面筋排水：将面筋球装入孔径为 500 μm 面筋指数筛盒后，连面筋球带盒一起放入离心机，转速为(6 000±5) r/min，加速度为 2 000g 进行离心排水。

4)测定湿面筋的质量：同手洗法 5)。

5)干面筋的制备和称量：同手洗法 6)。

5. 实验结果与分析

填写实验报告，比较强筋小麦粉、中筋小麦粉和弱筋小麦粉的面筋含量及特性的差异。

二、小麦粉泽伦尼沉降值的测定

1. 实验原理

该实验是由 Zeleny(1947)发明的。面粉中的面筋组分在弱酸性水溶液中水和膨胀后，影响悬浮面粉在乳酸溶液中下沉的速度和体积。较高的面筋含量和较好的面筋质量都会导致沉降较慢和沉降物体积较大。

小麦在规定的粉碎和筛分条件下制成十二烷基硫酸钠(SDS)悬浮液，经固定时间的振摇和静置后，悬浮液中的面筋与表面活性剂 SDS 结合，在酸的作用下发生膨胀，形成絮状沉积物，沉积物的体积即为沉降值。

小麦粉的沉降值越大，表明其面筋的质越好，量越多。小麦粉（或全麦粉）沉降值与其面筋强度、面包烘焙品质显著正相关，已广泛应用于面粉品质的划分和小麦品质育种的早代选择。

泽伦尼沉降值（Zeleny-沉降值）的测试样品可以是小麦粉，也可以是全麦粉。

2. 实验目的

1）掌握 Zeleny-沉降值的测定方法及原理。

2）认识强筋小麦粉、中筋小麦粉和弱筋小麦粉的 Zeleny-沉降值差异。

3. 材料和仪器

1）试剂：乳酸贮备液（将 85%乳酸与蒸馏水按照 1∶8混合，充分振荡混合后待用）、SDS（十二烷基硫酸钠）、SDS-乳酸混合液（取 20 g SDS 用蒸馏水溶解，转入 1 000 mL 的容量瓶中；加入20 mL 乳酸贮备液；并用蒸馏水稀释至 1 000 mL，充分混合均匀，备用）、溴酚蓝水溶液（10 mg 溴酚蓝溶于 1 000 mL 蒸馏水中）。

2）仪器：0.001 g 天平、沉降值测定仪、100 mL 具塞量筒。

3）试样：强筋小麦粉、中筋小麦粉和弱筋小麦粉（颗粒粗细度小于 250 μm）。

4. 实验步骤

1）称样：待测样品含水量为 14% 时，全麦粉称样量为（6.00±0.01）g；小麦粉称样量为（5.00±0.01）g。将试样置于干燥的具塞量筒中。

注：若样品含水量高于或低于 14%时，则须根据试样含水量换算。将称取的试样和配制的试剂置于（22±1）℃室温下，直至试样和试剂的温度与室温平衡，以得到准确结果。

2）测试：在称好试样的量筒中加入 50 mL 溴酚蓝水溶液，塞好塞子，开始计时，立即快速上、下振摇 15 s，竖立静置，于 2 min 时再快速上、下振摇 15 s 并静置；4 min 时迅速加入 50 mL SDS 乳酸混合液，并立即上、下颠倒 4 次，静置。以后每隔 2 min，即在 6 min、8 min 和 10 min 时，再分别上、下颠倒 3 次并静置。

注：用沉降值测定仪，则在加入溴酚蓝溶液后，塞好塞子置于振摇装置架上，按上述手工操作规定的程序自动进行振摇（每个振动循环冲程 60°，水平面上下 30°）。

3）读数：全麦粉样品在最后一次颠倒振摇后静置 20 min，读出量筒中沉积物的毫升数。小麦粉静置 40 min，读出量筒中的沉积物毫升数。所读沉积物的体积（mL）即为该样品的 Zeleny-沉降值。

注：如测定样品数量较多，可采用 4 只量筒为一组同时进行。每份样品做 2 次平行测定，测定误差应小于 2 mL，取 2 次测定结果平均值。

5. 实验结果与分析

填写实验报告，比较强筋小麦粉、中筋小麦粉和弱筋小麦粉的 Zeleny-沉降值的差异。

三、小麦粉溶剂保持力的测定

1.实验原理

控制小麦烘焙产品的水分含量对于获得保质期延长的优质产品至关重要。面粉中的面筋(主要是麦谷蛋白)、破损淀粉和阿拉伯木聚糖(戊聚糖)等功能组分均影响面粉对水分的吸收，因此需要准确评价这些功能组分在面粉中的存在情况。研究表明，小麦粉中的麦谷蛋白、破损淀粉和戊聚糖均为聚合物，具有在特定溶剂中吸收溶胀并形成网状结构的特性。面粉中该类聚合物越多，其溶胀能力越强，形成的网状结构在强离心力作用下产生的抵抗力也越强，而离心后测定的小麦粉保持溶剂的量就越高。

目前，国际上通用的4种溶剂分别是水溶液、50%(质量比)蔗糖溶液、5%(质量比)碳酸钠溶液和5%(质量比)乳酸溶液。这4种溶剂保持力值可反映小麦粉4个方面的特性：①5%乳酸的溶剂保持力(Solvent Retention Capacity，SRC)反映小麦粉中麦谷蛋白和面筋特性；②5%碳酸钠的SRC反映小麦粉中破损淀粉水平；③50%蔗糖的SRC反映小麦粉中的戊聚糖特性；④水的SRC反映的是小麦粉所有组分的综合特性。

SRC的测定最初应用于软质小麦粉的功能性评估，目前也被证明适用于评估硬质小麦。自2000年SRC的测定作为AACC官方标准方法后，从小麦育种到烘焙都可以使用SRC检测小麦和小麦粉品质。通过SRC可预测小麦尤其是软质小麦粉中的面筋、破损淀粉和戊聚糖等对小麦粉功能和终端产品质量的贡献。小麦粉SRC曲线与面食品成品质量(例如饼干、蛋糕、面条和面包)之间的关系越来越受到食品加工企业和小麦品质育种家的关注。

2.实验目的

1)掌握SRC测定的具体方法与步骤。

2)通过SRC测定结果，预测小麦粉的烘焙性能，并判断其对产品的适应性。

3.材料与仪器

1)材料：小麦粉(强筋、中筋和弱筋)、去离子水、蔗糖(分析纯)、碳酸钠(分析纯)、乳酸(分析纯)。

2)仪器和用具：低速离心机、50 mL离心管、0.001 g天平、单位为s的计时器等。

4.实验步骤

1)水分的测定：利用近红外品质分析仪测定供试小麦粉的水分含量(m_1)。

2)溶剂的配制：分别配制50%(质量分数)蔗糖溶液、5%(质量分数)碳酸钠溶液、5%(质量分数)乳酸溶液。

注：50%蔗糖溶液应在测试的前1天(>12 h)配制，5%碳酸钠溶液和5%乳酸溶液可以在测试当天配制。

3)试样的称取：称取小麦粉试样(5.000±0.050)g(m)，置于已知质量的50 mL离心管(m_2)中。

4)SRC的测定：向装有试样的离心管中加入(25.00±0.05) g的溶剂(分别为去离子水溶

液、50%蔗糖溶液、5%碳酸钠溶液和5%乳酸溶液),盖上离心管盖后,沿水平方向剧烈摇动,使小麦粉与溶剂充分混匀。此后,每隔5 min快速摇动离心管5 s,整个溶胀时间为20 min。第20 min摇动后,立即在1 000g离心力条件下离心15 min。离心结束后,缓慢取出离心管并倒去上清液,再将离心管倒置在滤纸上10 min至管内无残留溶剂。将装有溶胀小麦粉的整个离心管进行称重(m_3)。按以下公式计算各溶剂保持力:

$$\mathrm{SRC}=\left(\frac{m_3-m_2}{m}-1\right)\times\left(\frac{100-14}{100-m_1}-1\right)\times 100\%$$

式中,SRC为小麦粉溶剂保持力,%;m_3为离心后离心管和溶胀小麦粉的整体质量,g;m_2为离心管质量,g;14为换算系数,将样品水分换算成14%标准水分;m为实际供试样品质量,g;m_1为试样的水分含量。

5.实验结果与分析

填写实验报告,比较强筋小麦粉、中筋小麦粉和弱筋小麦粉的4种溶剂保持力的差异。

四、小麦粉中淀粉糊化特性的测定

1.实验原理

面团形成过程中,淀粉颗粒吸水膨胀及部分淀粉水解的过程称为淀粉糊化。通过糊化作用,小麦粉中的淀粉吸水膨胀,体积增大,被固定在面筋的网状结构中并使这个网状结构变得富有黏性和弹性。淀粉的糊化特性同样影响到小麦面制品的蒸煮品质和烘焙品质。如果糊化不足,淀粉胶体干燥、发硬,限制面团的膨胀,使馒头、面包体积变小。如果糊化过度,淀粉胶体和面筋构成的结构强度低、面团内气泡易破裂,也影响面团膨胀,馒头、面包体积缩小。目前测定小麦淀粉糊化特性的仪器包括澳大利亚科学家研制的快速黏度分析仪(RVA)、德国布拉本德公司的糊化仪和黏度仪。这些仪器在规定的测试条件下,通过加热以及小麦粉内源性淀粉酶的协同作用使面粉水悬浮物逐渐糊化。黏度分析仪能够监测样品的黏度曲线,自动记录其糊化温度、峰值黏度、峰值温度、最低黏度和最终黏度等,并计算其衰减值和回生值等特征数据。黏度曲线反映的参数包括:

1)糊化温度:试样加热后,试样黏度开始增大时的温度。

2)峰值黏度:又称最高黏度。在规定条件下,加热使试样开始糊化至冷却前达到的最大黏度值。

3)峰值时间:在规定条件下,试样测试开始至达到峰值黏度的时间。

4)最低黏度:在规定条件下,试样达到峰值黏度后,在冷却期间的最小黏度值。

5)最终黏度:在规定条件下,测试结束时的试样黏度值。

6)衰减值:峰值黏度与最低黏度的差值。

7)回生值:最终黏度与最低黏度的差值。

2.实验目的

1)掌握RVA或黏度仪测定的具体方法与步骤。

2)通过淀粉糊化特性测定结果预测小麦粉的淀粉性能,并判断其对小麦粉加工产品的适应性。

3. 材料与仪器

1)材料:小麦粉(面条粉、馒头粉和面包粉)、去离子水等。

2)仪器和用具:0.001 g天平、量筒、快速黏度分析仪等。

4. 实验步骤

1)准备工作:打开仪器和联接的计算机电源开关,至少预热30 min。选择测试程序ST1。

2)试样的制备:将清理的小麦籽粒经小型实验磨碾碎,并称取小麦粉(3.50±0.01) g备用。

注:碾碎后的样品90%以上能通过CQ23号筛网。

3)测试:量取(25.0±0.1) mL水,移入干燥干净的样品筒中。将上述准确称量的样品转入样品筒中,将搅拌器置于样品筒中,上下快速搅动10次或以上至样品完全分散。将带有搅拌器的样品筒准确插接到连接器上。启动测试程序,根据提示将仪器的搅拌器电动机塔帽压下进行糊化特性的测试。

4)清洁仪器:测试结束时样品筒自动弹出,冲洗已使用过的样品筒,清洁仪器,关闭电源。

5. 实验结果与分析

根据显示的黏度变化曲线和糊化温度、峰值黏度、峰值温度、最低黏度、最终黏度、衰减值和回生值等特征数据,比较、评价和分析不同小麦粉的淀粉特性。

第二节 面团流变学特性检测实验技术

小麦粉加入一定量的水,并经过揉和后成为面团,这个阶段的面团既具有固体物质的弹性,也具有液体物质的黏性,是典型的黏弹性物质。面团流变学特性是指面团负载曲线中,应力、应变与时间之间的关系所导致的面团弹性、黏性和可塑性等各种特性。相对于面筋的其他指标,面团流变学特性更能综合反映小麦粉加工品质的优劣,能为终端产品的开发提供更全面和科学的依据。

许多国家研制出了多种能检测面团流变学特性的仪器。常见的有粉质仪(Farinograph)、揉面仪(Mixograph)、拉伸仪(Extensograph)和吹泡示功仪(Alveograph)等。

一、粉质仪分析实验技术

1. 实验原理

目前,使用最广泛的粉质仪是由德国布拉本德(Brabender)公司发明生产的(图6-1和数字资源6-1)。它是根据揉制面团时会受到阻力的原理设计的。粉质仪使用方法参考AACC相关标准和我国相关国家标准。测定样品量有50 g和300 g两类。通常是在30 ℃恒温条件下,将定量小麦粉倒入揉面钵中;加入适量的水后[以使面团稠度达到(500±20) FU为宜],

进行一定时间的揉和。面团经过形成、稳定和弱化三个阶段，其变化特性可由仪器自动绘制的粉质曲线(图 6-1 和数字资源 6-1)反映出来，并由此计算出面粉吸水率、面团形成时间、面团稳定时间、面团断裂时间、公差指数、弱化度、面团弹性与膨胀性、粉质质量指数等，从而进一步评价面团品质和小麦品种品质类型。测定注意事项和指标说明如下：

1)吸水率：吸水率是指在粉质仪中，以 14%面粉湿基为基准时，每 100 g 面粉揉和成面团并达到 500 FU 稠度时所需加水量。通常小麦粉吸水率与面粉中的蛋白质含量、破损淀粉粒含量成正相关，可作为小麦和小麦粉品质评价分类的重要指标。在我国小麦品种审定标准中，要求强筋小麦的面团吸水率要高于 60%；弱筋小麦的面团吸水率要低于 55%。

2)面团形成时间：面团形成时间是指从开始加水和面直至面团稠度达到标准值 500 FU 时所需时间，以 min 表示，准确到 0.1 min。该值也可称“峰高”或“峰高时间 ”(Peak time)。

3)稳定时间：稳定时间是指粉质曲线穿过标准稠度 500 FU 和离开 500 FU 之间的时间差，以 min 表示，准确到 0.1 min。面团稳定时间越长，说明面团越耐揉、耐搅拌，面筋的强度越大。该指标与吸水率一样，可作为小麦和小麦粉品质评价分类的重要指标。在我国小麦品种审定标准中，要求强筋小麦的面团稳定时间不能低于 10 min；弱筋小麦的面团稳定时间不能超过 3 min。

4)弱化度：弱化度又叫衰减度，是指曲线最高点中心与达到最高点后 10 min 或 12 min 曲线中心之差，用 FU 表示。弱化度表明面团在搅拌过程中的耐机械搅拌度。该值越大，表示面筋越弱，面团在搅拌时易变软发黏，不易加工。强筋粉的理想弱化度应小于 50 FU；弱筋粉的弱化度应大于 100 FU。面团弱化度一般为 35～60 FU。

5)粉质质量指数：粉质质量指数是指从揉面开始到曲线达到最大稠度后再下降 30 FU 的距离，其值是用到达该点所用的时间(min) 乘以 10 来表示。强筋粉的粉质质量指数高；弱筋粉的粉质质量指数低。

数字资源 6-1 电子型粉质仪及面粉粉质特性曲线

除以上指标外，从粉质曲线上还能得到公差指数、面团初始形成时间、离线时间、断裂时间、带宽和评价值等粉质参数。它们在一定程度上可对面粉筋力强度及其烘焙可能性进行综合评价。

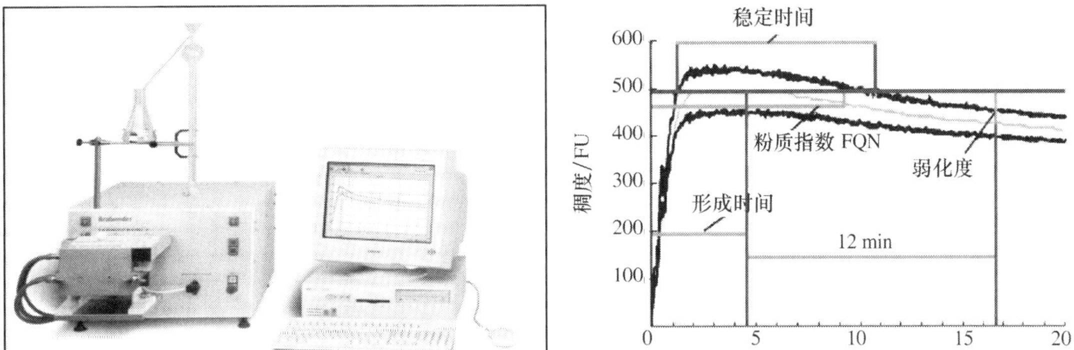

图 6-1 电子型粉质仪及面粉粉质特性曲线(卞科等，2017)

2.实验目的

1)熟悉粉质仪的操作方法;了解强筋、中筋和弱筋小麦品种在粉质参数上的差异。

2)学会根据粉质仪得出的参数,评价不同小麦品种或小麦粉的品质类型。

3.材料与仪器

1)材料:强筋、中筋和弱筋小麦品种或面粉,蒸馏水等。

2)仪器和用具:粉质仪、0.01 g天平等。

4.实验步骤

1)测前准备工作:打开电源开关POWER,开启与之联结的计算机和控制水温装置(30±2)℃;向滴定管中加蒸馏水至满;打开粉质仪软件程序,点击测试图表,输入测试参数。

2)称样:称量待测面粉样品300 g(14%湿基)。

3)测试:

(1)在测试参数对话框中输入全部参数后,按“START”键启动仪器;点击参数对话框中的“开始测试”键;等测试结束后,出现“加入揉面钵300 g面粉”提示;打开揉面钵,加入面粉,盖好揉面钵盖;按“START”键启动仪器,点击“确定”,开始测试。

(2)预搅拌1 min左右(20 FU);用滴定管加入预估的水分用量(注意加水应在20 s内完成),如果在加水过程中加多或加少了,可以通过工具栏中的“小漏斗”图标修改加水量。

(3)在形成滴定曲线时,达到最高峰值后12 min就可以停止;点击工具栏中的“STOP”键停止测试。

(4)测试结束后,点击工具栏中的“评价结果”图标查看评价结果;记录并保存数据。

4)揉面钵的清洗:测试结束后,须立即清洗揉面钵并干燥。

5.实验结果与分析

根据粉质仪绘制的粉质曲线和获得的粉质参数,比较、评价和分析小麦粉的品质等级。

二、揉面仪分析实验技术

1.实验原理

揉面仪(Mixograph),也称揉混仪或和面仪,由美国National MFG公司生产。其工作原理与粉质仪类似,都是通过搅拌面团,在揉混仪中测定并记录小麦粉加水后面团抵抗揉混搅拌过程中的阻力随时间变化的揉混曲线(揉混图谱),得到小麦粉面团的最佳形成时间、揉混耐力和吸水率等面团流变学特性指标,从而评价小麦及其面粉的品质,以分辨出不同小麦品种间的粉质差异和小麦粉的适用性。

揉面仪记录的揉面曲线图主要包括以下指标:

1)中线峰值时间:中线峰值时间也称揉面时间,指揉混曲线中线到达最高点时所用的时间,单位min。中线峰值时间代表面团的最佳形成时间。此时面团流动性最小,可塑性最大。

2)中线峰值高度:中线峰值高度是指揉混曲线中线最高点的高度,单位%。其值越高,表示面团抵抗揉混的阻力越大。它同时还提供了面粉强度及吸水率的信息。中线峰值高度值越高,表示面粉对搅拌的耐受力越强。

3)曲线面积：曲线面积是指揉混曲线中线从起始点到最高点时曲线下面所包围的面积，单位%·min。它是形成面团所需要做功的一个量度。

4)8 min 谱带宽度：8 min 谱带宽度是指揉混曲线在 8 min 时的谱带宽度，单位%。8 min 谱带宽越宽，表明面粉对搅拌的耐受力越强，面团的弹性也越大。

5)吸水率：吸水率指面团达到最佳揉混状态时所需添加水的体积百分数，单位%。

6)曲线衰落角：曲线衰落角是指峰值后曲线下降所呈的直线与由峰值中心引发的水平线所呈的角度(电子型可以直接由配套软件给出，机械型的需要根据曲线测量得出)，表示面团的耐揉性。其值取决于面筋蛋白质受机械剪切的程度，角度越小，面筋强度越大。

2.实验目的

1)掌握揉面仪操作方法。

2)学会根据揉面曲线图分析供试材料的品质差异。

3.材料与仪器

1)材料：强筋和弱筋小麦粉、蒸馏水等。

2)仪器和用具：揉面仪、滴定管、0.01 g 天平等。

4.实验步骤

1)准备工作：打开仪器电源开关，预热。

2)称量样品：称取小麦粉 10.00 g，按下式计算称量小麦粉样品，精确至 0.01 g。

小麦粉量(g)＝ 10×(100－14)/(100－小麦粉的水分含量百分数)

3)测试：

(1)用软毛刷把小麦粉样品移刷到揉混钵内，使用舌状长形木片或橡胶刮板将钵内针间粉样轻推形成一个小穴窝，以备加水。

(2)把装有小麦粉和水的揉混钵放入揉混仪；用滴定管将计算好水量的水加入揉混钵内粉样的穴窝中；锁紧；完全放下搅拌头入位。

(3)打开揉面仪软件，在 Preferences 菜单中设置所需揉混参数；参数设定后，选择 Collect/Analyse 菜单下的 Collect & Analyse 选项，输入样品名称及其他指标等；然后，点击 Continue 键，并迅速启动揉混仪；记录揉混曲线。

4)清洁仪器：清洗揉混钵，清洁仪器，关闭电源。

5.结果与分析

根据揉混曲线判断面团最佳形成时间、耐揉性等。其中耐揉性可用曲线衰落角来表示。根据实验所获得的曲线衰落角判断面团耐揉性，并推测面筋强度(表 6-1)。

表 6-1　曲线衰落角与耐揉性分级

衰落角	耐揉性		衰落角	耐揉性	
	得分	面筋强度		得分	面筋强度
≥35°	1	非常弱	13°～19.5°	4	强
27°～34.5°	2	弱	5°～12.5°	5	非常强
20°～26.5°	3	中等	＜5°	6	极强

三、拉伸仪分析实验技术

1.实验原理

德国布拉本德(Brabender)公司生产的拉伸仪(图 6-2 和数字资源 6-2)是常用的面团拉伸分析实验仪器。其使用方法参考 AACC 相关标准和我国相关国家标准。将 300 g 小麦粉与一定量的盐水在粉质仪揉面钵揉和成面团;在拉伸仪中揉球、搓条后,同一块面团在恒温恒湿醒发室中静置 45 min、90 min、135 min 后分别测定 3 次,每次均可得到一条拉伸曲线(图 6-2 和数字资源 6-2);并由此计算拉伸阻力、最大拉伸阻力、延伸性、拉伸能量(面积)和压延比值(拉伸比值)等。其中拉伸阻力表明面团的强度和筋力,拉伸阻力大,表明面团筋力强;拉伸能量(面积)和压延比值表明面团发酵和烘焙特性,拉伸面积大、压延比值适中的面团,具有最佳的面团发酵和烘焙特性,适宜制作面包。面条、馒头等面制品对拉伸阻力和拉伸面积也有特定的要求。

数字资源 6-2 拉伸仪图及面团拉伸曲线图

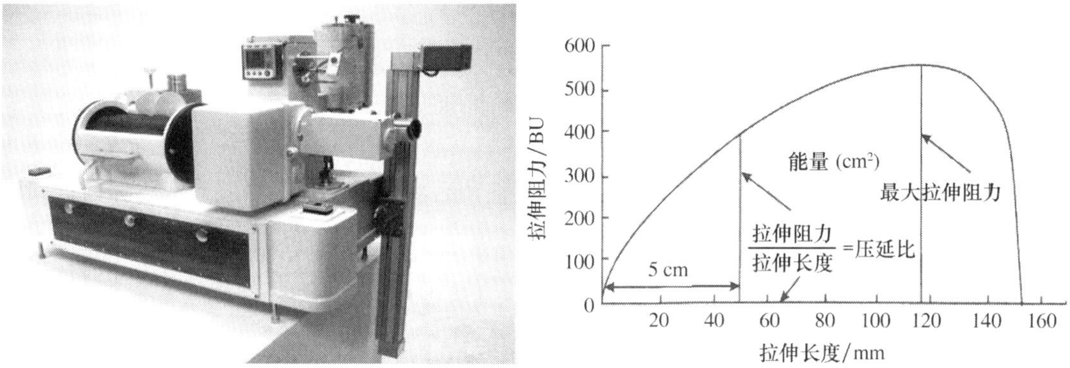

图 6-2 拉伸仪图及面团拉伸曲线图(卞科等,2017)

拉伸曲线图(Extensogram)可反映面团的延伸性和韧性有关性能数据。总的来说,拉伸曲线形状扁平而长,反映面团特性是易流动的,延伸性好;拉伸曲线形状高而窄,则反映面团特性是坚硬的,延伸性差。从拉伸曲线图(图 6-2)中可得出面团延伸性、抗拉伸阻力、压延比值和拉伸能量等指标。

1)拉伸能量:拉伸能量是指拉伸面团所需要做的功。常以求积仪测量的曲线包围的面积表示拉伸能量,单位为 cm^2(电子型的可以由软件直接给出)。该指标表示面团筋力,拉伸能量越大,表示面粉筋力越强。适合做面包的强筋小麦粉,其拉伸能量(面积)要求高于 100 cm^2。

2)拉伸阻力:拉伸阻力是指面团发生一定变形时拉伸曲线的高度。从拉伸开始(从曲线开始上移的位置)到记录纸移动 50 mm 时的拉伸阻力。单位为 BU。拉伸阻力表示面团抗拉伸的能力。

3)最大拉伸阻力:最大拉伸阻力是指拉伸曲线最高点的黏度值,单位为 BU。在我国小麦审定标准中,要求强筋小麦的面团最大拉伸阻力要大于 450 BU 。

4)拉伸长度:拉伸长度是指记录纸从开始移动到面团被拉断时移动的距离,单位为 mm。

5)压延比值:压延比值是指拉伸阻力与拉伸长度的比值。这是一个综合指标,可以用来评价面粉品质。压延比值小,说明拉伸阻力小,延伸性大,面团醒发时易变软,弹性变小,流动性大;压延比值大,面团醒发过程特性则相反。

$$压延比值=\frac{拉伸阻力(BU)}{拉伸长度(mm)}$$

2.实验目的

1)掌握拉伸仪操作方法。

2)学习运用拉伸仪曲线图和数据对小麦品种或小麦粉品质进行评价分析。

3.材料与仪器

1)材料:强筋和弱筋小麦粉、氯化钠(分析纯)、蒸馏水、玉米淀粉等。

2)仪器和用具:粉质仪、拉伸仪、0.01 g 天平、剪刀等。

4.实验步骤

1)样品的制备

(1)在粉质仪中制备面团:向粉质仪揉面钵中加入 300 g 面粉(14%湿基),盖上揉面钵盖子;将需要的加水量从粉质仪滴定管中放出,并用此水溶解 6 g 氯化钠(分析纯);将面粉在粉质仪揉面钵中预混;1 min 后,用漏斗从揉面钵间小孔向正在混合的面粉中加入氯化钠溶液;当面团形成后,从揉面钵盖子上的小槽中伸入小铲,将粘在揉面钵内壁上的面团刮下,并粘在面团上;用专用塑料盖盖上揉面钵。

(2)称量和面团成形:达到揉和时间后,关闭粉质仪;从揉面钵中取出面团;用剪刀将面团分成(150±0.5)g 的两个面团(为了防止破坏面团结构,应避免任何不必要的拉拽或切割面团。对于特别黏的面团,在天平托盘上洒少量淀粉可防止面团粘连);在揉面团器中将面团揉成面球;再将面球放入搓条器中间的放样槽中,滚动一周后,面球变成柱状,由搓条器前部滚出,并留在搓条器的前部。

(3)向面托中加样:面团在搓条器中成形后,立即捏住面棒两端放在面托中间,将夹钳的针放入面托相对应的孔中,使面团固定;将面托及面团样品放在醒发托盘中;将第一个测试样品及醒发托盘放在醒发室中;用秒表设定所需要的醒发时间并进行醒发。第二个面团样品重复以上步骤,放在第二个面托中。将两个盛有面团的醒发托盘放至醒发室中。

2)面团的醒发:测试过程中,确保醒发室温度保持在 30 ℃。样品要测定 3 次,每次醒发 45 min,即醒发时间分别为 45 min、90 min 和 135 min。

3)面团的拉伸:到达第一次醒发时间(45 min)后,从醒发托盘面托中取出第一个面团。将第一个面团样品放在拉伸装置支架上,启动仪器开始拉伸。开始拉伸测试后,记录仪也会开始自动记录。拉伸钩以恒定速度开始向下移动,直到将面团扯断为止。当拉伸钩回到初始位置时,从拉伸平衡杠杆上取下面团支架;面团从面托上彻底取下来,放在揉圆器中揉圆;在搓条器中成形;放在面托中;夹上夹钳;放入醒发室。设定第二次醒发时间。醒发室中取出第二个面托放在拉伸位置上,进行平行拉伸试验。第二次(90 min)、第三次(135 min)醒发时间到达后,继续按以上步骤进行第二次及第三次拉伸。

4)实验结束:清洗揉面钵,清洁仪器,关闭电源。

5.实验结果与分析

根据拉伸曲线中的拉抻能量(面积)、最大拉伸阻力、拉伸长度和压延比例等特征值比较、评价和分析供试样品的面粉品质及面粉的合适用途。

四、吹泡示功仪分析实验技术

数字资源 6-3 吹泡示功仪及吹泡测试曲线

1.实验原理

吹泡示功仪最早由法国肖邦(Chopin)公司生产,又称肖邦吹泡仪(图 6-3 和数字资源 6-3)。其测定原理与拉伸仪相似,通过吹泡的方式使面团变形,同时以曲线的形式记录使面团变形所用的张力、比功、抗拉伸阻力和延伸性等(图 6-3 和数字资源 6-3),以此来测定面团的强度、韧性和延伸性等特征值。

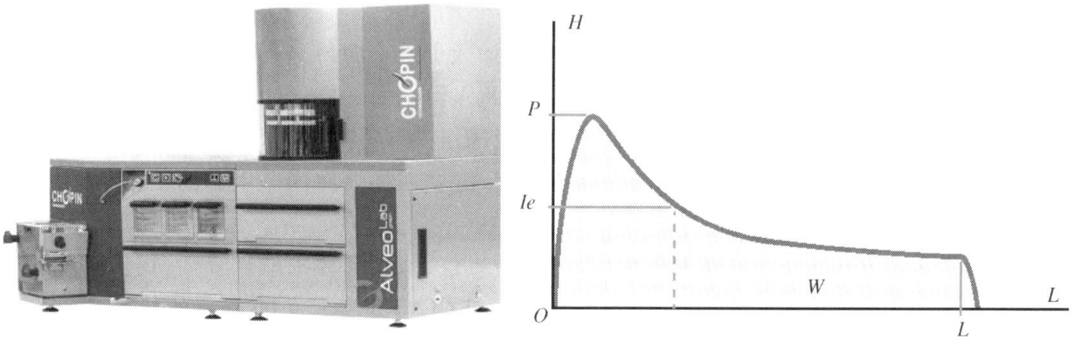

图 6-3 吹泡示功仪及吹泡测试曲线

1)面团张力(P):面团张力是指吹泡示功图的纵坐标高度,是面团韧性的特征值,表示吹泡示功仪最大压力时面团抵抗形变的能力,以 mm 为单位。P 越高,表示面团面筋弹性越大。

2)面团延伸性(L):面团延伸性是指吹泡示功图的横坐标长度,是面团延展性的特征值,表示面团能保持的最大空气量,以 mm 为单位。L 与发酵面团的体积相适应。

3)曲线配置比(P/L):曲线配置比也称吹泡的外形比率,即面团弹性和延展性的比例,可反映面筋强度大小。当 P/L 在 0.15～0.7 时,表明面团的延伸性好,弹性差;P/L 在 0.8～1.4 时,表明面团延伸性和弹性都好;P/L 在 1.6～5.0 时,表明面团弹性好,但延伸性差。

4)弹性系数(Ie):弹性系数是指向面团中吹入 200 cm^3 空气(等同于"L"长度为 40 mm)时的压力值与曲线最大压力 P 的比值,用毫米水柱表示的压力比值。$Ie = P_{200}/P_{max}$(Ie 永远小于 100%)。

5)面团变形比功(W):面团变形比功是指 1 g 面团形变所需的功,是面团烘焙强度的特征值,以 10^{-4} J 为单位。用以下公式计算:

$$W = 1.32 \times (V/L) \times S$$

式中:V 为充气量,以 mm^3 表示;L 为断裂点横坐标,以 mm 表示;S 为曲线面积,以 cm^2 表示。

通常强筋粉的 $W \geqslant 280$；中筋粉的 W 介于 200～280；弱筋粉的 $W \leqslant 200$。

2. 实验目的

1）掌握吹泡示功仪的操作方法。

2）学习运用吹泡曲线图和数据对小麦品种或小麦粉品质进行评价分析。

3. 材料与仪器

1）材料：强筋和弱筋小麦粉、氯化钠（分析纯）、蒸馏水等。

2）仪器：吹泡示功仪、容量瓶、0.01 g 天平等。

4. 实验步骤

1）测前准备：打开设备电源开关，预热到揉面钵和吹泡器均达到设定温度（±2 ℃）即可使用。将称好的 25 g 氯化钠或纯食盐加入 1 000 mL 容量瓶中；然后用蒸馏水定容到 1 000 mL，制备好盐溶液。

2）样品的称取：称取软件指定质量的面粉，并用面粉漏斗将面粉倒入到和面机揉面钵中，然后扣上盖板。

3）测试

（1）点开 Alveo CH 实验图标，输入含水量信息；按下开始键的同时，根据软件提示进行称量样品和转移喷头的操作，并按下开始和面按钮。

（2）1 min 后，按下停止键；刮去揉面钵壁上粘连的小麦干粉。1 min 内进行 2 次。

（3）8 min 后，快速上移挡板；更换刀方向；按开始键，切片、按压、成形；放置发酵室。

（4）28 min 后，取出面片；滑入吹泡器外侧的滑块，并在面片上滴 1 滴油；按下吹泡键。

（5）待上个面片吹泡结束后可继续做下个面片，操作相同。如面片未清理干净，可按"垃圾桶"按键继续清理。

4）实验结束：清洁仪器，关闭电源。

5. 实验结果与分析

将所测数据填入实验报告中，打印出吹泡曲线，比较和分析 Alveolab 的所有数值，判断样品的面粉品质特性。

第三节　面食品品质的仪器检测实验技术

通常对面条、馒头、面包、饼干和蛋糕等面食品品质的评价方式主要依靠感官评价，其评价过程更多地依赖评价成员的经验。尤其在评价面包、馒头等内部纹理和质地时，主观性较强，一定程度上影响了评价结果的准确性与一致性。因此，更多学者采用客观评价（仪器检测）与主观评价（感官品尝）相结合的方法对各类面制品品质进行更加客观、全面的评价。目前常用的仪器主要有质构分析仪和 C-Cell 图像分析仪。

一、质构仪分析实验技术

1.实验原理

质构仪又称物性仪，它是利用力学原理模拟人的触觉来检测食品质地等物理特征，具有较高的灵敏度和客观性。其准确的数量化处理结果可避免人为因素对食品品质评价结果的主观影响。目前，使用较广的是英国 Stable Micro Systems 公司生产的 TA-XT 系列质构仪。

质构仪能检测不同面制品的硬度、脆性、弹性、回弹力、黏合性、黏结力、黏稠度、弯曲能力、破裂/断裂力、酥脆性、脆度、咀嚼性、胶黏性、拉伸强度和延展性等。目前，针对面条、面包和馒头的质构仪检测，常用 TPA 测试。TPA 测试又称为二次咀嚼测试，主要是通过模拟人口腔的咀嚼运动，对样品进行二次压缩，获得质构仪曲线，并计算出硬度、弹性、延展性、咀嚼性和胶着性等参数。

1)硬度：最大峰值力值，表示样品的坚实度，g。

2)弹性：曲线上松弛力与压缩力的比值，能反映出样品的弹性，%。

3)延展性：破裂力值相对应的距离，mm。

4)咀嚼性：正峰面积值，表示样品的咀嚼性，g•s。

5)胶着性：负峰面积值，表示样品的黏性，g•s。

2.实验目的

1)了解不同面食品所用的探头、程序和特征值。

2) 掌握质构仪操作方法，并学会将获得的独立分析指标与感官评价指标进行关联分析，能准确、客观地评价实验材料的品质和用途。

3.材料与仪器

1)材料：适合制作面条、面包和馒头的小麦粉，其他所需材料同第七章。

2)仪器与用具：质构仪、制作面条、面包和馒头所需的仪器与用具见第七章。

4.方法与步骤

1)样品的准备

(1)面条：面条制作参照第七章。将鲜面条或干面条置于沸水中煮至白芯刚好消失；取出，用水冲洗 3 次；自然淋水，放在滤网上静置 15 s 后进行质构仪测试。

(2)面包：面包制作方法参照第七章。将制备好的面包从中间切取 25 mm 厚的面包片(或切取 12.5 mm 厚，两片叠加)。切面中有明显的大尺寸孔洞时，应将其剔除，丢弃两端 2～3 片面包片。切好的面包片放置在自封袋中保存，并在 5 min 内测试。

(3)馒头：馒头制作方法参照第七章。将蒸锅中水烧开；馒头放入锅中；在电磁炉 1 600 W 下复热 15 min；复热好的馒头在室温下放置 2 h；从中间切取 20 mm(或切取 10 mm 厚，两片叠加)厚度切片，每个馒头切两片，切面中有明显的大尺寸孔洞时，应将其剔除。切好的馒头片放置在自封袋中保存，并在 5 min 内测试。

2)测前仪器准备：质构仪应放置在水平的试验台上。根据测试需要，安装合适的试验探头。开机预热后，校准探头与置物台距离。对面条进行测试时，校准至 5 mm；对馒头进行测试时，校准至 25 mm；对面包测试时，校准至 30 mm。

(1)安装探头及置物台。对面条测试时，安装 A/LKB 轻型刀片式探头；对面包和馒头测试时，安装 36 mm 圆柱形探头及相应置物台。

(2)选择 TPA 测试程序并设置测试参数。面条测试参数见表 6-2；面包测试参数见表 6-3；馒头测试参数见表 6-4。

表 6-2　面条测试参数

项目	数值	单位
探头接触样品前速度	0.8	mm/s
测试速度	0.8	mm/s
测试后回复速度	10	mm/s
压缩深度	面条厚度 70%进行设置	mm
保持时间	1	s
触发力	5.0	g

表 6-3　面包测试参数

项目	数值	单位
探头接触样品前速度	1.0	mm/s
测试速度	0.17	mm/s
测试后回复速度	10.0	mm/s
压缩深度	7.0	mm
保持时间	60.0	s
触发力	5.0	g

表 6-4　馒头测试参数

项目	数值	单位
探头接触样品前速度	5.0	mm/s
测试速度	1.7	mm/s
测试后回复速度	5.0	mm/s
压缩深度	10.00	mm
保持时间	4.0	s
触发力	5.0	g

3)测试：将制备好的样品面条(1 根或 5 根)、面包片或馒头片放置到样品放置台上(要放置在探头正下方)，在 30 s 内启动程序，进行测试。每个样品只用于仪器测试 1 次，至少 2 次重复测试。

4)实验结束:清洁仪器,关闭电源。

5.结果与分析

读取质构仪曲线,通过测试结果表中的硬度、黏聚性、弹性、回复性、咀嚼性和胶着性,比较不同样品的差异,并与感官评价指标进行关联分析。

二、C-Cell 图像分析仪

1.实验原理

为了寻求一种更智能化的客观评价发酵、烘焙制品的内部纹理结构特征的方法,英国 Cdibre Contml Intemational 公司开发了 C-Cell 图像分析仪。它通过对面包、馒头等发酵产品切片截面进行高像素拍照成像,并利用识别软件量化切片的气孔特征和外部特征,包括气孔数量、气孔大小、气孔壁厚薄和气孔形状等,得到关于样品的形态大小、气孔结构和特性等大量信息,从而评价目标产品内部结构的优劣。随着相关研究的深入,C-Cell 图像分析仪可与面食品品质感官评价相结合并成为更客观的分析系统,未来有望成为一种新的食品品质评价标准。

2.实验目的

1)掌握图像分析仪的操作方法。

2)学会利用图像分析仪不同的特征值评价面包、馒头等面食品的内部结构。

3.材料与仪器

1)材料:面包成品、馒头成品等。

2)仪器与用具:C-Cell 图像分析仪、锯齿切刀等。

4.实验步骤

1)样品的准备

(1)面包:将面包样品从中间切取 20 mm 厚的面包片。切好的面包片放置在自封袋中保存,并在 5 min 内测试。

(2)馒头:将冷却至室温的馒头从中间切取 10 mm 厚的馒头片。切好的馒头片放置在自封袋中保存,并在 5 min 内测试。

2)测前仪器准备:C-Cell 图像分析仪应放置在水平的试验台上。启动仪器开关,提前预热 30 min 以上,并进行亮度范围的校正。

3)测试

(1)将产品切片放置在样品盘的中心,分析表面朝上。切片可以竖直放置或横向放置。当选择一个方向时,后面的样品就必须保持方向不变。

(2)慢慢地关上抽屉。

(3)单击“捕捉图像”,切片的图像将显示在图像捕获窗口中。

(4)在“切片名称”框中输入切片的名称。

(5)单击分析图像。

4)实验结束:清洁仪器,关闭电源。

5. 结果与分析

选择“图像容量”选项卡右侧的“结果”选项卡查看结果(图 6-4 和数字资源 6-4),并填入实验报告中。根据系统生成的数值结果比较不同样品的差异,并与感官评价指标进行关联分析。

图 6-4　面包切片 C-Cell 采集示意图

左为强筋小麦粉面包;右为弱筋小麦粉面包

数字资源 6-4　面包切片 C-Cell 采集示意图

思考题

1. 与其他小麦品质检测方法相比,SRC 技术作为预测面粉特性的优点有哪些?

2. 适合做蛋糕或饼干的小麦粉,其 SRC 的范围是多少?

3. 简述馒头、面包等面制品的老化与淀粉糊化特性的关系。

4. 影响粉质仪分析准确性的因素有哪些?如何根据粉质仪曲线调整加水量?

5. 与粉质仪相比,揉面仪的优缺点有哪些?通过查阅文献简述揉面仪参数与麦谷蛋白等品质性状间的关系。

6. 拉伸仪是否能代替粉质仪评价小麦品质?原因是什么?

7. 面粉中加入一定量盐水混合成面团,挤出面片后,需在恒温室中放置 20 min 后再进行吹泡,静置的作用是什么?

8. 与感官评价相比,质构仪在评价面食品加工品质时有哪些优缺点?

9. C-Cell 图像分析仪在分析小麦粉馒头加工品质的质量评价方面有什么重要意义?

10. 通过查阅文献,比较馒头和面包等产品内部结构 C-Cell 参数之间差异。

参考文献

[1] 卞科,郑学玲. 谷物化学. 北京:科学出版社,2017.

[2] 方秀利,孙辉,曹颖君,等. 利用图像分析仪评价馒头品质的研究. 中国粮油学报,2013,28(6):90-95.

[3] 孙彩玲,田纪春,张永祥. 6 种电子仪器在小麦粉面团评价中的应用. 实验科学与技术,2007 (6):46-49.

[4] 孙辉,Yan S,MacRitchie F. 利用图像分析技术评价发酵面食品品质的研究. 河南工业大学学报:自然科学版,2011,32(4):59-62,67.

[5] 张建奎. 作物品质分析原理与方法. 北京:科学出版社,2020.

[6] 小麦粉沉淀值测定法：GB/T 15685—1995.
[7] 粮油检验小麦粉溶剂保持力的测定：GB/T 35866—2018.
[8] 小麦和小麦粉面筋含量的测定：GB/T 5506.1—2008.
[9] 小麦、黑麦及其粉类和淀粉糊化特性测定 快速黏度仪法：GB/T 24853—2010.

（郑文寅）

第七章

专用小麦粉及其面食品加工实验技术

我国对小麦专用粉加工特性的研究起步较晚，落后于美国、加拿大、澳大利亚等主要小麦出口国。20 世纪 80 年代以前，我国小麦制粉研究主要关注加工精度和出粉率，以生产标准粉为主。随着改革开放和食品工业的发展，我国开始引进国外先进制粉设备和工艺，并开展了专用粉的生产和专用优质小麦品种选育工作，面筋蛋白逐步成为小麦遗传改良的重点。随着研究的深入，研究者还发现淀粉和脂类的特性对小麦粉品质也有很大影响。

小麦品质是一个相对的概念，是指小麦或其加工成的小麦粉对某种特定用途、产品的适合和满足程度的综合评价。不同类型的面食品对小麦粉的要求不同。根据小麦粉面筋质量和含量的不同，可以将小麦粉分为强筋小麦粉、中筋小麦粉和弱筋小麦粉。

不同筋力的小麦粉适合加工成不同类型的面食品：强筋小麦粉适合制作面包类烘焙食品；中筋小麦粉适合加工面条、馒头等蒸煮食品；弱筋小麦粉适合制作蛋糕、曲奇和点心等烘焙食品。

目前，小麦粉食用品质的评价主要采用感官评定方法。同时，为了纠正感官评判中由于主观因素造成的误差，人们把物性分析仪、色彩色差计及图像分析仪等仪器应用于面食品品质评价，分析样品的色泽、硬度和弹性等质构特性以及内部气孔形态等纹理结构特性，将这些感官指标转化成具体的、可量化分析的数字指标，为小麦粉食用品质的评价提供了新的技术手段。

影响小麦食用品质评价的因素较多。除了感官评价本身的局限性以外，制作过程也对其有很大的影响。因此，在小麦食用品质评价中要采取相应的措施尽可能地减少实验误差。包括：①感官评价员要按照程序进行筛选和培训；②制作和评价方法要标准化；③每次实验都要有对照样品。对照样品一方面可以用于判断每次实验的操作是否正常，另一方面也可以作为食品感官评分的对照。

（孙　辉）

第一节　强筋小麦粉及面包类食品加工实验技术

强筋小麦粉一般多用于制作各种类型的面包。强筋小麦粉通常粒度较粗，蛋白质含量较高，面筋质量好，面筋指数通常在 90%以上；面团流变学特性中的稳定时间较长、延伸性好、拉伸能量大；面团弹性和延展性好，持气力、耐揉性和耐发酵能力强。现行 LS/T 3248—2017《中国好粮油 小麦粉》行业标准(表 7-1)将强筋小麦粉分为一级和二级，除质量安全基本指标外，规定了定等指标和声称指标。对于小麦原料，我国于 1999 年颁布了强筋小麦国家标准 GB/T 17892—1999《优质小麦 强筋小麦》(表 7-2)，从小麦原料的角度规定了达到强筋小麦的品质指标。实验室通常采用面包制作及评价来衡量强筋小麦粉的加工品质。

表 7-1 《中国好粮油 小麦粉》质量指标要求(LS/T 3248—2017)

指标类别	质量指标	优质强筋小麦粉		优质中筋小麦粉	优质低筋小麦粉	
		一级	二级		一级	二级
基本指标	含砂量/%	≤0.01				
	磁性金属物/(g/kg)	≤0.002				
	水分含量/%	≤14.5				
	降落数值/s	≥200				
	色泽气味	正常				
定等指标	湿面筋含量/%	≥35	≥30	≥26	≤22	≤25
	面筋指数/%	≥90	≥85	≥70	+	+
声称指标	食品评分值[3]	+	+	+	+	+
	灰分/%	+	+	+	+	+
	面片光泽稳定性	—	—	+	—	—
	粉质吸水率/%	+	+	+	+	+
	粉质稳定时间/min	+	+	+	—	—
	最大拉伸阻力/EU	+	+	+	—	—
	延展性/mm	+	+	+	—	—
	吹泡 P/mm H_2O	—	—	—	+	+
	吹泡 L/mm	—	—	—	+	+

注：①"+"须标注检验结果；②"—"不作要求；③优质强筋小麦粉、优质中筋小麦粉和优质低筋小麦粉分别用面包、饺子和海绵蛋糕做食品评分。

表 7-2 《优质小麦 强筋小麦》品质指标(GB/T 17892—1999)

类型	项 目			指 标	
				一等	二等
籽粒	容重/(g/L)		≥	770	
	水分/%		≤	12.5	
	不完善粒/%		≤	6.0	
	杂质/%	总量	≤	1.0	
		矿物质	≤	0.5	
	色泽、气味			正常	
	降落数值/s		≥	300	
	粗蛋白质(干基)/%		≥	15.0	14.0

续表 7-2

类型	项　目		指　标	
			一等	二等
小麦粉	湿面筋(14%水分基)/%	≥	35.0	32.0
	面团稳定时间/min	≥	10.0	7.0
	烘焙品质评分值	≥	80	

面包是以小麦粉为主要原料，以糖、盐、油脂、酵母和蛋奶等为辅料，加水调制成面团；经发酵、成形、烘焙等工序制成。根据制作面包时配料的不同，可将面包分为主食面包和点心面包两大类，其中点心面包又分为甜味面包、咸味面包、奶味面包、蛋味面包、夹心面包和花色面包等。

对于面包类食品的评价，各国之间无统一标准。即使是国内不同实验室之间使用的标准与方法也各不相同。面包评价一般是在面包出炉后，称量重量，测定体积，并对外部和内部特征指标进行感官评定，得到面包烘焙品质评分。欧美等国家的面包品质评价主要依据发酵方法和发酵时间进行划分，通常分为中种发酵、无发酵、直接发酵(最适宜时间以及 90 min、120 min、160 min)等几种不同的方法。

目前，我国面包评价有 3 个国家标准方法：直接发酵法(GB/T 14611—2008)、中种发酵法(GB/T 14612—2008)和快速烘焙法(无发酵法)(GB/T 35869—2018)。

1. 直接发酵法

直接发酵法是将各种配料一次混合制成面团；发酵 90 min 后分割成形；经过 45 min 醒发；入炉烘烤。

2. 中种发酵法

中种发酵法是先把部分小麦粉、水和全部酵母制成中种面团；发酵后，再用剩余小麦粉、盐、糖等其他配料加上中种面团，制成主面团。

中种法调制好的面团柔软、延伸性好，易操作，能够很好地避免成形时产生大的孔洞(Panning hole)，内部结构细腻，细胞壁较薄。中种法比较受面包类食品加工企业欢迎，其优点主要有：①中种法在操作时间上具有一定的优势，面团可以在较低的温度下发酵过夜，第二天一早再经过很短时间的发酵就可以成形烘焙；②即使用面筋不太强的小麦粉也能够做出较好的面包，因此，面包类食品加工企业可以将筋力较差的小麦粉与筋力较强的面包粉混合生产，以降低成本；③可以在面团发酵阶段加入各种配料，如葡萄干、可可粉或麸皮等，以生产不同口味的面包，而不会对其发酵产生不良的影响。但是，由于该方法会缩小筋力不太强的小麦与强筋小麦之间的烘焙品质的差异，因此，该法不适用于小麦品种的品质评价。

3. 快速烘焙法

快速烘焙法是将和好的面团发酵 20 min 后，直接成形，醒发 40 min 后入炉烘烤。

快速发酵法最初在英国的实验室应用比较广泛，其发酵和醒发时间累计只有 60 min，能够很好地反映强筋小麦的面包烘焙品质。因此，我国将该法引入并将其标准化。快速发酵法耗时短、效益高，是目前面食加工企业应用较多的方法。

一、小麦粉面包烘焙品质评价——手工制作法

1. 实验原理

小麦蛋白中含有40%左右的麦醇溶蛋白、40%左右的麦谷蛋白和少量其他蛋白质。其中，麦谷蛋白通过分子间二硫键将HMW-GS和LMW-GS连接形成多聚合体。由于聚合作用，麦谷蛋白分子质量变化较大，最低的约为100 kDa，最高的难以测定。麦谷蛋白分子细长，表面积大，分子间相互结合的能力强，易形成网状结构，赋予面团弹性。麦醇溶蛋白是单链、球状蛋白，通过分子内二硫键、氢键和疏水作用形成球状结构，主要分为α/β-麦醇溶蛋白（分子质量为31 kDa）、γ-麦醇溶蛋白（分子质量为35 kDa）和ω-麦醇溶蛋白（分子质量为40～70 kDa）。麦醇溶蛋白表面积小，分子间的相互作用不强，缺少弹性，具有流动性，赋予面团黏性和可塑性。麦醇溶蛋白和麦谷蛋白均含有二硫键，前者在分子内，后者在分子内和分子间（主要在分子间）。二硫键是麦谷蛋白和麦醇溶蛋白相互作用的重要纽带（图7-1）。

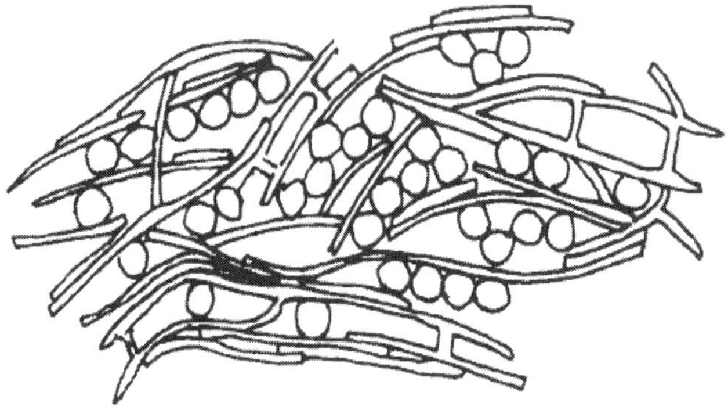

图7-1　麦谷蛋白和麦醇溶蛋白相互作用形成面筋示意图（杨铭铎，1999）

小麦粉加水和面时，吸水膨胀的麦谷蛋白和麦醇溶蛋白相互黏结，在外力搅拌和揉压赋予的能量作用下，将空气搅入面团中，再加上某些酶的参与，麦谷蛋白分子的巯基之间会相互交联形成二硫键，在氢键、疏水键等次级键的辅助下，形成面筋网状结构，构成面团的骨架，将淀粉粒均匀的包裹在面筋网络中。麦谷蛋白和麦醇溶蛋白赋予面筋弹性和延展性，使其具有持气性能，能够保留住发酵过程中产生的二氧化碳，在面团内形成微细气泡。简言之，要和好面团必须有小麦粉、水、能量和空气，缺一不可。

制作面包时，在配料中添加糖、油脂、盐、鸡蛋和牛奶等辅料会对面筋的形成产生不同影响。白砂糖（蔗糖）可以调节面筋的胀润度，增强面团可塑性，改善面包结构和提高货架期；为酵母发酵初期提供养分，且在烘烤时同面团中氨基化合物发生美拉德反应，使面包具有诱人的色泽和风味。油脂（如黄油）会附着和包裹小麦粉颗粒，影响小麦粉颗粒吸收水分，从而阻碍面筋的形成，但在面筋基本形成时添加，油脂会与面筋网络形成柔软而有弹性的"面筋膜"，增强面团的光滑度、柔韧性和持气能力。食盐、蛋、奶的加入不仅能增加面筋强度，还能改善面团组织结构。

面团发酵是指在一定温度和湿度条件下，面团中的酵母菌充分繁殖产气，促使面团膨胀、形成多孔性结构，并赋予面制品特殊的色、香、味的过程。在整个面团发酵过程中，小麦粉中的

淀粉酶可将淀粉分解为双糖；酵母菌分泌的麦芽糖酶和蔗糖酶也可将双糖分解为酵母可利用的单糖。发酵初期，面团内部氧气充足，酵母菌呼吸旺盛，细胞增长迅速，能迅速地将单糖分解，释放出二氧化碳气体、水和能量；随着酵母的不断繁殖，越来越多的二氧化碳使面团体积逐渐膨大。面团的持气能力使得面团形成蜂窝状结构，变得松软多孔，体积膨大，这是面包制品膨胀、松软的重要保障。但在发酵后期，尤其是面团过度发酵时，面团内氧气耗尽，酵母菌会转入无氧呼吸，将单糖分解成乳酸或乙醇，面团散发出酸味或酒味。在面食品制作实践中，为了使面团充分发起，要人为创造条件使酵母进行有氧呼吸。在面团发酵后期要进行几次轧面或揉面，排出其中的二氧化碳气体，增加氧气。但有时也人为创造面团发酵的缺氧条件，以便生成一定量的乙醇和乳酸等，丰富面包的风味。

酵母的用量要根据小麦粉面筋品质和面食品需要而定。鲜酵母的用量通常为小麦粉用量的3%～4%；而干酵母的用量为小麦粉用量的1.5%～2%。增加酵母用量，能加快面团的发酵速度，短时间内面团持气性表现好；但如果酵母用量过多，面团中产气量迅速增加，面团内的气孔增长过快，孔壁迅速变薄，面团很快成熟过度，持气性变劣。

制作面包时，配料中的糖、盐、蛋和奶等辅料会影响发酵进程。一般情况下，面团中的单糖含量低，不能满足酵母生长繁殖的需要。所以，在面团发酵初期，添加少量白砂糖（低于5%）可为酵母菌提供能量，提高酵母菌活力，促进发酵。添加食用盐，可增加面团的密度和弹性，调节发酵速度和口味。面团中缺少盐，醒发后面团会有下塌现象。没有盐的面团虽然发酵的速度快，但发酵极不稳定，容易发酵过度，难以掌握发酵时间。添加盐量过多则会影响酵母的活力，使发酵速度减慢。盐的用量一般是小麦粉用量的1%～2.2%。蛋、奶营养丰富，既可以提高蛋白含量、增加面包体积和改善面包结构，也可以供给酵母生长和繁殖所需养分，提高酵母的活力。

2.实验目的

1)提高对强筋小麦粉的认识。

2)掌握面包的手工制作方法及其品质评价方法。

3.材料与仪器

1)材料

强筋小麦粉/面包粉、白砂糖、黄油、即发干酵母、脱脂奶粉、食盐、38 ℃左右温水。

2)仪器和器材

和面钵、恒温恒湿发酵箱、烤炉（箱）、面包烘焙盒、擀面杖。

4.实验步骤

1)面团配方：按照表7-3依次称取面包粉、即发干酵母、白砂糖、脱脂奶粉和食盐，倒入和面钵，混合均匀。最后称取黄油。

表7-3 手工制作面包配方

配料	小麦粉/g	酵母粉/g	白砂糖/g	脱脂奶粉/g	食盐/g	黄油/g	温水/mL
用量	100	1.6	6.0	4.0	1.0	3.0	62 （根据具体情况进行调节）

注：也可将即发酵母粉溶于40～50 mL温水，混合均匀后用于和面。不同小麦粉的含水量和吸水率不同，温水用量需要根据具体情况进行调节。

2)和面：向小麦粉中加入约62 mL(根据具体情况调节加水量)温水，边加边用筷子把小麦粉搅拌成面絮状；然后，用手把面絮和成比较黏稠的面团；接着，用手在案板上不停地摔打面团20～30 min，直至面团表面光洁，手感柔和，能够拉出均匀透亮的薄膜。

3)发酵和第一次排气：将和好的面团放入发酵箱(设定相对湿度85%，温度38 ℃)中，发酵55 min；将发酵的面团在案板上用擀面杖轧成长条，进行第一次排气，最后折叠。

4)发酵和第二次排气：将折叠好的面团放入发酵箱中，继续发酵25 min；将发酵的面团进行第二次排气，操作同第一次排气。排气后折叠放入发酵箱，继续发酵15 min。

5)塑模：将面团从发酵箱取出，塑模。将塑好模的面包放入烘焙盒，再发酵50 min。

6)烘焙：将烘焙盒放入烤炉(箱)中，190 ℃烘焙20 min。

7)品尝与评价：面包出炉后冷却至室温；先观测面包外形，再观测面包横切面，最后品尝评价。注意按照面包品质评价指标如体积、外观、面包芯色泽、面包芯质地和面包芯纹理结构等进行评价，满分100分。各指标分值和评分标准见表7-5。

5.结果与分析

描述面包的外观和口感，附上制作过程照片、成品照片和评分表，统计分析各项评分。

二、小麦粉面包烘焙品质评价——快速烘焙法

1.实验原理和实验目的

面筋形成原理和发酵原理同手工制作法。

2.材料与仪器

1)材料：小麦粉(14%湿基)、糖、黄油、即发干酵母、脱脂奶粉、盐、麦芽粉、1%抗坏血酸(维生素C)溶液、0.15%脂肪酶溶液和水。

2)仪器

(1)和面机：立式针型和面机，额定单次搅拌量大于200 g小麦粉。

(2)发酵钵：容量为750～800 mL(可盛放100 g小麦粉的面团)或1 500～1 600 mL(可盛放200 g小麦粉的面团)的不锈钢或塑料碗盆。

(3)恒温恒湿发酵箱：温度、湿度可调节。

(4)压片机：辊压型，辊直径70～95 mm，转速70 r/min，面辊间距可调节。

(5)成形机：三辊成形，辊直径70～95 mm，转速70～80 r/min。

(6)烤炉：转动式电热烤炉，或者温度分布比较均匀的其他类型烤炉(箱)，烘焙温度能达到230 ℃，控温精度在±5 ℃范围内。

(7)面包听：马口铁或铝合金材料，内部直径上宽下窄；上口为长方形，尺寸约为13.0 cm×7.3 cm；底部也为长方形，尺寸约为11.5 cm×5.7 cm；听深度约5.8 cm。

(8)面包体积测定仪：菜籽置换型，测量范围 400～1 050 mL，刻度单位为 5 mL，或其他满足试验需求的扫描式数码体积测定仪。

(9)天平：精度为 0.1 g 和 0.001 g。

(10)其他：量筒(50 mL、100 mL，精度为 1 mL)、烧杯、移液管(5 mL，或移液管量程 1 mL)、刮板、秒表、刻度尺(最小量程 15 cm，精度为 0.1 cm)、温度计(0～100 ℃)、湿度计等。

3. 实验步骤

1)面团配方：以 100 g 小麦粉(14%湿基)为例，依次称取调制面团需要添加的糖、黄油、即发干酵母及其他辅料，配制维生素 C 溶液和脂肪酶溶液(表 7-4)。调制面团时，将小麦粉折算为 14%含水量的等量小麦粉，然后按照表 7-4 中的比例添加其他辅料。

表 7-4　快速烘焙法配方

成分	糖/g	黄油/g	干酵母/g	食盐/g	麦芽粉/g	维生素 C 溶液(1%)/mL	脂肪酶溶液(0.15%)/mL	水
用量	6	3	2.7	1.5	0.2	1	1	适量

麦芽粉：也可以用适量的商品化的 α-淀粉酶代替麦芽粉，添加量根据酶的活性而定，其活性以调整小麦粉的降落值 225～300 s 为宜。1% 维生素 C 溶液(抗坏血酸溶液)和 0.15%脂肪酶溶液(当天配制)。水：一般为 50～75 mL，加水量可参照材料的粉质吸水率，并根据面团软硬进行调整，以面团尽可能柔软而不粘手且不影响操作为宜。

2)和面：将即发干酵母用(38±1)℃的水溶解，按配方(表 7-4)将 200 g 小麦粉及除黄油外的其他配料加入和面钵；加水量的多少可根据面团的软硬状态进行调整。开启和面机和面 1 min 后，面团基本成形；此时，停机加入黄油(黄油过早加入会阻碍面团中面筋的形成，因此在面团基本成形后再加入黄油)；然后，继续开机和面，直至面筋充分扩展为止(和面时间因小麦粉品质而异，一般为 1～5 min)。此时，面团表面光洁，无断裂痕迹，手感柔和，一般可拉成均匀的薄膜。和好的面团温度应为(30±1)℃。

3)面团发酵：将和好的面团取出，分成两等份，在压片机面辊间距为 0.8 cm 处，由上至下辊压面团两次，以排除面团中的气泡。辊压后，将面片折成三层放在涂有一薄层黄油的发酵钵中，置醒发箱中醒发 20 min，醒发温度为(38±1)℃，相对湿度为(85±5)%。

4)揉压、成形：取出发酵好的面团轻轻揉光并适当拉长，在压片机辊间距 0.7 cm 和 0.5 cm 处分别由上至下辊压一次成为面片。然后，使用三辊成形机或具有类似功能的成形机进行成形，或直接手动从面片小端开始卷起成形(压实排除气体)；然后，将面团轻轻滚压数次，使其大小与面包听一致，面团接缝向下放置于涂有一薄层黄油的面包听中。

5)醒发：将装听的面团放在醒发箱中醒发 40 min。醒发温度为(38±1)℃，相对湿度为(85±5)%。

6)烘烤：醒发结束后，利用刻度尺测量样品醒发高度(带听测量)后立即放入烤炉烘烤，温度一般为 215 ℃，时间一般为 20 min。面包入炉前，先向炉内喷水产生蒸汽，或放一小盒清水，以调节炉内湿度。

7)品尝与评价：面包出炉后，冷却 5 min 至室温；然后测定面包体积，并进行感官评价。

(1)面包体积测量:使用菜籽置换法测定面包体积,以 mL 表示。取双试验样品的算术平均值作为面包体积测定结果。以面包体积值的平均偏差作为面包烘焙试验允许差的评价指标。对于 100 g 小麦粉制作的面包,双试验面包体积值的平均偏差(δ)应不大于 15 mL,计算公式如下:

$$\delta = \frac{1}{n}\sum_{i-1}^{n}|V_i - \bar{V}|$$

式中:δ 为面包体积的平均偏差,单位为 mL;n 为双试验面包样品数;V_i 为测定的面包体积,单位为 mL;$\bar{V}$ 为双试验面包体积平均值,单位为 mL。

(2)面包感官评价:面包感官评价包括评价员要求、对照样品、评价方法和评价结果表述4个要素。

评价员要求:所有参加感官评价的评价员均应符合 GB/T 10220—2012/ISO 6658:2005,IDT《感官分析　方法学　总论》的要求,并接受关于感官评价相关知识的专门培训,具有相同的资格水平与检验能力。每次感官评价应由5位及以上专家评价员或10位及以上优选评价员组成评价小组承担。感官分析优选评价员的选定按 GB/T 16291.1—2012/ISO 8586—1:1993,MOD《感官分析　选拔、培训与管理评价员一般导则　第1部分:优选评价员》执行,专家评价员的选定按 GB/T 16291.2—2010/ISO 8586—2:2008,IDT《感官分析　选拔、培训和管理评价员一般导则　第2部分:专家评价员》执行。

对照样品:选取面筋含量和面筋质量不同的小麦粉样品5～6份,按本标准要求的方法制作成面包,经感官评分小组评价,选出综合评分的平均值在(92±1)分的样品一份,作为每次品评的参照样品。

评价方法:面包在室温下冷却后,放入塑料袋或以其他形式密封保存,或放在恒温恒湿的储存箱内。18 h 后对面包外部和内部特征进行感官评定,主要包括以下评价指标:面包外观、面包芯色泽、面包芯质地、面包芯纹理结构和口感等。评价时,对于每份面包样品,将其中一份先切开,对照参考样品,观察其表面色泽、表面结构、内部结构和质地,按压面包芯评判其弹性和柔软度,并进行评分,然后与体积得分相加,作为样品的评分值。

评价结果表述:根据评分小组的综合评分结果计算平均值。个别品评误差超过平均值10分以上的数据应舍弃,舍弃后重新计算平均值。以综合评分的平均值作为小麦粉面包品质评价结果,计算结果取整数。

4.结果分析

描述面包的外观和口感,附上制作过程照片、成品照片和评分表,统计分析各项评分,比较对照组和实验组小麦粉的面包品质。

5.面包品质评价指标和评分标准

面包品质评价指标包括体积、外观、面包芯色泽、面包芯质地和面包芯纹理结构(其中面包芯纹理结构参考图7-2和数字资源7-1评分),满分100分。各指标分值和评分标准如表7-5所示。

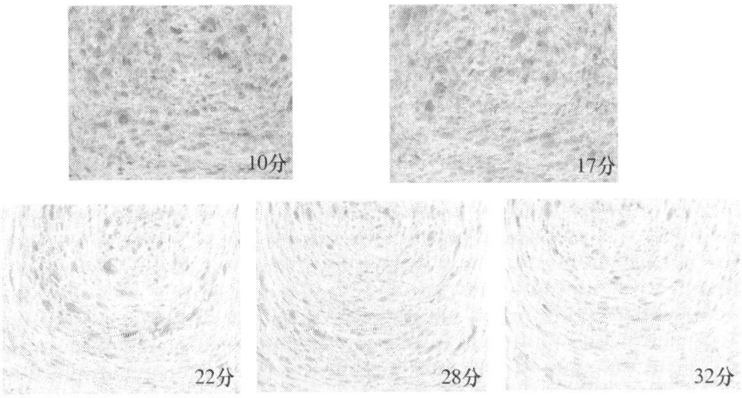

图 7-2　面包芯纹理结构评分参考图(GB/T 14611—2008《粮油检验　小麦粉面包烘焙品质试验　直接发酵法》)

数字资源 7-1　面包芯纹理结构评分参考图

(GB/T 14611—2008《粮油检验　小麦粉面包烘焙品质试验　直接发酵法》)

表 7-5　面包品质评价各指标分值和评分标准

序号	指标	评分标准	备注
1	体积(45 分)	面包出炉后,在 5 min 内测定其体积,用 mL 表示。 大于 900 mL,得满分 45 分; 小于 360 mL,得 0 分; 在 360～900 mL 时,每增加 12 mL,得分增加 1 分。	最低分 0 分
2	外观(5 分)	面包表皮色泽正常,光洁平整无斑点,冠大,颈极明显,得满分 5 分; 冠中等,颈短,得 4 分; 冠小,颈极短,得 3 分; 冠不显示,无颈,得 2 分; 无冠,无颈,塌陷,得 1 分; 表皮色泽不正常,或不光洁,不平滑,或有斑点,均扣 0.5 分。	最低分 0 分
3	面包芯色泽(5 分)	洁白、乳白,并有丝样光泽,得最高分 5 分; 洁白、乳白,但无丝样光泽,得 4.5 分; 黑、暗灰,得 1 分; 介于白和黑之间,色泽由白—黄—灰—黑,分数依次降低。	最低分 1 分
4	面包芯质地(10 分)	面包芯细腻平滑,柔软而富有弹性,得满分 10 分; 面包芯粗糙紧实,弹性差,按下不复原或难复原,得 2 分; 介于二者之间,得 3～9 分。	最低分 2 分
5	面包芯纹理结构(35 分)	面包芯气孔细密、均匀并呈长形,孔壁薄,呈海绵状,得最高分 35 分; 面包芯气孔大大小小,极不均匀,大空洞很多,坚实部分连成大片,得 8 分; 面包芯纹理结构介于二者之间,得 9～34 分。	最低分 8 分

三、小麦粉面包烘焙品质评价——直接发酵法

1. 实验原理和实验目的

面筋形成原理和发酵原理同手工制作法。

2. 材料与仪器

同快速烘焙法。

3. 实验步骤

1)面团配方:以 100 g 小麦粉(14%湿基)为例,调制面团需要添加的糖、黄油、即发干酵母及其他辅料。进行面包制作调制面团时,将小麦粉折算为 14%含水量的等量小麦粉,然后按照比例添加其他辅料(表 7-6)。

表 7-6 直接发酵法面团配方 g

配料	糖	黄油	干酵母	脱脂奶粉	盐	麦芽粉	抗坏血酸	水
用量	6.0	3.0	1.8	4.0	1.5	0.2	0.004~0.005	适量

注:加水量(水+抗坏血酸溶液,一般为 50~75 mL)可参照小麦粉的粉质吸水率,并根据面团软硬进行调整,原则为面团尽可能柔软而不粘手且不影响操作。麦芽粉:可以用适量的商品化的 α-淀粉酶代替,添加量根据酶的活性而定,以调整小麦粉的降落数值为 225~300 s 为宜。抗坏血酸以水溶液形式添加,浓度 4~5 g/L,当天配制,当天使用。

2)和面:将即发干酵母用(38±1)℃的水溶解后,按表 7-6 的比例,将 200 g 小麦粉及除黄油外的相应配料加入和面钵;加水量的多少可根据面团的软硬状态进行调整。开启和面机和面 1 min 后,面团基本成形;停机,加入黄油;开机继续和面,直至面筋充分扩展,形成均匀的网络结构。此时,面团表面光洁,无断裂痕迹,手感柔和,一般可拉成均匀的薄膜。和好的面团温度应为(30±1)℃。

3)发酵和揉压:将和好的面团取出,分成两等份,用手稍作整理,使其光面向上放在涂有一薄层黄油的发酵钵中,置醒发箱中发酵 90 min。发酵时间从开始和面时计起,发酵温度为(38±1)℃,相对湿度为(85±5)%。

当面团发酵进行到 55 min 和 80 min 时,取出面团,分别在压片机面辊间距 0.6 cm 处辊压面团一次,以排除面团中的气泡;辊压后,将面片折成 3 层或对折 2 次,折缝向下放入发酵钵,重新放回醒发箱。

4)成形:取出发酵好的面团轻轻揉光,并适当拉长;用压片机将面团分别在辊间距 0.7 cm 和 0.5 cm 处辊压一次,成长片;然后使用三辊成形机或具有类似功能的成形机进行成形,或直接手动从面片小端开始卷起成形,然后将面团轻轻辊压数次,使其大小与面包听一致,面团接缝向下放置于涂有一薄层黄油的面包听中。

5)醒发:面团成形后,放在醒发箱中醒发 45 min。醒发温度为(38±1)℃,相对湿度为(85±5)%。

6)烘烤:面团醒发结束后,立即放入烤炉进行烘烤,温度一般为 215 ℃,时间一般为 20 min。面包入炉前先向炉内喷水,产生一些水蒸气,或放一小盒清水,以调节炉内湿度。

4.结果与分析

同快速烘焙法。

四、小麦粉面包烘焙品质评价——中种发酵法

1.实验原理和实验目的

面筋形成原理和发酵原理同手工制作法。

2.材料与仪器

同快速烘焙法。

3.实验步骤

1)中种面团和主面团配方:以 100 g 小麦粉(14%湿基)为例,调制面团需要添加的糖、黄油、即发干酵母及其他辅料。进行面包制作调制中种面团和主面团时,将小麦粉折算为 14%含水量的等量小麦粉,然后按照比例添加其他辅料(表 7-7)。

表 7-7 中种面团和主面团配方

类别	小麦粉/g	干酵母/g	食盐/g	白砂糖/g	黄油/g	水/mL(适量变化)
中种面团	60.0	1.0	—	—	—	36.0
主面团	40.0	—	2.0	5.0	3.0	24.0

注:中种面团和主面团的加水量可根据面团的软硬和粘柔程度进行调整,建议参照小麦粉吸水率进行适当增减,使面团达到尽可能柔软而不粘手且不影响操作的最佳状态。

2)中种面团调制:按照配方(表 7-7),将小麦粉和酵母倒入和面钵中;加入水,启动和面机;使面团揉混达到光洁柔和状态。揉混好的中种面团温度应为(26.0±1.0)℃,可以通过改变水温和室温来控制和调整面团温度。

3)中种面团发酵:将揉混好的中种面团从和面钵中取出,用手稍作整理,光面向上放在涂有一薄层黄油的发酵钵中,醒发箱中发酵 4 h。醒发温度为(30±1)℃,相对湿度为(85±5)%。

4)主面团调制:将盐、糖倒入和面钵,加入剩余的水,搅拌,使盐、糖溶化。加入主面团的小麦粉和黄油;启动和面机揉混 15 s 后将中种面团分成约两等份,在 10 s 内分两次放入和面钵内,继续揉混使面团面筋充分扩展;揉混好的面团表面光洁柔和,能拉成均匀的薄膜。揉混好的主面团温度应为(27.0±1.0)℃,可以通过改变水温和室温来控制和调整面团温度。

5)主面团延续发酵:将揉混好的主面团从和面钵中取出,用手捏圆,光面向上放在涂有一薄层黄油的发酵钵内,放入醒发箱延续发酵 30 min。发酵温度为(30±1)℃,相对湿度为(85±5)%。

6)分割与揉圆:主面团延续发酵完成后从发酵钵中取出,然后用手轻揉成圆形(对于 200 g 小麦粉的面团,揉圆之前需分成两等份)。

7)中间醒发：面团揉圆后，光面向上放在涂有一薄层黄油的发酵钵内，放入发酵箱内或加盖放在室温下(20 ℃以上)醒发 12～15 min，使面团松弛。

8)压片成形：经过中间醒发后，将面团轻轻适当拉长；用压片机将面团辊压两次，成长片。第一次辊间距为 0.7 cm，第二次为 0.5 cm。然后，使用三辊成形机或具有类似功能的手动成形模板进行成形，或直接手动从面片小端开始卷起成形；然后，将面团轻轻滚压数次，使其大小与面包听一致，面团接缝向下放置于涂有一薄层黄油的面包听中。

9)最后醒发：面团成形后，放入醒发箱中进行最后醒发，醒发温度为(35.5±1)℃，相对湿度为(92±5)%，醒发时间为 65 min，或面团醒发至高出面包听上边缘 2 cm。

10)烘烤：醒发结束后，立即放入烤炉进行烘烤，温度一般为 215 ℃，时间一般为 18～20 min。面包入炉前先向炉内喷水，产生一些水蒸气，或放一小盒清水，以调节炉内湿度。

4.结果与分析

同快速烘焙法。

第二节　中筋粉及馒头、面条类食品加工实验技术

中筋粉蛋白质含量一般为 13%～14%，面筋含量和面筋强度适中，面团持气能力和耐揉性介于强筋粉和弱筋粉之间，一般多用于制作中式面食品，如馒头、包子、饺子及面条等。我国行业标准 LS/T 3204—1993《馒头用小麦粉》中规定：湿面筋含量 25.0%～30.0%，粉质稳定时间≥3.0 min，降落数值≥250 s；LS/T 3202—1993《面条用小麦粉》中规定：湿面筋含量≥28.0%(精制级)、≥26.0%(普通级)，粉质稳定时间≥4.0 min(精制级)、≥3.0 min(普通级)，降落数值≥200 s；LS/T 3203—1993《饺子用小麦粉》中规定：湿面筋含量 28.0%～32.0%，粉质稳定时间≥3.5 min，降落数值≥200 s。

馒头是以小麦粉为主要原料，加入水和酵母调制成面团，经成形和醒发后蒸制熟化而成的一种面食品。优质馒头的要求是：表面光滑、光泽性好，内部气孔细腻均匀，富有弹性，咬劲强，爽口不粘牙，有小麦特有的香味。中筋粉制作出的馒头挺立，表面光滑，无死面结，内部孔隙大小均匀一致，弹柔性好。弱筋粉制作的馒头在蒸制时不塌陷，且能保持“蒸笼膨胀”，但蒸出的馒头扁平，表面有气泡，内部孔隙大，类似发糕状，其纹理结构、形状和口感都不如中筋粉制作的馒头。面筋过强的小麦粉制作出的馒头蒸熟后易发生皱缩，馒头表面不光滑，底部易出现死面结，内部气孔不均匀，易出现大孔洞。但相对中筋粉而言，筋力偏强的小麦粉制出的馒头孔壁更薄，咬劲更强，爽口性也更好一些，更加适合机械化生产。

面条的种类繁多，可通过擀、抻、揪、切、削、压等不同加工形式制成切面、拉面、烩面、刀削面、板面、龙须面、空心面、面饼、担担面以及机械化生产的挂面和方便面等。面条是以小麦粉为原料，加入水，搅拌成面絮；经压面机挤压成片状；切条后水煮熟化制成。优质面条应该具备以下特点：色泽亮黄或亮白，表面光滑有透明质感，软硬合适，弹性好，光滑爽口且具有麦香味。

面条的品质是面筋的含量、质量及淀粉品质、一些色素和酶类等共同作用的结果。相对于面包而言，淀粉对面条品质的影响更大，较高的支链淀粉含量会赋予面条透明的质感和光滑爽口的特性。机械化生产的面条对面筋强度的要求比手工面高，但筋力过强会造成面片（或面条）回缩，从而影响加工性能。

一、小麦粉馒头加工品质评价——手工制作法

馒头是我国人民的传统主食，在我国北方地区约有70%的小麦粉、南方地区也有相当大的一部分小麦粉用于蒸制馒头。与面包相比，馒头更适合我国人民的口味，它经济实惠，结构紧密，皮软无硬壳，湿度大，易于消化，因而易于为人们所接受。

我国主要有两种类型的馒头：硬质馒头（北方馒头）和软质馒头（南方馒头）。前者是我国北方地区的日常主食，所用小麦粉筋力较高，但和面加水量较少且不加脂类等风味物质，其结构紧密，有弹性，筋道有咬劲；后者通常在我国南方地区消费，所用小麦粉筋力较弱，和面时除了加水外还会加入一定量的风味物质，如起酥油、糖等，其结构松软，空隙大，甜味突出（表7-8）。另外，我国广东省的小馒头（广式馒头）色白、味很甜、很软，吃起来不黏，在东南亚也很流行。

表7-8　北方馒头和南方馒头的主要差别

项目	性状	北方馒头	南方馒头
馒头品质	比容	约2.5	约3.0
	外观及大小	高拱形，皮白，100 g左右	低拱形，皮白，50 g以下
	内部结构	致密，气孔小	松散，气孔大
	食用品质	弹性好，有咬劲	弹性好，松软
添加配料		无	糖、食盐、奶油等
消费地区		中国北方	中国南方

注：引自Huang等（1997）。

实验室一般采用北方馒头制作方法对小麦粉进行馒头品质评价。但馒头品质评价的感官质量指标较多，存在主观因素影响，导致不同评价者对同一份小麦粉馒头加工品质的评价结果存在一定差异，因此，标准化的制作方法和评价程序、规范化的评价员培训及统一的感官评价标准样品就尤为重要。

1. 实验原理

小麦粉经和面、发酵、成形、醒发、蒸制等工序制成馒头。其中涉及面筋形成原理和发酵原理（同面包的手工制作法）。

对馒头品质进行实验室评价时，制作馒头的方法有一次发酵技术和二次发酵技术。一般情况下，多采用二次发酵技术。

一次发酵技术：经过一次和面，没有经过醒发的面团，结构紧实、僵硬，黏性较小，弹性较大。直接成形的馒头胚挺立、细腻。在馒头胚醒发后蒸熟。这个馒头制作工艺耗时短，不需要

加碱，蒸熟的成品保质期较长。但缺点是：①需要加大酵母用量，成形的馒头胚醒发时间不宜过长，否则会软化、软塌，使成品不够挺立；②由于面团未经充分发酵，面筋未经充分扩展，馒头口感硬实；③发酵时间短，酵母缺乏足够时间产生风味物质，导致成品口味平淡，缺乏香甜感。

二次发酵技术：采用两次搅拌（或者一次搅拌和一次压面）调制面团。第一次是将大部分小麦粉（约 80%）和全部酵母搅拌合成面团，发酵 45～60 min 后，将剩余的小麦粉加入搅拌或压面形成面团，馒头胚成形后再醒发。二次发酵技术发酵时间长，使面团得到了充分发酵，面筋得到了充分扩展，提高了面团的柔软度和延展性，而且成品光洁圆润、蓬松柔软，风味和口感都很好。

不同小麦粉和发酵技术制成的馒头面团结构、发酵产物不同，在加热蒸制过程中，水分分配、pH、蛋白质变性、淀粉糊化等发生不同变化，从而形成不同结构和风味的馒头。

2. 实验目的

1）认识中筋小麦粉的特点。

2）掌握馒头加工制作方法及其品质评价方法。

3. 材料与仪器

1）材料：中筋小麦粉、温水（30 ℃左右）、即发干酵母。

2）仪器：和面钵、量筒、醒发箱、不锈钢蒸锅、擀面杖等。

4. 实验步骤

1）配粉：称取小麦粉 100 g、即发干酵母 1 g，倒入和面钵，混合均匀。

> 注：也可将即发干酵母粉溶于 25 mL 温水，混匀后用于和面。

2）和面：向小麦粉中加入 55 mL 温水，边加边用筷子搅拌，使其成面絮状。用手在案板上不停地沿同一方向（如顺时针）揉面 5 min 左右，做到钵光、手光、面光，直至面团均匀、表面光洁，手感柔和。

> 注：如用酵母悬浮液则补加 30 mL 水。加水量＝100×小麦粉吸水率（%）×80%。不同小麦粉的含水量和吸水率不同，可根据具体情况微调加水量。

3）发酵：将和好的面团放入发酵箱[箱内温度（35±1）℃，相对湿度为 85%]中，发酵 60 min。

4）塑模：将发酵好的面团从发酵箱取出，手工揉面 5 min。将整个面团分割成大小适中的面剂子。将每个面剂子分别手揉 10～20 次成形，使高度为 10～15 cm。将塑好的馒头胚放入托盘，再发酵 15 min。

5）蒸制：将馒头胚放入不锈钢锅屉的纱布（或蒸屉纸）上，盖上锅盖，在电磁炉上以 1 000 W 的火力蒸 25 min（从蒸锅开始冒汽计时）。关火 3 min 后揭盖，取出馒头。

> 注：在蒸箱中蒸制效果更好。

6）品尝与评价：馒头放室温下冷却 15 min；然后对馒头成品进行质量、宽高比及体积测定，并对其外部和内部特征指标、食味、韧性和黏性进行感官评定，逐项确定评分值，汇总计算得到馒头加工品质评分。

5.结果与分析

描述馒头的外观和口感，附上制作过程照片、成品照片和评分表，统计分析各项评分。

二、小麦粉馒头加工品质评价——机械制作法

1.实验原理

面筋形成原理、发酵原理同面包的手工制作法。

用机械代替手工制作过程中的和面和赶气等操作，不仅能提高效率，还可以减少因手工操作带来的试验误差，提高试验结果的准确性。

2.实验目的

同馒头的手工制作法。

3.材料与仪器

1)材料：中筋小麦粉、纯净水、即发干酵母。

2)仪器：和面机（立式针型和面机，额定单次搅拌量大于 200 g 小麦粉）、恒温恒湿醒发箱（温度湿度可调节）、压片机（辊压型，辊径 75～95 mm，转速 70 r/min 左右，面辊间距可调节）、不锈钢蒸锅（直径 26～28 cm，单层）、电磁炉（最低功率 1 600 W）、天平（精度 0.1 g 和 0.001 g）、电子式游标卡尺（精度 0.01 mm）、体积测定仪（菜籽置换型，测量范围 400～1 050 mL，刻度单位为 5 mL）、量筒（50 mL、100 mL，分度值为 1 mL）、烧杯、移液管（5 mL）或移液枪（量程 1 mL）、刮板、秒表、温度计和湿度计等。

4.实验步骤

1)面团配方：称取 1.6 g 即发干酵母溶于 50 mL 38 ℃的纯净水中备用。称取 200 g 含水量为 14%的小麦粉（含水量不同的小麦粉折算为含水量 14%的等量小麦粉），倒入和面机中；加入备用的酵母溶液，并补加适量的纯净水，一般为 40～60 mL（按小麦粉吸水率的 70%～80%计算，具体加水量可视面团的实际情况进行调整）。

2)和面：启动和面机，搅拌至面团形成；取出面团，记录和面时间。和好的面团温度应为(30±1)℃。面团温度主要通过调整和面的水温和室内温度来调整和控制。

3)发酵：将面团置于恒温恒湿醒发箱中发酵，醒发箱温度为(35±1)℃，湿度为 85%，发酵时间为 60 min。

4)压片、成形：将面团从醒发箱中取出，在压片机面辊间距为 0.5 cm 处由上至下辊压 10 次赶气；然后平均分割成两块，分别手揉 20～30 次，至面团滋润成形，制成馒头胚，高度约为 6 cm，底围直径约为 5 cm。

5)醒发：将馒头胚置于醒发箱中醒发约 15 min，醒发箱内温度为(35±1)℃，湿度为 85%。

6)蒸制：向不锈钢蒸锅中加入 1.5 L 自来水[水温控制在(30±5)℃]，将醒发好的馒头胚同蒸纸一起放入锅屉上，将电磁炉功率设定为 1 600 W 蒸制 25 min。取出馒头，盖上纱布冷

却 60 min 后评价其品质。

5. 实验结果与分析

1)质量和体积测量:用天平称量馒头质量;用电子式游标卡尺测定馒头的直径和高度,按以下公式计算宽高比:

$$R = \frac{D}{H}$$

式中:R 为馒头宽高比;D 为馒头直径,单位为 cm;H 为馒头高度,单位为 cm。

用体积测定仪测量馒头体积,按以下公式计算比容:

$$\lambda = \frac{V}{m}$$

式中:λ 为比容,单位为 mL/g;V 为馒头体积,单位为 mL;m 为馒头质量,单位为 g。

计算结果保留小数点后一位。两次重复测试结果的绝对差值不应超过 0.1 mL/g。

2)馒头感官评价

(1)评价员要求:所有参加馒头感官质量评价的评价员均应符合 GB/T 10220—2012/ISO 6658:2005,IDT《感官分析　方法学　总论》的要求,并接受关于馒头感官评价相关知识的专门培训,具有相同的资格水平与检验能力。每次感官评价应由 5 位及以上专家评价员或 10 位及以上优选评价员组成评价小组承担。感官分析优选评价员的选定按 GB/T 16291.1—2012/ISO 8586—1:1993,MOD《感官分析　选拔、培训与管理评价员一般导则　第 1 部分:优选评价员》执行,专家评价员的选定按 GB/T 16291.2—2010/ISO 8586—2:2008,IDT《感官分析　选拔、培训和管理评价员一般导则　第 2 部分:专家评价员》执行。

(2)对照样品:选取面筋含量和质量不同的小麦粉样品 5～6 份,按本标准要求的方法制作成馒头;经感官评分小组评价,选出综合评分的平均值在(79±1)分的样品一份,作为每次品评的参照样品。

(3)馒头品质评价:馒头品质评价指标包括馒头宽高比、比容、表面色泽、表面结构、内部结构、食味和弹性、韧性和黏性。馒头品质评分方法如下:对于每份馒头样品,应先从中间竖着切开馒头;以对照样品为参照,观察馒头表面色泽、表面结构、内部结构;放入嘴里咀嚼,评定馒头的食味和弹性、韧性和黏性;进行评分,并与宽高比和比容得分值相加,作为样品的馒头品尝评分值。具体评分标准见表 7-9。

(4)评价结果表述:根据评分小组的综合评分结果计算评分平均值。个别品评误差超过平均值 10 分以上的数据应舍弃,舍弃后重新计算平均值。最后以综合评分的平均值作为小麦粉馒头品质评价结果,计算结果取整数。

6. 馒头品质评价指标和评分标准

馒头品质评价指标包括宽高比、比容、弹性、表面色泽、表面结构(图 7-3 和数字资源 7-2)、内部结构、韧性、黏性和食味等,满分 100 分。各指标分值和评分标准如表 7-9 所示。

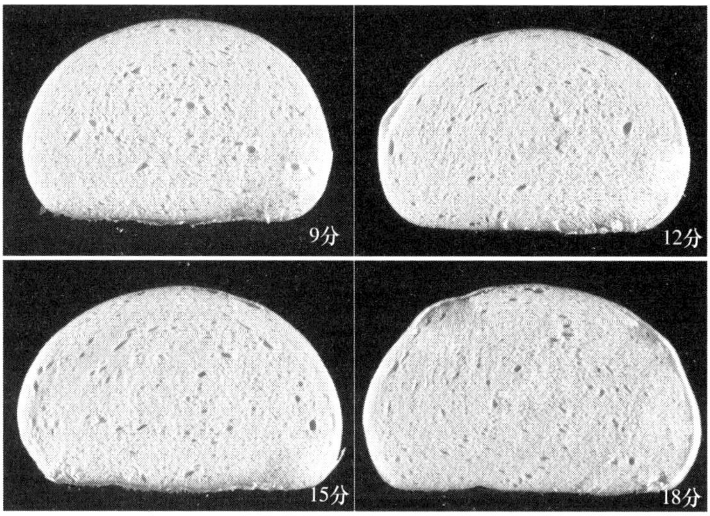

数字资源 7-2　馒头内部结构评分参考图（GB/T 35991—2018《粮油检验　小麦粉馒头加工品质评价》）

图 7-3　馒头内部结构评分参考图（GB/T 35991—2018《粮油检验　小麦粉馒头加工品质评价》）

表 7-9　馒头品质评价各指标分值和评分标准

序号	指标	评分标准	备注
1	宽高比 （5 分）	宽高比小于或等于 1.40，得最高分 5 分； 宽高比大于 1.60，得最低分 0 分； 宽高比在 1.40～1.60 时，每增加 0.05 扣 1 分。	最低分 0 分
2	比容 （20 分）	比容大于或等于 2.8，得满分 20 分； 比容小于或等于 1.8，得最低分 5 分； 比容在 2.8～1.8 时，每下降 0.1 扣 1.5 分。	最低分 5 分
3	弹性 （10 分）	手指按压回弹性好，得 8～10 分； 手指按压回弹弱，得 6～7 分； 手指按压不回弹或按压困难，得 4～5 分。	最低分 4 分
4	表面色泽 （10 分）	光泽性好，得 8～10 分； 稍暗，得 6～7 分； 灰暗，得 4～5 分。	最低分 4 分
5	表面结构 （10 分）	表面光滑，得 8～10 分； 皱缩、塌陷、有气泡或烫斑则相应扣分，得 4～7 分。	最低分 4 分
6	内部结构 （20 分）	气孔细腻均匀，得 18～20 分； 气孔细腻基本均匀，有个别气泡，得 13～17 分，边缘与表皮有分离现象，扣 1 分； 气孔基本均匀，但有下列情况之一的，得 10～12 分，过于细密、有稍多气泡、气孔均匀但结构稍显粗糙； 气孔不均匀或内部结构粗糙，得 5～9 分。	最低分 5 分
7	韧性 （10 分）	咬劲强，得 8～10 分； 咬劲一般，得 6～7 分； 咬劲差、切时掉渣或咀嚼干硬，得 4～5 分。	最低分 4 分

续表 7-9

序号	指标	评分标准	备注
8	黏性 (10 分)	爽口不粘牙,得 8～10 分; 稍黏,得 6～7 分; 咀嚼不爽口,很黏,得 4～5 分。	最低分 4 分
9	食味 (5 分)	具有正常小麦固有的香味,得 5 分; 滋味平淡,得 4 分; 有异味,得 2～3 分。	最低分 2 分

三、小麦粉面条加工品质评价——手工制作法

面条种类繁多,其配方、加工方式和品质特性等也各有不同。根据加工原料和制作过程,可将面条分为两大类:一类是 Pasta,主要包括通心面(Macaroni)和意大利实心细面条(Spaghetti),用硬粒小麦粉(原料为四倍体小麦,又称杜伦麦,Semolina)与水和面,经过金属模具挤压出面条后,干燥而成,煮熟食用时添加调料。另一类是东方面条(Oriental noodle),也即狭义的面条,主要包括白面条(White noodle)、黄碱面条(Yellow alkaline noodle)和方便面(Instant noodle)等,是将普通小麦粉(原料为六倍体小麦)和水,添加或不添加食盐(或食碱)(可添加鸡蛋、马铃薯淀粉等辅料)一起搅拌,先和成面团,再在压面机上或用手工做成薄面片,再切割成细条而成。东方面条主要有中式面条和日式面条等,前者通常用硬麦(Hard wheat)粉制作,结构韧密,色泽光亮,乳白色或淡黄色为主;后者通常用蛋白含量中等的软麦(Soft wheat)粉制作,结构柔软,富有弹性,乳白色为主。

面条品质包含煮面品质(Cooking quality)和食用品质(Eating quality)。不同国家和地区因面条的配方、加工工艺、饮食偏好等方面的不同,对面条品质的要求也不相同。同小麦籽粒硬度的分布相仿,面条在我国也有北硬南软的趋势,如陕西关中地区人们普遍喜欢韧性大、筋道、有咬劲、口感偏硬的面条;而南方居民则喜欢松软的碱黄面条。这可能与当地气候、小麦种植种类、民风民俗有一定关系。

1. 实验原理

面条的弹性主要受蛋白含量和面筋强度等的影响。面条的食用品质(软度、光滑度和口感等)主要与小麦粉中淀粉的糊化特性(黏度特性)和膨胀势等高度相关。黏度较高的小麦粉膨胀势较大,具有较好的面条品质。此外,面条(尤其是鲜湿面条)的色泽主要取决于小麦粉的色泽及其褐变特性。

淀粉的糊化特性:在受热条件下,直链淀粉从吸水膨胀的淀粉颗粒中流出来形成溶胶;而包裹在淀粉颗粒外的支链淀粉破裂形成凝胶;最后淀粉悬浊液逐渐变成黏稠的糊浆,这个过程即为淀粉的糊化。当糊浆冷却后黏度还会增加,变成弹性凝胶状,这个过程为淀粉的凝沉,俗称回生。凝沉是糊化后的淀粉分子回归更有序状态的过程。淀粉凝沉的快慢主要取决于直链淀粉含量。直链淀粉含量越高,淀粉凝沉越快。淀粉的糊化和凝沉与面条食用品质密切相关。

2. 实验目的

1)了解中筋小麦粉的特点。

2)掌握白面条加工制作方法和品质评价方法。

3.材料与仪器

1)材料：中筋小麦粉、30 ℃左右温水。

2)仪器：和面钵、天平、量筒等。

4.实验步骤

1)配粉：称取小麦粉 100 g，倒入和面钵。

2)和面：向小麦粉中加入 33～35 mL 温水，边加边用筷子搅拌，使其成面絮状；用手在案板上不停地沿同一方向(如顺时针)揉面 5 min 左右，做到钵光、手光、面光，直至面团均匀、表面光洁、手感柔和。

注：加水量＝100×小麦粉吸水率(％)×(50％～60％)。不同小麦粉的含水量和吸水率不同，可根据具体情况微调。

3)醒面：将和好的面团放入醒发箱［箱内温度(32±1)℃，相对湿度为 85％］中醒面 30 min。

4)轧切：将面团从醒发箱取出，手工揉面 5 min；将整个面团用擀面杖擀成 1 mm 左右厚的圆面片；将圆面片按序折叠；用刀将面片切成 2 mm 至 1 cm 宽的面条；小心将面条抖开，放入托盘。

5)煮熟：将面条下入不锈钢锅的沸水中，用筷子轻轻搅动，避免相互粘连和粘锅；盖上锅盖；在电磁炉上以 1 000 W 的火力煮 3～5 min，其间可加一次适量冷水；待面条中心白色生粉消失后，即可关火；用漏勺盛出面条至凉白开水中。

6)品尝与评价：对过凉白开水后的面条进行评价。对成品面条的外部和内部特征指标、食味、韧性和黏性进行感官评定，逐项评分，汇总计算得到面条品质评分。

5.结果与分析

描述面条的外观和口感，附上面条制作过程照片、成品照片和评分表，统计分析各项评分。

四、小麦粉面条加工品质评价——机械制作法

1.实验原理

同小麦粉面条的品质评价——手工制作法。

2.实验目的

同小麦粉面条的品质评价——手工制作法。

3.材料与仪器

1)材料：中筋小麦粉、30 ℃左右温水。

2)仪器：和面机(立式针型和面机)、实验室专用面条机(面辊间距可调节)、食用自封袋(12号)、电子式游标卡尺(精度 0.01 mm)、不锈钢蒸锅(直径 22～26 cm，单层)、电磁炉(最低功率 1 600 W)、天平(精度 0.1 g)、量筒(50 mL)、移液枪或移液管(5 mL)。

4.实验步骤

1)面团配方：称取 200 g(14％湿基)的小麦粉(含水量不同的小麦粉折算为含水量 14％的

等量小麦粉），倒入和面钵中；加入一定量的蒸馏水（每 100 g 小麦粉加水量按粉质吸水率的 46%～48%计算，具体加水量可视样品实际情况做适当调整）。

2）和面：启动和面机，先搅拌 1 min，清理粘于和面钵壁和底上的面，再搅拌 2 min，直至小麦粉呈均匀的颗粒（大小如小米粒），且手感湿润。

3）压片：用实验室专用面条机将和好的坯料在压辊间距 3.0 mm 处压片；压片后对折，延压 1 次；重复此对折和延压动作 2 次；再单片延压 1 次；置于食用自封袋中。

4）放置：将食用自封袋中的面片于室温条件下放置 30 min。

5）压片、切面：调节面条机压辊间距为 2.5 mm，延压 1 次；调节压辊间距为 2.0 mm，延压 1 次；调节压辊间距为 1.5 mm，延压 1 次；然后，用电子游标卡尺测量面片厚度；根据测试的面片厚度，将压辊间距调节为（1.25±0.03）mm，压延；将面片切成 2.0 mm 宽的面条。

注：通过先厚后薄的多道辊轧压片，进一步促进面筋网络组织细密化和相互粘连，形成水分分布均匀、具有一定韧性和强度的面片，为切条成形做准备。

6）装袋：将面条切成 200 mm 长的湿面条，装于食用自封袋备用。

7）煮面：称取 100 g 制备好的面条样品，放入盛有 1 000 mL 沸水的蒸锅中，在电磁炉上以 1 600 W 的功率煮 6 min，立即将面条捞出，放于盛有 500 mL 的 0 ℃冰水中约 30 s，然后捞出面条至盛有冰块的样品盘中待品尝。

5. 实验结果与分析

1）面条感官评价

（1）评价员要求：所有参加感官评价的评价员均应符合 GB/T 10220—2012/ISO 6658：2005，IDT《感官分析　方法学　总论》的要求，并接受面条感官评价相关知识的专门培训，具有相同的资格水平和检验能力。每次感官评价应由 5 位及以上专家评价员或 10 位及以上优选评价员组成的评价小组承担。感官分析优选评价员的选定按 GB/T 16291.1—2012/ISO 8586—1：1993，MOD《感官分析　选拔、培训与管理评价员一般导则　第 1 部分：优选评价员》执行，专家评价员的选定按 GB/T 16291.2—2010/ISO 8586—2：2008，IDT《感官分析　选拔、培训和管理评价员一般导则　第 2 部分：专家评价员》执行。

（2）对照样品：选取面筋含量和面筋质量不同的小麦粉样品 5 份，按本标准要求的方法制作成面条。经感官评价小组评价，选出综合评分的平均值在（87±1）分样品一份，作为每次品评的参照样品。

（3）面条品质评价：面条品质评价指标包括：坚实度、弹性、光滑性、食味、表面状态和色泽。评分方法：对于每份面条样品，对照参考样品，观察其表面色泽、表面结构；放入嘴里咀嚼，评定其坚实度、弹性、光滑性和食味等，进行逐项评分，作为样品的品尝评分值。具体评分标准见表 7-10。

2）评价结果表述：根据评价小组的综合评分结果计算平均值，个别品评误差超过平均值 10 分以上的数据应舍弃，舍弃后重新计算平均值。最后以综合评分的平均值作为小麦粉面条品质评价结果，计算结果取整数。

6. 面条评价指标和评分标准

面条评价指标主要包括坚实度、弹性、光滑性、食味、表面状态和色泽 6 个指标。一般对面条品质采用打分方式进行评价，满分 100 分。各指标评价标准和分值如表 7-10 所示。

表 7-10　面条评价指标和评分标准

序号	指标	评分标准	备注
1	坚实度 (10 分)	软硬合适,得 8～10 分; 稍软或稍硬,得 7 分; 很软或很硬,得 4～6 分。	最低分 4 分
2	弹性 (25 分)	弹性好,得 21～25 分; 弹性一般,得 16～20 分; 弹性差,得 10～15 分。	最低分 10 分
3	光滑性 (20 分)	面条光滑爽口,得 17～20 分; 较光滑,得 13～16 分; 不爽口,得 9～12 分。	最低分 9 分
4	食味 (5 分)	具有麦香味,得 5 分; 基本无异味,得 4 分; 有异味,得 2～3 分。	最低分 2 分
5	表面状态 (10 分)	表面光滑、有明显透明质感,得 8～10 分; 表面较光滑、透明质感不明显,得 7 分; 表面粗糙、明显膨胀,得 4～6 分。	最低分 4 分
6	色泽 (30 分)	面条亮白或亮黄,得 26～30 分; 亮度一般或稍暗,得 20～25 分; 灰暗,得 14～19 分。	最低分 14 分

第三节　低筋粉及其蛋糕类食品加工实验技术

低筋粉一般多用于制作蛋糕、饼干和点心等。低筋粉的蛋白质含量和湿面筋含量低,筋力弱。现行 LS/T 3248—2017《中国好粮油　小麦粉》(表 7-1)行业标准将弱筋小麦粉分为一级和二级,除质量安全基本指标外,规定了定等指标和声称指标。我国 1999 年颁布了优质弱筋小麦国家标准 GB/T 17893—1999《优质小麦　弱筋小麦》(表 7-11),从小麦原料角度规定了弱筋小麦的品质指标。

表 7-11　优质小麦 弱筋小麦品质指标(GB/T 17893—1999)

类别	项目		指标
籽粒	容重(g/L)		≥750
	水分/%		≤12.5
	不完善粒/%		≤6.0
	杂质/%	总量	≤1.0
		矿物质	≤0.5
	色泽、气味		正常
	降落数值/s		≥300
	粗蛋白质(干基)/%		≤11.5
小麦粉	湿面筋(14%水分基)/%		≤22.0
	面团稳定时间/min		≤2.5

实验室通常采用蛋糕类食品制作及其品质评价来衡量弱筋小麦粉的加工品质。糕点制品可以分为化学发面制品(如曲奇、蛋糕等)和酵母发酵制品(如发酵饼干)两种,均富含糖和油脂。前者通常用碳酸氢铵(或碳酸氢钠和磷酸盐的混合物)作为发面剂;后者用酵母作为发面剂,在烘焙时可以提供二氧化碳气体。其品质指标主要是酥松度或者松软度。根据加工原料和制作过程的差异,一般分为三大类(表 7-12):甜酥饼干(Cookie)、发酵饼干(Cracker)和蛋糕(Cake)。

表 7-12　糕点的主要类型及其加工特点

项目	甜酥饼干	发酵饼干	蛋糕
加工和包装	干面团快速加工,机械切割包装	由一个中等面筋强度的面团经发酵成形,再烤制	调制鸡蛋和糖的小麦粉糊,倒入模具烤制
形状和结构	大小、形状和重量均匀一致	松脆的多层结构	蜂窝状结构
小麦粉和面团品质	弱筋小麦粉,面团烘焙过程中延伸度有限	小麦粉吸水率低,形成的面团筋力弱而延伸性好	小麦粉越细越好,面团筋力弱
辅料	糖、起酥油	糖、酵母	糖、鸡蛋

尽管低筋粉的面筋含量低,但在和面时也不能过度或者大幅度混拌,以免形成的面筋影响蛋糕的松软度和体积。在糕点类食品制作时应以切拌方式为宜。实际糕点类食品加工中,可以使用冰水(0～4 ℃)或者在低温条件下和面,避免形成面筋。

一、小麦粉海绵蛋糕加工品质评价

1.实验原理

低筋粉表现为蛋白质含量和湿面筋含量低、筋力弱等特点。海绵蛋糕制作原理为:根据蛋白起泡性能,通过机械搅拌使蛋液中充入大量的空气,并在糖的填充作用下形成浓稠而持久的泡沫;然后,加入低筋粉和配料调制成面糊,经烘焙制成海绵蛋糕。其品质评价常用来衡量低筋粉的烘焙品质。

2.实验目的

掌握海绵蛋糕的制作方法和评价方法。

3.材料与仪器

1)材料:低筋小麦粉、鲜鸡蛋和绵白糖。

2)仪器:打蛋机(无级变速打蛋机,转速 40～300 r/min,缸体上口直径 24 cm,下底直径 11 cm,深 9.5 cm,壁呈半球形)、电热式烤炉(平面烤炉,可以调节上、下火,温控范围为 50～300 ℃。或旋转烤炉,温控范围为 180～230 ℃,控温精度应在±8 ℃)、体积测定仪(菜籽置换型,测量范围为 400～1 050 mL,最小刻度为 5 mL。或其他数码三维扫描型体积测定仪)、天平(精度 0.1 g 和 0.001 g)、蛋糕模具(市售 12.7 cm 圆形蛋糕模具,下底内径 11.3 cm、上口内径 12.5 cm、内高 5.2 cm)、量筒、秒表、CQ7 号筛(60 目)。

4.实验步骤

1)海绵蛋糕配方:按照配方(表 7-13)的比例,称取适量通过 CQ7 号筛的小麦粉、鲜鸡蛋液和绵白糖，称量蛋糕模具并编号。精确至 0.01 g。

表 7-13　海绵蛋糕配方

配料	小麦粉(14%湿基)/g	鲜鸡蛋液/g	绵白糖/g
用量	100	130	110

注：小麦粉水分含量为 14%，若不是 14%，则要折算为含水量 14%的等量小麦粉。

2)制备蛋糊：在室温为 20～25 ℃时，将称量好的蛋液和绵白糖放入打蛋机搅拌缸中；以慢速(60 r/min)搅打 1 min，充分混匀；再以快速(200 r/min)搅打 19 min。

3)制备面糊和塑模：将称量好的小麦粉均匀地筛入蛋糊中；再慢速(60 r/min)搅拌 10 s 后停机；拿下搅拌头；快速将搅拌缸内壁面糊刮至缸底；装上搅拌头再慢速(60 r/min)搅拌 20 s 后停机；取下搅拌缸；以自流淌出方式将面糊分别倒入两个蛋糕模具中。每个模具中的面糊为 150 g，精确至 0.01 g。黏附在搅拌缸内壁的面糊不应刮入模具中。

4)烘烤：把装入面糊的模具立即入炉烘烤。若使用平面烤炉，设定烤炉上火为 180 ℃，下火为 160 ℃；若使用旋转烤炉，设定炉温为 190 ℃。烘烤时间为 18～20 min。

5)评价：烘焙结束后，立即将蛋糕从烤炉(箱)中取出，在木板上用力振一下；然后放在蛋糕铁架上脱模，并在室温下冷却；最后进行品尝和评价。

5.实验结果与分析

1)比容测定：蛋糕出炉后，在室温下稍冷；将蛋糕从模具中取出，冷却 30 min 后，称取蛋糕重量(g)并测量蛋糕体积(mL)。体积除以重量即为蛋糕的比容。

用体积测定仪测量蛋糕体积，按以下公式计算比容：

$$D = \frac{V}{m}$$

式中：D 为比容，单位 mL/g；V 为蛋糕体积，单位 mL；m 为蛋糕质量，单位 g。

结果取 2 次平行试验的算术平均值，平行试验允许误差为 0.2 mL/g。

2)蛋糕感官评价

(1)评价员要求：所有参加感官评价的评价员均应符合 GB/T 10220—2012/ISO 6658：2005，IDT《感官分析　方法学　总论》的要求，并接受关于蛋糕感官评价相关知识的专门培训，具有相同的资格水平与检验能力。每次感官评价应由 5 位及以上专家评价员或 10 位及以上优选评价员组成评价小组承担。感观分析优选评价员的选定按 GB/T 16291.1—2012/ISO 8586—1：1993，MOD《感官分析　选拔、培训与管理评价员一般导则　第 1 部分：优选评价员》执行，专家评价员的选定按 GB/T 16291.2—2010/ISO 8586—2：2008，IDT《感官分析　选拔、培训和管理评价员一般导则　第 2 部分：专家评价员》执行。

(2)对照样品：选取面筋含量和面筋质量不同的小麦粉样品 5～6 份，按本标准要求的方法制作成蛋糕，经感官评分小组评价，选出综合评分的平均值在(79±1)分的样品一份，作为每次品评的参照样品。

(3)蛋糕品质评价：蛋糕品质评价指标包括比容、表面状况、内部结构、弹柔性和食味。蛋糕品质评分方法：对于每份蛋糕样品，先切开蛋糕，对照参考样品，观察其表面色泽、表面结构、内部结构(图 7-4 和数字资源 7-3)；放入嘴里咀嚼，评定其食味和弹性、韧性和黏性；最后进行评分，并与体积、比容得分值相加，作为样品的品尝评分值。具体评分标准见表 7-14 和表 7-15。

（4）结果表述：根据评分小组的综合评分结果计算平均值。个别品评误差超过平均值 10 分以上的数据应舍弃，舍弃后重新计算平均值。最后以综合评分的平均值作为小麦粉蛋糕品质评价结果，计算结果取整数。

6. 海绵蛋糕评价指标

海绵蛋糕评价指标包括比容、表面状况、内部结构、弹柔性和口感。

1）比容（30 分）：海绵蛋糕比容得分见表 7-14。

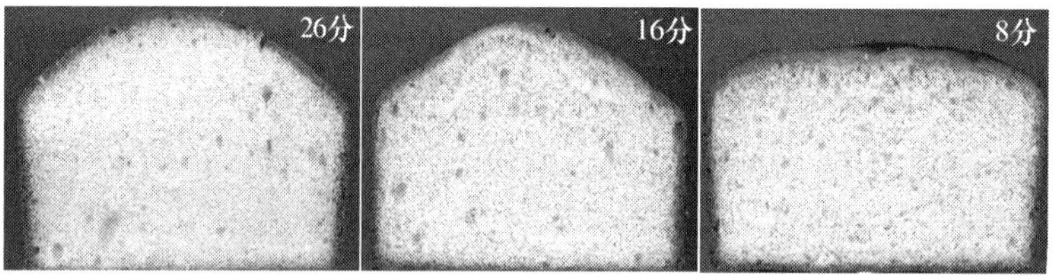

图 7-4 蛋糕内部结构评分参考图（GB/T 24303—2009《粮油检验 小麦粉蛋糕烘焙品质试验 海绵蛋糕法》）

数字资源 7-3 蛋糕内部结构评分参考图（GB/T 24303—2009《粮油检验 小麦粉蛋糕烘焙品质试验 海绵蛋糕法》）

表 7-14 海绵蛋糕比容评分

比容/（mL/g）	得分	比容/（mL/g）	得分	比容/（mL/g）	得分	比容/（mL/g）	得分
2.5	7	3.4	16	4.3	25	5.2	26
2.6	8	3.5	17	4.4	26	5.3	25
2.7	9	3.6	18	4.5	27	5.4	24
2.8	10	3.7	19	4.6	28	5.5	23
2.9	11	3.8	20	4.7	29	5.6	22
3.0	12	3.9	21	4.8	30	5.7	21
3.1	13	4.0	22	4.9	29	5.8	20
3.2	14	4.1	23	5.0	28	5.9	19
3.3	15	4.2	24	5.1	27	6.0	18

2）蛋糕内、外部特征评价（70 分）：蛋糕内、外部特征得分见表 7-15。

表 7-15 海绵蛋糕评价指标和评分标准

序号	指标	评分标准	备注
1	表面状况（10 分）	蛋糕表面光滑无斑点、环纹，且上部有较大弧度，得 8～10 分； 表面略有气泡、环纹、稍有收缩变形，上部有一定弧度，得 5～7 分； 表面有深度环纹、收缩变形且凹陷、上部弧度很小，得 2～4 分。	最低分 2 分

续表 7-15

序号	指标	评分标准	备注
2	内部结构 (30 分)	亮黄、淡黄色有光泽,气孔较均匀、光滑细腻,得 23～30 分; 黄、淡黄色无光泽,气孔略大稍粗糙、不均匀、无坚实部分,得 16～22 分; 暗黄色,气孔较大且粗糙、底部气孔紧密、有少量坚实部分,得 8～15 分。	最低分 8 分
3	弹柔性 (10 分)	柔软、有弹性,按下后复原很快,得 8～10 分; 柔软、较有弹性,按下后复原较快,得 5～7 分; 柔软、弹性差,按下后难复原,得 2～4 分。	最低分 2 分
4	口感 (20 分)	味纯正、绵软、细腻稍有潮湿感,得 16～20 分; 绵软略有坚韧感、稍干,得 12～15 分; 松散发干、坚韧、粗糙或较粘牙,得 6～11 分。	最低分 6 分

二、小麦粉曲奇饼干加工品质评价

1. 实验原理

曲奇饼干是以小麦粉、糖、糖浆、油脂、乳制品等为主要原料,加入膨松剂及其他辅料,经冷粉工艺调粉,采用挤注或挤条法,用钢丝切割或辊印方法成形,烘焙制成的具有立体花纹或表面有规则波纹的饼干。本实验主要依据行业标准 LS/T 3206—1993《酥性饼干用小麦粉》和 GB/T 20980—2021《饼干质量通则》提供的制作、评价方法和感官质量要求,略有修改。

2. 实验目的

1)掌握酥性面团形成的基本原理和调制方法。

2)了解曲奇饼干的配方和制作工艺。

3)掌握曲奇饼干制作的基本方法和品质评价方法。

3. 材料与仪器

1)材料:低筋小麦粉、奶粉、白砂糖、饴糖、起酥油、奶油、柠檬酸、小苏打、食盐、碳酸氢铵、鸡蛋液。

2)仪器:打蛋机、烤炉(箱)、模具、量筒、秒表、CQ7 号筛(60 目)。

4. 实验步骤

1)曲奇饼干配方:按照配方(表 7-16)的比例,称取适量通过 CQ7 号筛的小麦粉、鲜鸡蛋液和绵白糖,精确至 0.01 g。

表 7-16 曲奇饼干配方 g

配料	弱筋粉	奶粉	白砂糖	饴糖	起酥油	奶油	柠檬酸	小苏打	食盐	碳酸氢铵	鸡蛋液
用量	100	4.6	28.5	4.6	15	2	0.004	0.07	0.3	0.3	50

2)将白砂糖溶于水中,并加热溶解;糖水溶液冷却至 30 ℃,再加入饴糖。

3)起酥油和奶油一起加热、融化;然后冷却至 30 ℃,再加入柠檬酸。

4)将小苏打、食盐和碳酸氢铵一起溶于水。

5)将油(步骤 3)和糖(步骤 2)混合;低速搅拌 10 s;再先后加入蛋液、小苏打混合液(步骤 4),搅拌均匀。

6)筛入低筋小麦粉和奶粉;搅拌 1 min;调制成面团。

7)取出面团;静置 5～10 min 后,将面团压制成 2.5～3.0 mm 厚的面片;用印模压制成形。

8)放入 200 ℃烤炉(箱)烘烤 9 min 左右,可视饼干颜色适度调整。

9)按照曲奇饼干的评分标准进行评价。

5.结果与分析

描述曲奇饼干的外观和口感,附上制作过程照片、成品照片和评分表,统计分析各项评分。

6.曲奇饼干评分标准

1)曲奇饼干感官要求(GB/T 20980—2021《饼干质量通则》):①形态:外形完整,花纹或波纹清晰或无花纹,同一造型大小基本均匀,饼体摊散适度,无连边。特殊加工产品如花色曲奇饼干表面或中间的可食颗粒(如椰蓉、白砂糖、巧克力等)大小应基本均匀。②色泽:表面呈金黄色、棕黄色或品种应有的色泽,色泽基本均匀,花纹与饼体边缘允许有较深的颜色,但不应有过焦、过白的现象。特殊加工产品如花色曲奇饼干允许存在添加可食颗粒的色泽。③滋味与口感:具有曲奇饼干应有的香味,无异味。口感酥松或松软。④组织:断面结构呈细密的多孔状,无较大孔洞。

2)曲奇饼干的参考评分标准:①饼干形态(10 分):要求完整端正、不起泡、不凹底。②饼干正面花纹(10 分):要求花纹明显、清晰。③饼干背板孔隙度(10 分):要求均匀。④饼干断面结构(10 分):孔大、结构均匀为佳。⑤破裂程度(30 分):要求无破裂为佳。⑥口感酥松度或松软度(30 分):要求酥松或松软,口感好。

思考题

1.快速烘焙法、直接发酵法和中种发酵法三种面包烘焙品质鉴定方法之间发酵方式有哪些不同?

2.面包制作过程中,配料中添加白砂糖、盐、黄油、奶粉等成分对面团发酵和面包品质有何影响?

3.面团发酵对其中的营养有何影响?

4.面条的弹性反映小麦粉哪一类成分的质量?将其单列作为一个评价指标的意义是什么?

5.相比于其他发酵食品,馒头的宽高比反映小麦粉哪一类成分的质量?将其单列作为一个评价指标的意义是什么?

6.曲奇品质评价指标中,延展性分值占比较高,请思考其意义是什么?

7.如果烘焙后的曲奇酥松,试分析其原因是什么?

8.蛋糕品质评价指标中,比容和内部结构的分值占比较高,请思考两项指标分值占比较高的意义是什么?

9.如果烘焙后的蛋糕出现了表面开裂的现象,试分析其原因是什么?

参考文献

[1] 卞科，郑学玲. 谷物化学. 北京：科学出版社，2017.

[2] 何雅蔷，鲍庆丹，王凤成. 几种面包发酵方法标准的比较. 粮油食品科技，2010，18(3)：49-50.

[3] 李里特，江正强. 烘烤食品工艺学. 3版. 北京：中国轻工业出版社，2019.

[4] 刘长虹. 馒头生产技术. 3版. 北京：化学工业出版社，2019.

[5] 刘广田，李保云. 小麦品质遗传改良的目标和方法. 北京：中国农业大学出版社,2003.

[6] 马文惠，王晓玲，王凤成，等. 浅析酥性饼干与曲奇饼干的区别. 粮食与食品工业，2012，19(3)：27-30.

[7] 孙辉，姜薇莉，林家永. 小麦粉理化品质指标与食品加工品质的关系研究. 中国粮油学报，2009，24(3):12-16.

[8] 孙辉，吴尚军，姜薇莉. 面包烘焙直接发酵法与中种发酵法对比研究. 粮油食品科技，2008，16(5)：14-16.

[9] 魏益民，张影全，张波. 中华拉面. 北京：中国轻工业出版社，2018.

[10] 吴兴树. 不同发酵法对面包品质的影响. 现代食品，2019(14)：70-72.

[11] 杨铭铎. 面筋形成机理的解析. 中国烹饪研究，1999(1)：17-20.

[12] 张国权，叶楠，张桂英，等. 馒头品质评价体系构建. 中国粮油学报，2011，26(7)：10-16.

[13] 郑学玲. 小麦工业手册(第三卷)：小麦淀粉. 北京：中国轻工业出版社，2021.

[14] 粮油检验　小麦粉面包烘焙品质试验　直接发酵法：GB/T 14611—2008.

[15] 粮油检验　小麦粉面包烘焙品质试验　中种发酵法：GB/T 14612—2008.

[16] 饼干质量通则. GB/T 20980—2021.

[17] 粮油检验　小麦粉蛋糕烘焙品质试验　海绵蛋糕法：GB/T 24303—2009.

[18] 粮油检验　小麦粉面包烘焙品质评价　快速烘焙法：GB/T 35869—2018.

[19] 粮油检验　小麦粉面条加工品质评价：GB/T 35875—2018.

[20] 粮油检验　小麦粉馒头加工品质评价：GB/T 35991—2018.

[21] 酥性饼干用小麦粉：LS/T 3206—1993.

[22] 饼干　曲奇饼干：QB/T 1433.5—2005.

[23] MacRtchie F. Concepts in Cereal Chemistry. Boca Raton：Published by CRC Press，2010.

（孙　辉、吴海彬、洪　宇、张玉峰）

第八章

其他小麦面食品加工制作和评价

随着人们生活水平的不断提高及食品科学的进步，小麦粉不仅可以用来制作成馒头、面条、面包等传统面食品，还可以用来制作汤圆、方便面、全麦面制品和无麸质面制品等，以满足消费者的多样化需求。无论何种小麦面食品，在其加工制作过程中，均巧妙地利用小麦面团的面筋形成原理、淀粉的糊化特性等，加工成的面食品甚至起到了意想不到的作用。

在面食品加工过程中，我们可以根据不同面食品的要求，恰当调节面筋的强度。①完全抑制面筋的形成：如海绵蛋糕面糊的配制，蛋液中筛入低筋粉后，不要过度或者大幅度混拌，以免筋度过强，影响蛋糕品质；如果小面积多次混拌，起泡的面糊会变得坍软而体积缩小，烘焙后的成品变硬。制作饼干面糊时，不加水，使面团无法形成面筋等。②部分抑制面筋的形成：如塔饼需要面团有少许筋力。为了保证塔饼的酥松口感，在和面过程中采用切拌方式，避免揉和。③适当利用面筋的筋力：如在甜甜圈等发酵糕点中适当添加高筋粉或中筋粉，能使发酵时的气体保持在面团中。为了使多层饼呈现分层，制作时，先将低筋小麦粉和高筋小麦粉按照不同比例混合，和出不同筋力的面团，再将不同面团叠加擀压。④合理减弱面筋的筋力：如弹力较强、延展性较差的面团，在制作面食品时，强力擀压效果差。但可以在擀压之前静置一段时间，让面筋结构松弛后再擀压会达到事半功倍的效果。

在蒸煮或烘烤面食品时，我们可以通过控制面粉中淀粉的糊化程度，做成口感不同的糕点。①淀粉最低程度糊化：为了使面食品有松散的口感，在制作面食时尽量将淀粉糊化控制在最低程度，甚至完全抑制。如制作塔饼时，在和面过程中要少加水，且尽量不混拌，简单塑形后进行加热烘焙。②淀粉中等程度糊化：如制作卡仕达奶油馅时，将蛋黄、砂糖和少量的面粉混拌，倒入牛奶适度加热后，使淀粉中等程度糊化，从而形成浓稠度恰到好处的奶油馅。放凉后，奶油馅黏度会增加，呈顺滑状态。③ 淀粉充分糊化：如在制作泡芙饼皮时，在 85 ℃以上的液体中放入低筋小麦粉加热，就会形成具有一定黏性的面糊，再添加鸡蛋后，就能烘焙出中央形成空洞的泡芙饼皮。

此外，在面食品制作过程中，适当使用辅料也会有奇效。在 87 ℃的奶油液中加入面粉，奶油中的油脂可以抑制面筋的产生；加热可以促进淀粉糊化形成黏稠状面团，有利于面团在烘焙时膨胀。和面时加入适量鸡蛋液，制成的面条劲道，弹性增强，不易断条；而加入适量的食盐和食碱，使面条耐煮，面条汤清而不浑，吃时爽口。

（梁荣奇）

第一节　糯麦汤圆加工实验技术

汤圆(Glutinous rice ball,Sweet dumplings),别称“汤团”“浮元子”,是我国著名的传统小吃之一。据说汤圆起源于宋朝的明州(今浙江宁波市)。将猪油、黑芝麻粉、白砂糖揉成团做馅,外面用糯米粉搓成圆形。汤圆煮熟后,口感香甜软糯。如今,在我国南方有些地区,民间有“吃了汤圆大一岁”之说。该地区在冬至和春节都要吃汤圆,表达了人们对幸福生活的期盼和祝福,寓意在新的一年里阖家幸福、团团圆圆。

汤圆和元宵虽都是用糯米粉制作而成,但在制作方法、馅料选择、烹饪习惯和储藏方式上都不相同:①汤圆是“包”出来的,表面光滑黏糯;元宵是“滚”出来的,表皮干燥松软。②汤圆的馅料鲜甜荤素,口味众多且口感偏软,传统汤圆馅料有豆沙、五仁和山楂等;元宵的馅料以单一甜为主,口感偏硬,传统元宵馅料有豆沙和黑芝麻等。③汤圆通常 5 min 就可以煮熟,汤为清汤;元宵则通常需要煮 10 min 以上,汤为浑汤。④汤圆可以冷冻,易保存,全年都可买到速冻汤圆;元宵易开裂,不宜冷冻,难以贮存。在北方地区,一般只有正月十五元宵节才现场制作元宵,当场售卖。

一、实验原理

谷物淀粉(包括直链淀粉和支链淀粉)通常不溶于冷水,但会与水结合。当淀粉颗粒在水中加热到 55 ℃以上时,因持续吸水而体积不断膨胀的淀粉颗粒会随着水温的升高而被破坏,逐渐释放出直链淀粉分子和支链淀粉分子。链状和分支状的淀粉分子相互缠绕牵扯,从而形成具有黏性的糊状液体,这种现象称为“淀粉糊化”。冷却后的淀粉糊因发生凝沉而成凝胶状。

和其他普通面粉一样,糯麦粉中也含有麦谷蛋白、麦醇溶蛋白等面筋蛋白,和成的面团也具有黏弹性和延展性。

糯小麦与糯米粉相似,其中的淀粉几乎全部为支链淀粉,能做成黏性较大的面食品。但它们之间也有很大的不同:①糯米粉中虽含有稻米谷蛋白和醇溶蛋白,但不能形成面筋;而糯麦粉与水结合后可以形成面筋。②糯米粉用热水和面后,依靠其淀粉的糊化产生黏性来形成糯米面团;而糯麦粉、糯米糯麦混合粉用常温水和面,依靠其中的面筋就可以形成面团。③与糯米面团相比,糯麦粉和成的面团延展性好,易于加工制作成形状各异的面食品,蒸煮后也具咀嚼性和弹性。

二、实验目的

1）掌握糯麦汤圆和糯米汤圆的制作方法。

2）比较糯麦粉与糯米粉制作汤圆过程和汤圆评价等方面的差异。

三、材料与仪器

1）材料：糯麦粉、糯米粉、常温水（25 ℃左右）、热水（80～85 ℃）、豆沙馅、黑芝麻馅。

2）仪器和用具：电磁炉、不锈钢锅、汤勺、碗、量筒、和面钵、发酵箱等。

四、实验步骤

1）配粉：分别配制 100％糯米粉、100％糯麦粉、糯麦糯米混合粉（建议按照糯麦粉∶糯米粉＝60∶40 进行配制，或根据实际需要调整配比，混合均匀），各称取 100 g，分别倒入和面钵。

2）和面：向糯麦粉里加入 65 mL 左右（根据面粉吸水率适当调整）常温水，向糯麦糯米混合粉里加入 80 mL 左右常温水；边加边用筷子搅拌；最后，用手在案板上揉成均匀、光滑的面团；再在室温下醒面 30 min。向糯米粉中加入 90 mL 左右热水，边加边用筷子搅拌，待不烫手时将水和糯米粉揉捏成均匀光滑的米面团。

> 注意：不同面粉的吸水率不同，可根据具体情况微调加水量。水一定要一点一点地加，边加边用筷子搅拌均匀，注意观察面絮（或面团）状况，直到盆里剩一薄层干面粉后用手揉匀。

3）包汤圆：将面团分成 10 g 左右的小团子，搓成圆球状（也可在案板上滚动成球状）；将圆球用手掌按压成扁圆片状，包入 5 g 左右馅料后收口，搓成圆球形汤圆成品。

4）煮汤圆：将汤圆成品放入沸水中，用勺子轻轻地搅动，以避免相互粘连或者粘锅；待汤圆浮起到水面，加少量冷水，如此共添加 3 次冷水；最后，等汤圆都浮上水面，用汤勺盛入碗中。

> 注意：汤圆在开水锅里煮 5～7 min，浮在水面即可。煮熟的汤圆外围透亮，用勺子触之黏稠有弹力。

5）评价汤圆：对不同试验材料制作的汤圆的成形性、质地、光泽、硬度、黏弹性、咀嚼性和耐煮性、汤圆汤的浑浊度和气味等进行评价。

五、结果与分析

在实验报告中描述汤圆的外观和口感，附上汤圆照片（煮前和煮后）和评分表，统计分析各项评分，比较 3 种汤圆食用品质的异同。

六、汤圆评分参考标准

1）光泽（10 分）：洁白，晶莹，有光泽。

2）气味（10 分）：香味纯正，无米粉味（未煮熟的生味）。

3）外观（20 分）：汤圆完整，不开裂，不露馅，不塌陷；汤圆皮光滑、厚薄均匀适中，馅料在中心。

4)口感(40 分):软硬适中,有黏弹性,不黏牙,耐咀嚼。

5)耐煮性(20 分):汤比较清澈,不浓稠,无汤圆皮碎片或露出馅料。

(梁荣奇、郑文寅)

第二节　挂面加工实验技术

挂面(Fine dried noodles,Vermicelli)是以小麦粉添加盐、碱、水制作成湿面条,经悬挂干燥后切制成一定长度的干面条。我国挂面历史悠久,元代、明代就已经有挂面问世。过去制作挂面都是手工操作、太阳晒干,而现在多用机械制作、温热风烘干。

挂面属生干面制品,主要品种有普通挂面、花色挂面、手工挂面等。按辅料的不同又分为鸡蛋挂面、西红柿挂面、菠菜挂面、胡萝卜挂面、海带挂面和赖氨酸挂面等。加入适量食盐和食用碱的挂面耐煮,煮后不浑汤,吃时爽口。挂面因口感好、食用方便、价格低、易于贮存等特点,一直是人们喜爱的主要面食之一。

一、实验原理

挂面制作的原理为面筋形成原理和面团的流变学特性、拉伸特性等。

挂面制作的基本过程包括和面、熟化、压片、切条、烘干等工序。其中烘干是挂面制作的最后一道工序,通过烘干,使湿面条中的水分向外迁移并被烘干介质(气流)带走,从而使面条缓慢脱水到符合标准的水分含量,同时形成固定的形态。

我国生产的挂面中常加入一定量的食盐、碱(碳酸钠或碳酸钾)、改良剂和营养强化剂。适量的盐和碱可以提高面筋黏弹性;改良剂和营养强化剂可以改善挂面的品质,提高其营养价值。

二、实验目的

1)了解挂面的制作配方和基本工艺。

2)掌握挂面制作的基本技术和挂面品质评价方法。

三、原料和设备

1)原料:小麦粉、水、食盐、碱和其他辅料。食盐的添加量一般为小麦粉质量的 1%～2%。碱的添加量一般为小麦粉质量的 0.15%～0.20%。盐和碱均需提前溶解。

2)设备:和面机、实验室专用面条机、蒸锅、电磁炉、0.01 g 电子天平、量筒、移液枪(5 mL)、自封袋(12 号)、烘干机。

四、实验步骤

1)称取 300 g 小麦粉(14% 湿基),加入适量(供试小麦粉吸水率的 44%,视小麦粉含水量略加调整)的温水(30 ℃)。

注:做白盐面条时,应将 3～6 g 精盐预先溶于温水中;做黄碱面条时,应将 0.45～0.6 g 食用碱预先溶于温水中。

2)用和面机慢速搅拌 5 min;再用中速搅拌 2 min;和好的坯料应是没有白色干面粉残存且颗粒呈松散状;在室温下,静置 20 min。

注:应有防失水措施,如用保鲜膜包裹;或将面团放入盆中,并加盖盆盖。

3)用实验室专用面条机将和好的坯料在压辊间距 4 mm 处压片、对折、再对折,重复以上动作,直至压成均匀、光滑的面片。接着把压辊轧距调至 3.5 mm;从 3.5 mm 开始,将面片逐渐压薄至 1 mm,共轧片 6 道;最后在 1.0 mm 处压片并切成 2.0 mm 宽的细长面条束。

4)将切出的面条挂在圆木棍上;记录上架根数;放入恒温恒湿箱内(温度 40 ℃,相对湿度 75%),干燥 10 h;到时间之后,打开箱门取出;再在室温下继续干燥 10 h;取下面条束,记录圆木棍上的面条根数,计算断条率(断条率＝断条根数/上架面条根数×100%);将干面条切成长 220 mm 的成品备用。

五、结果与分析

量取 500 mL 自来水放于蒸锅中(直径 20 cm),在 2 000 W 电炉上煮沸;称取 50 g 干面条样品(样品要提前编号)放入锅中,煮至面条芯的白色生粉消失,立即将面条捞出,以流动的自来水冲淋约 10 s,分放在碗中待品尝;并根据表 8-1 的挂面品质感官评分标准进行评分。

根据评分小组的综合评分结果计算平均值。个别品评误差超过平均值 10 分以上的数据应舍弃,舍弃后重新计算平均值。最后以综合评分的平均值作为小麦粉挂面品质评价结果,计算结果取整数。

表 8-1 挂面品质感官评分标准

项目	评分标准	满分
色泽	色泽是指面条的颜色和亮度。面条白、乳白、奶黄色,光亮,得 8.5～10 分;亮度一般,得 6～8.4 分;颜色发暗发灰,亮度差,得 1～6 分	10
外观形状	外观形状是指面条表面光滑与膨胀程度。表面结构细密、光滑,得 8.5～10 分;中等,得 6～8.4 分;表面粗糙、膨胀、变形严重,得 1～6 分	10
适口性(软、硬)	适口性是指用牙咬断一根面条所需力量。软硬适中,得 17～20 分;稍偏硬或软,得 12～17;太硬或太软,得 1～12 分	20
韧性	韧性是指在咀嚼面条时,咬劲和弹性的大小。有咬劲、富有弹性,得 21～25 分;咬劲、弹性一般,得 15～21 分;咬劲差、弹性不足,得 1～15 分	25

续表 8-1

项目	评分标准	满分
黏性	黏性是指在咀嚼过程中，面条粘牙程度。咀嚼时爽口、不粘牙，得 21～25 分；较爽口、稍粘牙，得 15～21 分；不爽口、粘牙，得 10～15 分	25
光滑性	光滑性是指在品尝面条时口感的光滑程度。光滑，得 4.3～5 分；中间程度，得 3～4.3 分；光滑程度差，得 1～3 分	5
食味	食味是指品尝时的味道。具麦清香味，为 4.3～5 分；基本无味，为 3～4.3 分；有异味，为 1～3 分	5

（郑文寅）

第三节　方便面加工实验技术

方便面(Instant noodles)是以小麦粉、水、食盐和食用碱为主要原料，经和面、醒发、压延切条、蒸制和油炸等工序加工而成的一种方便速食面条。凭借其食用方便、烹调简单等优势而受到消费者的喜爱。传统方便面需经过高温油炸，含油量较高(22%左右)，加上油炸过程可能残留的丙烯酰胺，长期食用不利于身体健康。随着消费者对健康要求的提高，生产厂家改进加工工艺，发展非油炸技术等方法来改善方便面的品质。如非油炸方便面是在传统油炸方便面基础上，采用微膨化与热风干燥工艺替代油炸工艺加工而成，既具有传统方便面的特点，脂肪含量又比较低。

方便面中根本无须添加防腐剂。无论是油炸方便面的高温油炸，还是非油炸方便面的热风干燥，都消灭了绝大多数微生物，且其水分含量在 4%～6%，无法满足霉菌的生长。方便面的调料包经过高温灭菌、紫外线杀菌等灭菌措施，密封保存，在保质期内不会变质。

方便面调料包中的脱水蔬菜基本保存了原有蔬菜的营养，但量太少，不能满足人体所需。在食用方便面时，应该注意膳食平衡，多搭配些维生素含量丰富的蔬菜和水果。

一、实验原理

方便面制作的原理同挂面制作原理。

方便面的加工制作过程包括和面、熟化、压片、切条与折花、蒸面、切断与折叠、油炸或热风干燥、冷却与包装等。与制作挂面相比，在方便面制作过程中，经切条的面条不进行烘干，而是马上进行汽蒸、油炸或热风干燥。汽蒸的目的是将已经切条成形的面条在高湿高温下进行蛋白质变性，淀粉高度糊化，面条由生变熟。油炸或热风干燥的目的是通过迅速脱水干燥以获得易保存、易复水食用的方便面食品特性。

由于加工工艺的需要，方便面制作时常添加能改善面团性能的添加剂，如磷酸盐、乳化剂、增稠剂和防止油脂氧化变质的抗氧化剂等。磷酸盐主要是提高面条的复水性，并使复水后的面条具有良好的咀嚼感。乳化剂可有效地延缓面条的老化。增稠剂可改善面条的口感，降低面条的吸油量。

二、实验目的

1）了解方便面的制作配方和加工工艺。

2）掌握方便面制作的基本技术和品质评价方法。

三、原料和设备

1）原料：小麦粉、水、盐、碱（添加量与挂面相似）、棕榈油、添加剂（如磷酸盐）、乳化剂（如大豆磷脂）、增稠剂（如瓜尔胶、抗性淀粉等）、抗氧化剂（如丁基羟基茴香醚 BHA、二丁基羟基甲苯 BHT 等）。

注：添加剂、乳化剂、增稠剂、抗氧化剂等的添加量应在国家规定的安全使用范围内。

2）设备：磨粉机、针式搅拌机、实验室专用面条机、蒸锅、油锅、电磁炉、0.01 g 电子天平、量筒、移液器（5 mL）、自封袋（12 号）。

四、实验步骤

1）和面、熟化和压片制作过程同挂面。

2）切条与折花，切面时的面片厚度为 0.7 mm，50～60 g 为一份样品。

3）100 ℃，常压蒸面 2～3 min。

4）取出面条，冷却后用手拨散形成面饼。如切条步骤是利用波纹机切条，此步骤仅需冷却即可。

5）110～120 ℃棕榈油油炸 2 min；140～150 ℃棕榈油再炸 1 min。

6）用吸水纸包裹面饼，自然冷却至室温。

7）用塑料袋密封，在干燥处室温放置 7 d 后供品质鉴定分析。

五、结果与分析

对样品进行编号。用量杯量取约面饼质量 5 倍（保证加水量完全浸没面饼）以上体积的沸水（纯净水）注入评价容器中，加盖盖严（对于泡面面饼）；或者用量杯量取质量约面饼质量 5 倍（保证加水量完全浸没面饼）以上的纯净水，注入锅中；加热煮沸后，将待评价面饼放入锅中进行煮制（对于煮面的面饼）；用秒表开始计时，达到该种方便面标识的冲泡或煮制时间后（如泡面一般 4 min），取出适量的面条；由评价员参照 GB/T 25005—2010 的评分细则（表 8-2）评分。主要通过口腔触觉和味觉感官评价方便面的复水性、光滑性、软硬度、韧性、耐泡性等。

单项得分的计算：对经过删除异常值后的方便面面饼各感官特性的评价结果，按公式（8-1）计算感官特性单项平均得分，精确到小数点后一位。

$$\overline{X}_i = \frac{\sum_{i=1}^{n} X_i}{n} \tag{8-1}$$

式中：$\overline{X}_i$ 为某单项平均得分；$\sum_{i=1}^{n} X_i$ 为某单项得分加和；n 为处理后的参加评价人数。

综合评价结果的计算：根据上面得出的各单项评分结果，按公式(8-2)，依照单项结果的加权平均得出综合评价结果。在此，各项评价项目权重均为1。

$$Y = \sum_{i=1}^{n} \overline{X}_i \tag{8-2}$$

式中：Y 为综合评价得分；n 为感官指标的个数；$\overline{X}_i$ 为某单项平均得分。

表 8-2 方便面品质感官评分标准

感官特性	评价标度		
	低（1～3分）	中（4～6分）	高（7～9分）
色泽	有焦、生现象，亮度差	颜色不均匀，亮度一般	颜色标准、均匀、光亮
表观状态	起泡分层严重	有起泡或分层	表面结构细密、光滑
复水性	复水差	复水一般	复水好
光滑性	很不光滑	不光滑	适度光滑
软硬度	太软或太硬	较软或较硬	软硬适中，无硬心
韧性	咬劲差、弹性不足	咬劲和弹性一般	咬劲合适，弹性适中
黏性	不爽口、发黏或夹生	较爽口、稍粘牙或稍夹生	咀嚼爽口、不粘牙、无夹生
耐泡性	不耐泡	耐泡性较差	耐泡性适中

注：评价结果保留到小数点后两位。

（郑文寅）

第四节 全麦粉面制品加工实验技术

全麦粉是指小麦清理后，加工成具有全部籽粒营养的面粉，其出粉率在95%左右，含纤维素、维生素多，但口感不太好。按加工工艺，全麦粉可分为全谷物籽粒粉碎制粉和按照小麦籽粒麸皮、胚芽及胚乳占比进行复配制粉。

全麦粉中的粗纤维含量高，有益于人体健康，对糖尿病人也很有好处。全麦粉通常用于制作全麦面条和全麦面包。随着人们健康意识的增强，全麦粉面制品越来越受欢迎。

一、实验原理

在我国全麦粉标准(LS/T 3244—2015)中，将全麦粉定义为“以整粒小麦为原料，经制粉工艺制成的，且小麦胚乳、胚芽与麸皮的相对比例与天然颖果基本一致的小麦全粉”。可见，相对于普通面粉，由于全麦粉具有成分天然性和营养全面性等优点，其面食制品受到越来越多渴望健康、低热量食品消费者的关注。

本实验采用直接粉碎法制备全麦粉（粉碎粒度为 120 目），并按 100%、50%、0 的比例混合到普通面粉，做成不同的面食品（面包和面条等），了解全麦面包和全麦面条等全麦面制品的品质特点。

二、实验目的

1）了解全麦粉面制品的制作配方和基本工艺。

2）掌握全麦粉面制品制作的基本技术和品质评价方法。

三、原料与设备

1）原料：强筋小麦粉、中筋小麦粉、纯净水、盐、起酥油、酵母、奶粉等。

2）设备：锤式磨粉机、针式搅拌机、实验室专用面条机、面包成形机、蒸锅、烤箱、电磁炉、0.01 g 电子天平、量筒、移液器（5 mL）、自封袋（12 号）等。

四、方法与步骤

1）将小麦籽粒在锤式磨粉机中磨成全麦粉，过 120 目筛。

2）取过筛全麦粉与普通面粉（对应强筋粉或中筋粉）按不同比例进行配粉，装入自封袋中，混合均匀。

3）面包制作和面条制作均参照第七章。

五、结果与分析

分别从面包外观、表面色泽、面包芯色泽、纹理结构、口感和香味等方面对全麦粉面包进行感官评价，比较全麦粉面包与普通面包品质间、全麦粉面条与普通面条品质间的差异。

（郑文寅）

第五节　特色小麦面食品加工制作技术

我国的面食文化博大精深，每个地区都有独特的传统面食。再加上许多外来面食品的加入，推陈出新的新式面食品，使小麦面食品大家庭日益壮大。

一、弱筋粉制作的特色面食品

1. 布朗尼蛋糕

1)配方:鸡蛋 2 个、牛奶 25 g、低筋粉 70 g、黄油 70 g、可可粉 15 g、小苏打 3 g、巧克力(77.7% 可可含量)120 g、坚果若干、白砂糖适量。

2)制作过程

(1)将巧克力、牛奶、黄油加入不锈钢碗搅拌均匀,在锅中隔水加热,直至完全融化。

(2)待上述混合糊温度低于 70 ℃时,将鸡蛋液加入上述混合体中,边加边切拌。

(3)筛入低筋粉,加入可可粉、糖和坚果,切拌均匀。

(4)当温度降低至 35 ℃左右时,加入小苏打,切拌均匀。

(5)取两个小吐司盒,将混合好的面糊倒入吐司盒至半满。

(6)提前将烤炉(箱)预热至 180 ℃,烤制 25 min。

3)制作要点

(1)前期材料混合时对温度的控制。温度高于 70 ℃会导致鸡蛋在加入时凝固;温度高于 35 ℃会使小苏打提前分解,导致蛋糕不膨发;温度过低会使黄油以及巧克力凝固,混合糊凝固致使其流动性下降,不利于搅拌均匀。

(2)巧克力的纯度和糖的添加量的调整。如果巧克力纯度高,糖就少一些;反之亦然。可以通过品尝最终混合物的甜度来确认是否继续添加白砂糖。

(贯钊恺)

2. 布朗尼曲奇

1)配方:黄油 30 g、黑巧克力粉(50%~60%)120 g、鸡蛋 1 个、红糖 50 g、食盐 0.5 g、速溶咖啡粉 1.2 g、弱筋粉 40 g、泡打粉 2 g、坚果碎 15 g、巧克力碎 30 g、香草精 1/2 小勺。

2)制作过程

(1)将黑巧克力粉在不锈钢碗中隔水融化。

(2)融化巧克力的同时,在另一个碗里打 1 个鸡蛋,加入 50 g 红糖、0.5 g 食盐和 1.2 g 速溶咖啡粉,拌匀;待巧克力融化后,倒入鸡蛋液拌匀。

(3)将 40 g 弱筋粉和 2 g 泡打粉筛入面糊中,倒入切好的坚果碎、30 g 巧克力碎和 1/2 小勺香草精拌匀。

(4)面糊盖上布,放置 15 min;等到面糊水分减少,变得更黏稠。

(5)用勺子舀出大约 35 g 的面糊,放在烤盘上。适当压平面糊的表面,注意不要压得很薄。这些面糊大约倒 9 次。

(6)放入预热的 180 ℃烤炉(箱)烤 10~11 min;从烤箱取出,等到饼干自然冷却。

3)制作要点:如果黑巧克力粉中黑巧克力含量高,味道发苦;黑巧克力含量低,则黑巧克力粉太甜,导致布朗尼曲奇也会过甜。

(王 奥)

3.杯蛋糕

1)配方：鸡蛋 6 个、弱筋粉 100 g、绵白糖 100 g。

2)制作过程

(1)将鸡蛋液和绵白糖放入打蛋机搅拌缸中，以 60 r/min 搅打 1 min，充分混匀；再以 200 r/min 搅打 19 min。

(2)将面粉均匀筛入打发好的蛋液中，并用硅胶铲轻轻翻拌均匀，直到面糊中没有明显的面粉颗粒即可，时间为 2～5 min。

(3)将蛋糕糊装进裱花袋(剪直径 5～10 mm 出口)，使蛋糕糊流入纸杯(约 2/3 高度)。

(4)提前将烤炉(箱)预热至 180 ℃，烤制 25 min。

3)制作要点

(1)在蛋液打发开始的几分钟可以明显看到蛋液由黄色变为浅黄色。最后打发至 20 min 时，可以看到打发器上能连出一个小尖尖。

(2)面粉和蛋液混合时，搅拌方式是从侧面铲，然后往中间翻拌。不能一直顺时针或逆时针转圈搅拌，否则会消掉气泡，做出的小蛋糕就不蓬松了。

(张嘉睿)

4.黄油饼干

1)配方

(1)黄油高费版：低筋粉 100 g、黄油 70 g、白砂糖 60 g、食用盐 1 g、鸡蛋 1 个。

(2)黄油低费版：低筋粉 140 g、黄油 50 g、奶粉 25 g、食用盐 1 g、鸡蛋 2 个。

2)制作过程

(1)隔水融化黄油；分批加入糖、盐、鸡蛋等辅料；最后，分若干次加入面粉。每加入一种辅料时，要保证将饼干糊搅拌均匀。由于各种面粉理化性质不一，加入面粉至可以和成超柔软面团为止。将饼干糊和成光滑面团。

(2)取一部分面团擀成不超过 3 mm 厚的薄面片，将饼干模具扣在薄面片上。

(3)提前将烤炉(箱)预热至 190 ℃，烤制 10～12 min，取出晾凉。

3)制作要点：面团和好后可以放在冰箱中冷藏 5～10 min，后面会更好操作。

(张雨琪)

5.玛格丽特饼干

1)配方：熟蛋黄 1 个、低筋粉 45 g、玉米淀粉 45 g、奶粉 5 g、糖 20 g、橄榄油 45 g、盐 0.5 g。

2)制作过程

(1)将低筋粉、玉米淀粉、奶粉倒入打蛋机搅拌缸，混合均匀成粉料。

(2)熟蛋黄碾碎，过筛，依次加入油、糖、盐，混合均匀成物料。

(3)将物料分次加入粉料，每次加入物料，都需要打发均匀。

(3)将打发好的面糊压拌均匀，此时面团无须整个成团，确保拿起一小团可以揉光不散即可。

(4)放入冰箱冷藏 45 min；此时可以提前预热烤箱。

(5)取出一小块面团揉圆,用拇指按下中间,边缘自然开裂。

(6)提前将烤炉(箱)预热至 190 ℃,烤 10 min,取出晾凉。

3)制作要点:可以适当减油减糖;物料加入要少量多次;熟蛋黄一定要过筛,否则面团里蛋黄无法分布均匀;饼干面团小一些,压出的形状会更自然;可以在饼干凹陷处放杏仁等干果;淀粉是饼干有自然边缘的关键。

(张雨琪)

6.原味曲奇饼干

1)配方:弱筋粉 100 g、黄油 50 g、奶油 50 g、细砂糖 30 g、奶粉 20 g、鸡蛋 2 个、食盐 1 g。

2)制作过程

(1)将黄油切成小丁,隔水加热直至软化;加入奶油、细砂糖、食盐,用电动打蛋器打发至颜色变浅发白。

(2)分两次先后加入蛋液,每次都完全打发;筛入弱筋粉和奶粉,用铲刀切拌,直至均匀无干粉。

(3)将饼干面糊装入裱花袋(提前放入裱花嘴;饼干面糊装入裱花袋后,剪直径 5～10 mm 出口),均匀整齐地挤在烤盘上。

(4)提前将烤炉(箱)预热至 180 ℃,烘焙 15～20 min。

3)制作要点

(1)黄油打发约需 4 min;混匀面糊时,不要过度翻拌;加入蛋黄液后,每一次都要搅拌均匀,避免蛋油分离。

(2)一次性裱花袋强度偏低,防止挤破;饼干胚之间要留有足够空隙;烤制时间不宜过长,避免上色过深。

(吴子彦)

7.巧克力派

1)配方

(1)派皮:低筋粉 120 g、黄油 30 g、细砂糖 8 g、鸡蛋 1 个。

(2)芝士夹层:奶油芝士 100 g、糖 4 g、牛奶适量。

(3)巧克力馅:巧克力 50 g、吉利丁粉 4 g、糖 4 g、牛奶适量。

2)制作过程

(1)将黄油切小块,隔热融化;加入砂糖;打入鸡蛋;搅拌成均匀的液体;向混合液体中分多次加入面粉,每次加入后都要搅拌至面粉融化,直到形成一个面团;反复揉搓面团,看情况再适量加入面粉,使面团呈微白色,略微有韧性为止;将面团放入模具塑形,用叉子在底部插满小洞,以防在烘焙时底部鼓起;提前将烤箱预热至 180 ℃,烤制 30 min。

(2)奶油芝士隔热融化;加入糖和牛奶,根据口味决定芝士黏稠程度;将调制好的夹层倒入烤好的派皮中;再次放入烤炉(箱),180 ℃烤制 15 min。

(3)巧克力隔热融化;加入牛奶和吉利丁粉,搅拌至形成顺滑的液体,趁热倒入派皮中;将所有气泡用牙签挑破,放置微凉后冷藏 20 min。

3)制作要点：所有配料都可以“适量”调整。如果喜欢硬一点的派皮就多加点面粉；喜欢甜一点的口味就多加点糖；如果希望做出流心口感的，就在奶油层的配料里增大牛奶的比例，并减少烤制的时间。

（吴季远）

二、中筋粉制作的特色面食品

1.蛋黄酥

1)配方：中筋粉、黄油、白砂糖、低筋粉、豆沙、咸蛋黄、全蛋液、黑芝麻。

2)制作过程

(1)制作水油皮面团：在碗中隔水加热融化黄油(48 g)，先后加入水(48 mL)、白砂糖(12 g)，并搅匀；筛入中筋粉(144 g)(中筋粉∶黄油∶水∶糖＝12∶4∶4∶1)，搅拌成均匀的面团；静置醒发 30 min。

(2)制作油酥面团：在碗中隔水加热融化黄油(480 g)，融化后筛入低筋粉(800 g)(低筋粉∶黄油＝5∶3)，切拌成均匀面团。

(3)制作内馅：准备蛋黄；豆沙分成与蛋黄等大的团子(约 10 g)，用豆沙包裹蛋黄。

(4)制作蛋黄酥皮：将水油皮面团分成 20 g 的团子；油酥面团分成 8～9 g 的团子；将水油皮包裹油皮；用擀面杖擀成舌状长条，将长条 3 折或 4 折后再用擀面杖擀成舌状长条；重复 3 次。

(5)制作蛋黄酥：用蛋黄酥皮包裹内馅，揉捏成扁球状；将蛋黄酥胚放入烤盘(可垫上铝箔纸)；在蛋黄酥胚表面刷上全蛋液；待第一遍刷的蛋液干后再刷一次，顶部撒黑芝麻。

(6)烤制蛋黄酥：提前将烤炉(箱)预热至 190 ℃后，烤制 20 min。

3)制作要点

(1)根据蛋黄的大小调节水油皮大小、油酥和豆沙的用量。

(2)如果觉得蛋黄有腥味，可以在蛋黄上刷玉米油，提前在烤炉中烤制 30 s 至 1 min。

（张雨琪）

2.牛肉火烧

1)配方：中筋粉 500 g、鸡蛋 2 个、牛肉馅 500 g、胡萝卜 100 g、洋葱 100 g、白砂糖 10 g、色拉油 10 g、芝麻油适量、生姜适量、清水适量、食盐少许。

2)制作过程

(1)和面：将中筋粉放入盆中，加入食盐(2 g 左右)和色拉油(10 g)，混匀后滴加清水，边滴加边搅拌，得到面絮；在案板上揉成光滑的面团，醒发 30 min。

(2)调馅：将肉馅、胡萝卜短丝、洋葱末、姜末、食盐、白糖和蛋液加入盆中，用筷子顺时针方向旋转搅打，直至上劲、均匀；最后淋上少许芝麻油。

(3)包馅：将面团切成大小适中的剂子，擀压成饼状，包入馅料；收口后用手按压成饼状。注意不要露馅。

(4)烤制:将火烧摆放到烤盘上,放入提前预热的烤箱,180 ℃烤制 20 min。

3)制作要点

(1)中筋粉 500 g 约需清水 250 mL,可酌情调整。面团要和得稍微硬点。

(2)牛肉馅不要全是瘦肉,带一点肥肉会比较香。

(张东雪)

3.河南烩面

1)配方:中强筋粉、海带丝、木耳、黄花菜、豆腐皮、香菜、羊肉、羊腿骨、姜片、葱段、枸杞、香料包(八角、花椒、桂皮、草果、香叶)、调味料(盐、白胡椒等)。

2)制作过程

(1)熬汤:在锅中加入冷水,放入清洗干净的羊肉、羊腿骨;大火烧开,撇去浮沫;捞出后用热水清洗干净;重新起锅,锅中加入冷水;待水沸腾后放入羊肉、羊腿骨、香料包、葱段、姜片、枸杞,盖上锅盖;沸腾后,大火开盖炖 3 h 左右,0.5 h 后把葱捞出;为防止锅烧干,中途可以加适量的沸水;肉可提前捞出,口感会更嫩。3 h 后捞出羊腿骨,盛出羊汤。

(2)扯面:在面粉中加入少量的盐并混匀;一边和面一边缓慢加入温水,揉成稍硬的面团后,盖上保鲜膜;在此期间,每隔半个小时揉 1 次,重复 3 次左右,揉至面团光滑即可;将揉好的面分成小面剂子,并刷上油;将面剂子擀成牛舌状,在中间用筷子压一下,便于撕开,即成烩面胚;盖上保鲜膜醒发,大约 20 min 后即可进行抻面;在抻面过程中,用双手捏住面胚两端,一拉一扯一抖,再把面条从中间一撕为二。

(3)煮面:将面条下入羊肉汤中,并加入提前煮好的木耳、黄花菜、豆腐皮等配菜。待面条煮熟后即可捞出食用。

3)制作要点

(1)在煮羊汤的过程中,不要放入任何调味料。羊汤盛出后再根据个人口味放入食盐、白胡椒等调味料。

(2)在做好烩面胚后,一定要盖上保鲜膜醒发,这样才能将面胚轻松抻长。

(吴子彦)

4.疙瘩汤

1)配方:中筋粉 100 g、鸡蛋 2 个、西红柿(或其他蔬菜)适量、清水(或排骨汤、鱼汤、骨头汤等)、食盐少许。

2)制作过程

(1)向中筋粉里滴加纯净水,边滴加边搅拌,得到面疙瘩;继续滴加,直到面粉全部变成面疙瘩。

(2)热锅下油,下葱花中火炒香;然后加入番茄等菜,继续中火炒蔫出水。

(3)加入适量的清水(或骨汤等),大火煮沸;撒入面疙瘩,边撒边快速搅拌;搅拌均匀后,加入蛋液搅成蛋花;大火转小火煮 3～4 min。出锅前食盐调味。

3)制作要点

(1)疙瘩汤好不好吃在于疙瘩。好吃的疙瘩汤绵稠不粉,疙瘩劲道弹牙。若是喜欢吃小一点的疙瘩,加水时动作要慢、水滴要小,还可以用手揉搓以得到更小的疙瘩。

(2)用小孔漏勺筛掉剩余的面粉,可使汤清不糊。

(徐志波)

5.宜宾燃面

1)配方:中筋粉 100 g、配菜(葱、香菜、辣椒等)、炒熟的猪肉末、花生碎、碎米芽菜、调味品(酱油、醋、香油等)。

2)制作过程

(1)手擀面条的制作:采用手工和面、手工压片和切面条的方法。煮熟后沥干水分。

(2)将沥干水分的面条装入浅盘中,用 3～4 勺熟的食用油、适量酱油、醋、香油等拌匀;然后将炒熟的猪肉末、葱、蒜、香菜、花生碎、碎米芽菜等调料撒到面条表面;吃时再拌入面里。

3)制作要点

在沥水时要防止面条粘连。

(戴济宏)

三、高筋粉制作的特色面食品

1.比萨饼

1)配方:高筋粉 300 g、水 165 mL、鸡蛋 1 个、黄油 25 g、酵母 2 g、比萨酱 50 g、火腿肠切丁 100 g、芝士(马苏里拉奶酪)100 g。

2)制作过程

(1)将面粉、黄油、鸡蛋和酵母放入碗中,边加水边用筷子搅匀,和成面团。

(2)将面团放入发酵箱(温度 35 ℃,相对湿度 85%)中醒发 1 h。

(3)将面团取出,用擀面杖擀平,揉面排气,再次放入发酵箱中醒发 40 min。

(4)将面团拍成比萨饼形,在圆形烤盘塑型后再放入发酵箱中醒发 30 min。

(5)将比萨饼放入烤炉(箱)(190 ℃)烤 5 min,定型。

(6)将比萨饼刷上比萨酱,放上火腿肠切丁和芝士等辅料。

(7)将比萨饼放入烤炉(箱)(190 ℃)烤 20 min,取出。

3)制作要点:和面时不要放太多酵母。芝士不要加太多。

(胡羽飏、付 琪)

2.法棍

1)配方:高筋粉 300 g、酵母 1.5 g、水 234 mL、盐 2 g、干果若干。

2)制作过程

(1)依次称取高筋粉、即发干酵母和食盐,倒入和面钵;向面粉中加入 234 mL 左右温水(可根据面粉的吸水率适当调整),边加边用筷子搅拌成絮状,最后和成一光滑的面团。

(2)面团静置 30 min 后,沿边缘折叠,可以边折边撒干粉;发酵箱(温度 35 ℃,相对湿度 85%)发酵 1 h;折叠翻面;再放入发酵箱发酵 1 h;轻盈翻面;第三次放入发酵箱发酵 1 h 后,切割、整形；最后再在发酵箱中醒发 40 min；切口，撒干粉；烤炉(箱)烤制 30 min 至上色。

3)制作要点：法棍表皮酥脆，内芯是小麦的醇香。最好吃的是外皮和靠近两端的部分。法棍有蓬松的气孔、焦黄的外壳，虽然一口咬下去有些扎嘴，但是那种咸香不亚于锅巴。制作时不要捏破气泡。

(万瑾怡)

3. 凉拌面皮

1)配方：高筋粉 100 g、黄瓜条、香醋、生抽酱油、花生碎、蒜蓉(或辣酱)、食盐少许。

2)制作过程

(1)面面"聚"到(和面)：准备 200 g 高筋粉，100 g 的凉开水(凉开水用量为面粉量的 50%～60%)，用筷子将面粉搅拌成面絮状，然后用手揉面，和成光滑的面团即可。

(2)洗心"割"面(洗面)：将和好的光滑面团放在一个大盆中，倒入没过一半面团的清水，然后用手开始洗面团。从四周往中间揉捏有利于面筋的形成，防止面团散开。洗面筋过程中，不断换掉洗出来的乳白色的水。

(3)"静"面 反射(沉淀)：多次换水用力清洗，直至洗出来的水清澈见底；将洗出来的面筋放在一边，洗过面筋的水存放在一起进行沉淀操作。

(4)"蒸拿山"修炼(蒸熟面筋)：将洗好的面筋放到蒸屉上，冒汽后蒸 15 min。蒸好后的面筋(蓬松多孔)，切块备用。

(5)"沉淀谷"修炼(制作面皮)：收集洗面筋水底部的沉淀糊，舀两勺沉淀糊倒入蒸盘(事先底部涂油)，摇晃均匀，在蒸锅中蒸 3 min，拿出后迅速加入凉开水，降温后立即倒出水，用手即可将面皮揭出。面皮脱模放入瓷盘，每一层涂油。将面皮层叠，切条备用。

(6)闪亮登场(凉拌)：将面筋、面皮放入大瓷碗，加入黄瓜条、香醋、生抽酱油、花生碎、蒜蓉(或辣酱)和食盐，搅拌均匀。

3)制作要点

(1)蒸面皮的时间不能太短，一定要控制在 3 min 以上，面皮起大泡且面糊不流淌。

(2)面皮间一定要涂抹不带味道的玉米油，防止其粘连。

(杨颖妍、马梓耀)

四、糯麦粉制作的特色面食品

1. 黏豆包、炸糕、驴打滚儿

1)配方：糯麦粉 80 g、糯米粉 120 g、水、豆沙馅。

2)制作过程

(1)将糯麦粉、糯米粉混合均匀；加水搅拌成面絮；然后在面板上按一个方向揉搓，和成一个光滑的面团，室温醒发 30 min。

(2)将提前准备好的豆沙馅团成大小适中的豆沙馅球。

(3)将面团搓成长条，揪成面剂子(每个剂子约 20 g)；用擀面杖将面剂子擀成手掌大小的饼皮，包入适量豆沙馅球。

(4)将包好的黏豆包放在装有油纸的盘子里，然后放入蒸锅中；冒汽开始计时，25 min 后出锅。可蘸白糖吃，吃起来香、甜、黏。

(5)将蒸熟的黏豆包滚上炒熟的黄豆面，就成了"驴打滚儿"。

(6)将蒸熟的黏豆包拍成小圆饼，用油煎，就成了"炸糕"。

3)制作要点：封口时不要露馅。放入蒸盘时黏豆包之间要适当留缝隙。

（杨颖妍、马梓耀）

2. 猪儿粑

1)配方：糯麦粉(中筋)60 g、糯米粉 140 g、水、炒熟的猪肉末、碎米芽菜、良姜叶。

2)制作过程

(1)将糯麦粉、糯米粉混合均匀；边加水边搅拌成面絮；然后和成一个光滑的面团，室温醒发 30 min。

(2)取下小块面团揉圆；拍扁；填入炒熟的猪肉末和碎米芽菜馅料；封口；再揉圆。这些操作与制作汤圆很接近，只不过个头稍微大一些。

(3)做好的成品放在良姜叶上；上蒸笼蒸 15 min 左右即可。蒸制的时候可以闻到良姜叶特有的清香。

3)制作要点

(1)包馅封口时，不要露出馅。

(2)良姜叶片间可以适当留缝隙。

（戴济宏）

五、小麦淀粉制作的特色面食品

1. 水晶蒸饺

1)配方：小麦淀粉 300 g、开水适量、鸡蛋 2 个、花生油 25 g、番茄 250 g、小葱末、蚝油 1 勺、鸡精少许、食盐少许。

2)制作过程

(1)平底锅加热后，先后倒入花生油和鸡蛋液，不断翻炒，直至得到鸡蛋碎。将番茄底部划"十"字，开水冲烫，剥掉皮，切成小丁。

(2)将鸡蛋碎、番茄丁、食盐 2 g、蚝油 1 勺、葱末、鸡精先后放入盆中，用筷子搅匀。

(3)小麦淀粉开水烫面，和成光滑的面团。将面团分成大小均匀的面剂子，将剂子揉圆，拍扁，擀压成圆片，填入馅料，包成水饺。

(4)做好的成品放在蒸屉上，上蒸笼蒸 10 min 左右即可。

3)制作要点：若对麸质不过敏，和面时可掺加 20%左右普通小麦粉。蒸饺之间要适当留缝隙。

（吴子彦）

2. 凉拌水晶冻

1)配方：白砂糖 20 g、小麦淀粉 50 g、清水 250 mL、熟花生末、芝麻酱、黄瓜条、食盐少许。

2)制作过程

(1)将 20 g 白糖和 50 g 小麦淀粉加入 250 mL 清水，搅拌均匀。在汤锅煮沸后，倒入不锈钢盆，晾凉成胶状。

(2)将胶状水晶冻脱盆，在案板上切成手指粗细的长条。

(3)将水晶冻长条、黄瓜条、熟花生末、芝麻酱、食盐在盘中搅拌均匀即可。

3)制作要点：白砂糖据个人口味酌情添加。淀粉和水的比例影响水晶冻的瓷实程度。

（许莞儿）

思考题

1. 糯麦粉制作的汤圆有哪些特色？能否替代传统糯米粉制作的汤圆？

2. 影响挂面和方便面加工品质的主要因素是什么？

参考文献

[1] 卞科，郑学玲. 谷物化学. 北京：科学出版社，2017.

[2] 何林阳，杨杨，陈凤莲，等. 无麸质面包品质改良研究进展. 食品工业科技，2021，42(17)：439-447.

[3] 乐园，李伟，程超，等. 无麸质制品的开发与研究进展. 湖北民族大学学报：自然科学版，2021，39(3)：266-271，298.

[4] 李永平，冯哲，于丽微，等. 全麦面包的制作及其品质研究. 食粮加工，2014，39(3)：69-71.

[5] 刘勇强. 方便面的是是非非. 农产品加工，2013(5)：32-33.

[6] 陆启玉. 挂面生产设备与工艺. 北京：化学工业出版社，2007.

[7] 潘国强，王爽秋，张勋. 速煮面加工实用技术. 郑州：河南大学出版社，2018.

[8] 赵新，王步军. 小麦蛋白质和淀粉性状与面包品质关系研究进展. 中国农学通报，2008,24(12)：124-127.

[9] 汪丽萍，刘艳香，田晓红，等. 全麦馒头制作工艺研究. 粮油食品科技，2013，21(5)：12-15，22.

[10] 王立，曹新蕾，钱海峰，等. 方便面研究现状及发展趋势. 食品与发酵工业，2016，42(1)：252-259.

第九章

小麦面食文化和艺术

衣、食、住、行作为人类最基本的生活需求和社会活动，自人类诞生起就如影随形。其中的“食”在著名社会心理学家亚伯拉罕·马斯洛创立的需求层次理论中，又被归为维持自身生存的最基本需要，是不可或缺、潜力最大的生理需求之一。我国自古就有“民以食为天”的说法，可见“食”在人类生活中扮演角色之重要。

在人类文明史中，食物也伴随着人类社会的发展和进步被赋予了更多的含义。食物已不仅仅具有最初的充饥饱腹功用，而是逐渐被赋予了更多的社会、文化、宗教和地域等属性。所谓文明，它的表现就是礼。《礼记·礼运》说“夫礼之初，始诸饮食”。我们所遵循的一些行为规范，很多都跟饮食有关。所以，从一定程度上讲，文明的形成与饮食之礼有关。一个地区的饮食传统主要受当地饮食礼仪、风俗和观念以及当地作物品种、食品加工技术和烹饪方式等因素的影响。上述各种因素相互交织，逐渐形成了今天丰富多彩的饮食文化。

华夏文明五千年，从“诗”“书”“礼”“易”“乐”“春秋”开始，延续至今，已经成为世界上最古老的文明之一。同时也孕育了博大精深、异彩纷呈、独具特色的中华饮食文化。

中华饮食文化起源较早，传承也较为系统。其中久负盛名的素食文化、茶文化、酒文化和面食文化等源远流长。中华饮食文化是中华各族人民在长期的生产和生活实践中，在食源开发、食具研制、食品调理、营养保健和饮食审美等方面创造、积累并影响周边世界的物质财富及精神财富，是东方饮食文化圈的轴心。中华饮食文化还间接影响到欧洲、美洲、非洲和大洋洲等的饮食文化。

面食是能够广泛深刻地体现民俗、表现民间心理意愿的一种饮食文化。千百年来，人们把自己的祈盼通过面食给予淋漓尽致的表达。面食的一大优点就是可以依照自己的意愿，随心所欲地塑造出寄托各自心愿的象征体，因而在民间备受青睐。

第一节　中华面食文化历史概况

面食文化作为中华饮食文化的重要组成部分，同样具有饮食文化本身丰富的属性和深厚的内涵。这里的面食是指以小麦粉为主要原料制作而成的食物。常见的面食有包子、馒头、花卷、饺子、面条、馄饨、油条、发糕、月饼、麻花、馕饼、锅盔、酥饼、烧饼、馓子、面包、糕点、饼干等。从一定程度上来说,正是由于面粉的出现赋予了我们丰富多彩的面食品种,进而形成了光辉灿烂的中华面食文化。

上古时期就有"炎鞭百草,稷教稼穑"的传说,出现了华夏第一饼——尧王饼。后来有"煮饼""汤饼""冷淘"等,由此而传,形成了博大精深的中华面食文化。山西是中国面食的发源地和传播中心。

中华面食文化包含两方面的内容:一是面食的制作工艺和技术;二是消费的方式和方法。前者与其说是技术,不如说是艺术,是技术和艺术的完美结合,是文化艺术的生动表现。后者为消费(食用)方式和方法,直接反映了人类不同历史时期、不同地区、不同民族的不同风俗习惯,以及不同经济层次的人们对面食的不同消费需求。中华面食文化随着我国社会生产力的发展和人们生活水平的提高而不断变化和发展。

小麦粉作为面食品的主要原料,很大程度上决定了面制品的好坏。比如包子皮的光滑、洁白、富有弹性;饼类食品的酥脆、色泽;油炸食品的暄软、蓬松;面条、水饺、馄饨等面食品的耐煮、耐泡等性能。另外,我国北方消费者在制作发酵的馒头、包子等面食品时,还要求面食品本身要有适当的咬劲;南方消费者则要求这些面食品入口绵软。

不同地域、不同饮食习惯、不同消费群体对面食品有着截然不同的产品需求。这就要求面粉生产企业要根据产品及其市场需求的不同开发出各种小麦专用粉,以满足不同地域、不同人群的食品对面粉粉质特性的要求。同时,作为面食品生产企业,只有掌握面粉的特性,才能做出更多、更好的面食品。

我国面食从成熟技法来看,主要有蒸、煮、焙、烤、煎、炸、烙等形式;从发酵的角度来看,分为发酵面食和非发酵面食,其中发酵面食又可以分为全发酵面食和半发酵面食;从食材用料的角度来看,分为小麦制品和杂粮制品;从冷藏冷冻的角度来看,分为常温面制品和冷冻面制品等。同时,随着社会的发展和进步,面食品的加工制作也呈现出复杂化和融合性的趋势,产品的分类界限也越来越不明显。

仔细探究我国的面食品种,会发现很多产品除具备食物的基本属性以外,在诞生之初及此后漫长的岁月长河中,往往被民众赋予了更多的精神寄托、习俗信仰、价值观念、审美情趣等文化因素,这或许就是饮食文化得以成形的原因。

第二节 主要面食文化

从普及程度来看,我国面制食品主要有馒头、包子、面条、烧饼、饺子和油条等。

一、馒头

馒头(Steamed bun,Steamed bread)是我国最为常见的面食品之一,古称"蛮头",为"包子"的本称,别称"馍""馍馍""蒸馍"等。馒头是由面粉经酵母发酵、蒸制而成,是目前我国居民

(尤其是在我国黄淮以北的地区)消费的主要面食品。历经千年的传承与发展,馒头的品类也在不断的丰富。馒头按照形状不同分为圆馒头和方馒头;按地域不同分为北方馒头和南方馒头;按原料不同分为小麦馒头和杂粮馒头;按生产方式不同分为手工馒头和机器馒头等。馒头是目前国内主食产品中机械化程度、产业化程度和商业化程度最高的面制食品。完全手工制作的馒头几乎只存在于家庭厨房中。不过近几年九阳等小家电企业推出的家用自动馒头机将馒头机械化制作进一步推广普及开来。

馒头出现的准确时间尚待考证。但中国人吃馒头的历史,至少可追溯到战国时期。《事物绀珠》记载"秦昭王作蒸饼",后世萧子显在《齐书》中亦有言,朝廷规定太庙祭祀时用"面起饼",即"入酵面中,令松松然也","面起饼"可视为中国最早的馒头。

关于诸葛亮与馒头的渊源一直广为流传。《三国志》中有"诸葛亮平蛮回至泸水,风浪横起,兵不能渡,回报亮。亮问,孟获曰:'泸水源猖神为祸,国人用七七四十九颗人头并黑牛白羊祭之,自然浪平静,境内丰熟。'亮曰,'我今班师,安可妄杀?吾自有见。'遂命行厨宰牛马和面为剂,塑成假人头,眉目皆具,内以牛羊肉代之,为言'蛮头',奠泸水,岸上孔明祭之。祭罢,云收雾卷,波浪平息,军获渡焉。"而《七修类稿》记载:"馒头本名蛮头,蛮地以人头祭神,诸葛之征孟获,命以面包肉为人头以祭,谓之'蛮头',今讹而为馒头也。"

唐宋以后,馒头也有无馅者。至清代,馒头的称谓出现分歧:北方谓无馅者为馒头,有馅者为包子;而南方则称有馅者为馒头。

到目前为止,比较有名的馒头有金华大酵馒头、山东戗面馒头、高庄馒头、阜阳枕头馍等。其中金华大酵馒头,简称金华馒头,历来是浙江金衢盆地大众喜爱的传统笼造面食,为祭礼供奉、喜庆筵宴、过节馈赠必备食品,是一种以酒酿发酵的浙江著名传统美食。其形如圆丘状,平底圆顶,特点是造型丰满,端庄美观,面团发酵极其充分,酵孔非常细腻,白细如雪,面有银光,皮薄如纸,入口松爽滋润,富有咬劲,不粘牙,精美可口,极易消化。其膨胀弹性之强,常令初识者瞠目结舌,为之称奇叫绝。如将一只大酵馒头握入掌中,手一张,馒头立刻像海绵似地恢复其原貌,故素有"金华明珠"之誉。

戗面馒头是山东的特产,个头大、表面洁白有光泽,入口筋道,越嚼越香甜。其特点是在制作过程中增加了独特的戗面过程,把切好的馒头剂子逐个加干面粉揉面,边揉边加干面粉,面粉吸收了面团里的水分,加上长时间的揉面,增加了面团的硬度,赋予了面团层次。揉完后放一边醒着;醒好后揉匀、慢慢揉圆,搓成馒头形状,再醒 10～20 min;醒好的馒头装锅,盖上锅盖,大火烧开;水烧开后,大火蒸 30 min 左右。出锅的馒头个个有层次,吃起来有嚼劲、筋道,越嚼越香。

按照市场上的生产工艺和售卖方式,馒头主要有两大类:一类是现蒸即食馒头,主要由社区的各类馒头坊、部分超市生鲜档口以及主食连锁店等采用小型机械,非连续生产。即食馒头最大的优势在于即蒸即卖,最大限度地保证了馒头的口感和新鲜度,是目前馒头市场最主要的商业运营模式。另一类是速冻馒头,主要由速冻工厂、主食厨房等集约化程度较高的企业采用大型机械,连续生产。因为生产和销售环节有长时间的间隔,因此,速冻馒头需要冷冻、冷藏后包装售卖。速冻馒头最大的优势在于自动化程度高,有些已经使用醒蒸一体设备,成本优势比较明显,食品安全环节也容易把控。速冻馒头的不足之处在于产品普遍需要复蒸,馒头的口感和质构会随着时间的延长和复蒸次数的增加明显下降。

现代食品科技助力馒头工业化发展。馒头不仅在种类上不断丰富,在花式上也呈现多样化，速冻技术、生物技术和现代化的设备等让馒头工业更上一层楼，让人们随时可以享用各种美味的馒头和由馒头加工的休闲食品。

二、包子

包子(Steamed stuffed bun)作为一种传统的发酵面食，是当今中国老百姓主食消费的重要产品之一，其面皮本身既具有中华传统发酵面食易消化和好吸收等特点，馅心则融合了中华烹饪菜系口感佳、营养全和风味足的优势。包子的历史悠久，其成名是在五代之时。《清异录》说，“五代汴梁闾阖门外有‘张手美家’食馆，以卖节令食物为主，伏日有一款‘绿荷包子’”。盛唐时期包子叫“毕罗”。在唐代，毕罗作为一种小吃盛行，种类齐全，馅料丰富，有“樱桃毕罗”“天花毕罗”“蟹黄毕罗”等。所谓“毕罗”，史书记载：内有馅能蒸而食之和烤而食之。宋朝经济繁荣，文化昌盛，商贾云集，是封建史上经济最好的朝代，也为包子提供了良好的发展环境。《梦粱录》记载，宋代临安城中有羊肉馒头、糖肉馒头、鱼肉馒头、蟹肉馒头等。

在宋朝，包子种类和花样繁多，但是包子和馒头却依旧密不可分。在宋朝人眼里，馒头和包子是指同一样东西，无非有的时候强调一下有没有馅料罢了。到清朝，人们才将馒头和包子的称呼彻底分清。《乡言解颐》中说：“腊月望后，便蒸馒头，分为有馅、无馅两种。”在《素食说略》里有记载：“以发面蒸之，曰蒸馍，俗呼馒头；以发面实蔬菜其中蒸之，曰包子。”

随着当今人们生活和工作节奏的加快，包子很好地迎合了饮食方式的快捷化、多样化和便利化。包子的种类也得到了进一步的丰富和发展，从面皮的发酵程度分为发酵类、半发酵类和非发酵类；从馅心的类别分为甜馅类、咸馅类和复合馅类；从区域的不同分为北方包子和南方包子。

到目前为止，消费者耳熟能详的包子有天津狗不理包子、北京庆丰包子、开封灌汤包、杭州小笼包、广州叉烧包、云南破酥包等。狗不理包子是天津的一道闻名中外的传统小吃，该小吃由面粉、猪肉等材料制作而成。狗不理包子始创于公元 1858 年(清朝咸丰年间)，至今已有 160 多年历史。该小吃为“天津三绝”之首，是中华老字号之一。狗不理包子的面、馅选料精细，制作工艺严格，外形美观，特别是包子褶花匀称，每个包子都不少于 15 个褶。刚出笼的包子，鲜而不腻，清香适口。狗不理包子以鲜肉包为主，兼有三鲜包、海鲜包、酱肉包、素包子等 6 大类、98 个品种。2011 年 11 月，“狗不理包子传统手工制作技艺”项目被列入国务院公布的第三批国家级非物质文化遗产名录中。

随着酵母研究的发展和社会的进步，包子行业也取得快速发展，一大批包子连锁企业应运而生。如上海的巴比馒头、广东的酷比爽味包、南京的和善园、无锡的青露、深圳的三津汤包、佛山的古老东方、爱尚里汤包等。其中上海的巴比馒头 2021 年成功上市，小包子成就了大事业。

三、馄饨

馄饨(Wonton)是起源于中国的一道民间传统面食，用薄面皮包肉馅，下锅后煮熟，食用时一般带汤。西汉扬雄所作《方言》中提到“饼谓之饨”。馄饨是饼的一种，差别为其中夹肉馅，经蒸煮后食用；若以汤水煮熟，则称“汤饼”。古时国人认为这是一种密封的包子，没有七窍，所以称为“浑沌”。依据中国造字的规则，后来才称为“馄饨”。

我国很多地方有冬至时节吃馄饨的习惯。《燕京岁时记》云：“夫馄饨之形有如鸡卵，颇似天地混沌之象，故于冬至日食之。”实际上“馄饨”与“混沌”谐音，故民间将吃馄饨引申为打破混沌，开辟天地。后世不再解释其原义，只流传所谓“冬至馄饨夏至面”的谚语。另外，民间还有一种说法，相传春秋战国时期，绝代美女西施在越国战败后被吴王夫差虏获，在当年冬至日做一美食，名曰“馄饨”，深得夫差喜爱并得以传入民间，流传至今。

我国南方北方都吃馄饨，只是做法不同。北方馄饨的做法各式各样，主要是像水饺一样；但南方馄饨却有独立的风格，名号繁多，制作各异，鲜香味美，成为南方人民喜爱的著名小吃。

到目前为止，著名馄饨有成都龙抄手，其抄手皮薄馅嫩，味美汤鲜；重庆市的过桥抄手，包捏讲究，调料多种；上海市老城隍庙松运楼的三鲜馄饨，馅料讲究，薄皮包馅，味鲜色美。尽管馄饨的做法繁多，但煮馄饨的标配通常是清汤（或肉骨汤）加少许配菜，最重要的是不能加上色的调料（如老抽酱油和生抽酱油）。

四、饺子

饺子（Dumpling）原名“娇耳”，是我国的传统面食。每年农历冬至这天，吃饺子是我国北方地区家家户户必不可少的时令习俗。饺子由馄饨演变而来。古时有“牢丸”“扁食”“饺饵”“粉角”等名称。

谚语云“十月冬至到，家家户户吃水饺”。北方有“冬至饺子夏至面”的说法。这种习俗是因纪念“医圣”张仲景冬至舍药留下的。张仲景曾任长沙太守，辞官回乡为乡邻治病。其时正值冬季，他看到不少人的耳朵都冻烂了，便让其弟子在南阳东关支起大锅，在冬至那天舍“祛寒娇耳汤”，医治百姓冻疮。他把羊肉、辣椒和一些祛寒药材放在锅里熬煮，待煮熟后捞出切碎，用面皮包成耳朵样，再下锅用原汤煮熟，分给来求药的人，每人两只“娇耳”，一大碗肉汤。人们吃了“娇耳”，喝了“祛寒汤”后，浑身暖和，两耳发热，冻伤的耳朵都治好了。后人学着“娇耳”样子，包成食物，也叫“饺子”或“扁食”。至今，南阳乃至周边地区仍有“冬至不端饺子碗，冻掉耳朵没人管”的民谣。

时至今日，人们赋予饺子更多的含义。除夕之夜吃饺子，以谐音取“更岁交子”的意思，寓意团圆福禄。为了讨吉利，过新年时，人们还往往把糖、花生、硬币等一起包入饺子内，寓意新年日子甜美、长寿健康、财运亨通等。

饺子，作为老百姓喜爱的食品，从家庭制作到店面制作，再到速冻食品制作，也产生了不同配方和工艺。最常见的饺子有水饺、煎饺和蒸饺。水饺即用水煮着吃的饺子；煎饺是用油煎着吃的饺子；而蒸饺是蒸着吃的饺子。目前蒸饺和煎饺已走进了快餐店。行业代表有三全、思念、紫米食品和标点等。

根据饺子的生产方式分为家庭水饺和速冻水饺。家庭水饺从和面、调馅、包制到最后的煮熟都是人工完成的，中间不需要速冻或者冷藏保存。而速冻水饺从和面、机器装馅、成形、速冻、包装、冷冻保存等一整套完整的生产线都是靠机器完成的，可在冷冻条件下存放较长时间。

影响饺子品质的因素有面粉粉质特性、饺子制作过程中的揉面时间、面团的醒发、饺子馅的调制和速冻工艺等。随着人们对高质量饺子的需求增加，促使制粉企业从原来生产普通粉到现在生产饺子专用粉来满足包饺子的要求。

除了饺子皮外，饺子最重要的特色还体现在其馅料上。馅料调制的好坏将直接影响到饺子的质量和口味。要制作出各种风味不同的饺子，关键是要掌握好各种馅料的调制方法。在调制不同饺子馅料时，应注意掌握各种不同原料的性质和特点，并采取不同的加工和调制方法，最终达到所需的口感和风味。

五、面条

面条(Noodle)是东方饮食的重要组成部分。在先秦时期，中国面条及其文化处于萌芽时期；到汉代，中国面条及其文化进入发展的昌盛时期。在中国，最初所有面食统称为饼，其中在汤中煮熟的叫“汤饼”，即最早的面条。汉刘熙《释名·释饮食》中有“索饼”；北魏贾思勰《齐民要术》中记有“水引饼”，是一种一尺一断，薄如“韭叶”的水煮食品；唐朝又有称为冷淘的过水凉面；宋朝市场上的面条品种已达10种之多，丰富多彩，有插肉面、浇头面等；元朝出现了可以久存的挂面；明朝有制作技术高超的拉面；清朝乾隆年间又有经过煮、炸后，再加入菜肴烧焖而熟的伊府面，这些都是中国历史上有名的面条制品。

面条是一种制作简单，食用方便，营养丰富，既可作主食又可作快餐的健康保健食品；既可搭配各种食材，又能容纳万千滋味，因此广受中国老百姓的喜爱，甚至被世界人民接受和喜爱。比如庆祝生日时吃的长寿面、国外的香浓意大利面等。

中国有很多关于面条的俗语，体现着浓浓的节气文化韵味。如“冬至饺子夏至面”“吃了夏至面，一天短一线”等。据《荆楚岁时记》中说：“六月伏日进汤饼，名为避恶。”这里的恶，即疾病和污秽。古代人最初的本意可能是因为三伏天蚊虫菌类多，饮食多不洁，易患肠道疾病，故而推荐民众以煮食的“汤饼”即面条为宜，毕竟在当时这可能是最洁净也最易普及的食品了。不过这种习俗随着物质的丰富和社会的发展，也被赋予了新的寓意。

不同地方的人们根据当地饮食习惯和面条加工方法，将面条的品种及风味发展到极致。面条由于制条、调味、粗细的不同，从而使中国各地出现了数以千计的面条品种。常见的面条有山西刀削面、猫耳朵、饸饹、剔尖、拨鱼、栲栳栳和不烂子等；北京炸酱面；河北麻酱面；山东打卤面；陕西油泼面、岐山臊子面、蘸水面、扯面和浆水面等；河南烩面、糊涂面条、手工面叶、浆面条、炝锅面、卤面等；兰州拉面；东北冷面、烤冷面；上海阳春面；江苏鱼汤面、虾油面、鱼汤鳝丝面等；浙江杭州片儿川、葱油拌面、虾爆鳝面等；湖北武汉热干面、襄阳牛肉面；安徽板面、魏王面；福建福州线面、沙县拌面、厦门沙茶面、莆田妈祖面等；广东广州馄饨面、竹升面；香港捞面(不同于北方捞面)、车仔面、虾子面等；重庆小面；四川担担面、豆花面、燃面、铺盖面；贵州豆花面，等等。此外，国外有名的面条如意大利面、通心粉(通心面)；日本乌冬面、日本拉面等。

按含水量的多少，可以将面条分为鲜面、鲜湿面(半干面)、冷冻面和挂面。按照是否发酵，可以将面条分为普通面条和发酵空心面条。在央视《舌尖上的中国Ⅱ·心传》栏目播出张爷爷手工空心挂面后，发酵空心面这一传统面条食品迅速火遍全国，受到国人青睐。很多地方已经将这种传统的手工技艺列为省、市等非物质文化遗产。

发酵空心面又被称作“三醒面”，使用的原料有面粉、食盐和水，部分地区还会添加少量的菜籽油。独特的发酵工艺赋予此类面条特有的风味特色，如光洁度好、耐煮、不浑汤等。中孔的存在又能很好地吸附汤汁，入味更深，回味更长。同时，酵母等微生物的存在，又赋予空心挂面松软的口感、细腻的组织、丰厚的口味等。发酵空心面有效地降低了面制食品中的植酸含量，促进身体对钙、铁、锌等微量元素的吸收。除此之外，酵母本身含有的丰富蛋白质、碳水化合物、脂肪以及多种维生素、矿物质又进一步丰富和提高了空心挂面的营养价值。

六、馓子和油条

我国油炸食品的历史非常悠久。春秋战国时期，寒食节禁火时食用的“寒具”即为馓子。我国著名爱国诗人屈原的《楚辞·招魂》篇中，就有“粔籹蜜饵，有餦餭兮”的句子。北魏贾思勰的《齐民要术》详细记载了三国两晋南北朝时期寒具的制作方法。不过，那时的馓子大多是用大米粉为原料制作而成的。随着小麦的大面积种植和石磨的应用，小麦粉逐渐开始用于制作馓子。馓子通常是将醒好的面团搓成长条，再缠绕多圈后油炸而成。

油条(Fritters)是我国传统的面制食品之一，尤其在油炸面制品里面更是首屈一指，以其酥脆的口感、蓬松绵软的组织和金黄的外表深受中国老百姓的喜爱，是为数不多的不受地域、民族等因素限制的油炸食品，广泛分布于我国的大江南北，极具普遍性，甚至是有些地区早餐食品的必备品，可以说是国民小吃了。据不完全统计，我国每年用于制作油条的面粉至少在一百万吨以上。经过数千年的传承与发展，油条已经成为我国传统面食的重要品类之一。

说起油条，民间还有一种说法就是油条最初被叫作“油炸桧”。相传南宋奸相秦桧将精忠报国的岳飞害死在风波亭。消息传开来，临安的老百姓个个义愤填膺。当时，在从安桥河下有两个卖面食小吃的商贩觉得非常愤怒，想来想去他们想到了一个办法，就从面板上弄了两个面疙瘩，揉揉捏捏，捏成了两个面人。一个吊眉无赖，一个歪嘴刁婆。他们用面刀在面人身上划了几刀，然后将那两个面人背对背地黏在一起，丢进滚烫油锅里去炸。一边炸面人，一面吆喝道：“大家来看油炸桧啰！大家来看油炸桧啰！”过往行人听见“油炸桧”，觉得新鲜都围拢过来。大家看着油锅里有这样两个丑人，被滚油炸得吱吱响，就明白是怎么回事了，也都跟着喊起来：“看呀看呀，油炸桧啰！看呀看呀，油炸桧啰！”“油炸桧”逐渐在临安传播开来。后来就用了简便的方法，用刀切成许多小条，取两根用棒儿一压，扭在一起，放到油锅里去炸，仍旧叫它“油炸桧”。后来，因为油条味道鲜美，并且价钱也便宜，所以吃的人就越来越多。一时间都学着做起来，并渐渐地传到了外地。天长日久，就把这些长条条称作了“油条”。

油条在不同地区叫法不一。在福建闽南等地称为“油炸鬼”；在潮汕地区称为“油炸果”；在安徽地区称为“油果子”；在浙江地区称为“天罗筋”(“天罗”即丝瓜，老丝瓜干燥后剥去壳会留下丝瓜筋，其形状与油条极像)。

在很多人的记忆里，排队买油条也是非常享受的过程。看着面团在锅里翻滚、膨胀，从一小块面变成胖乎乎的大油条，吃到嘴里香脆可口，外酥里嫩，幸福感和满足感油然而生。

随着技术的进步和社会的快速发展，油条行业也呈现出了巨大变化。由以前小作坊式的生产到现在大型速冻食品厂的工厂化生产。如现在的千味央厨、三全等一批大型的速冻食品厂都生产速冻熟坯油条。速冻熟坯油条顾名思义就是将油条炸熟不上色，冷却以后进行速冻，这种油条的特点是继承了传统油条的风味，食用方便，产量大，安全卫生，能大量供应，也节约了人力成本。

油条的形状和品种也丰富多样，主要类型有传统长条形、元宝油条、茴香小油条、火锅油条和油馍头等。元宝油条、火锅油条以精致的造型和独特的外观和特殊的口感，已经走上了人们的宴席餐桌，深受人们的喜爱。传统的油条主要是咸味油条为主。油条的吃法也多种多样，除了泡豆浆、泡糖水、涮火锅外，还有包饺子、包糍粑、鸡蛋灌油条等新式吃法。

油条作为我国传统的面制食品之一，市场容量大、发展空间大，有广泛的消费群体。

七、月饼

月饼(Mooncake)是中国汉族传统美食之一，又称月团、小饼、丰收饼、团圆饼等。月饼的产生与中秋节息息相关。中秋节最早源于古人的敬月习俗。中国的传统历法主要是靠观察月亮盈亏来计算的，月亮对于农业社会的人们是如此重要，以至于被当作“夜明之神”来祭拜。“中秋”一词最早见于《周礼》“中秋迫夜寒”。我国古代在每年庄稼收割的八月，人们都要举行祭月的仪式，以祈祷丰收。东汉《礼记》中言道：“天子春朝日，秋夕月”“夕月”即指当时帝王“秋天祭月”的一种特殊礼制。据史书记载，秦汉之前，帝王就有“春天祭日、秋天祭月的礼制”。魏、晋至唐代以来，皇亲国戚和达官显贵们逐渐将祭月礼制进一步深化，把“祭月”与“赏月”融为一体，每年月到“中秋”，帝王“对酒当歌”，骚人“吟诗作画”。而月饼圆圆的造型，与中秋之月巧妙契合，寄寓团圆、美满之意，寄托着对美好未来的期望。

到了宋代，中秋赏月之风更盛。北宋皇家中秋节喜欢吃一种“宫饼”，民间俗称为“小饼”“月团”。苏东坡有诗云：“小饼如嚼月，中有酥和饴。”宋代的文学家周密，在记叙南宋都城临安见闻的《武林旧事》中首次提到“月饼”之名称。南宋吴自牧的《梦粱录》一书中也有“月饼”一词的出现。但对中秋赏月吃月饼的描述，则是出现在明代田汝成的《西湖游览志会》中：“八月十五日谓之中秋，民间以月饼相遗，取团圆之义。”此后中秋吃月饼才在民间逐渐流传。当时心灵手巧的饼师，把嫦娥奔月的神话故事作为食品艺术图案印在月饼上，使得月饼逐渐成为中秋节的必备食品。祭拜之后，全家老少分吃，如有家人未归也要留下一角，以示全家团圆。

清代月饼的制作工艺有了较大提高，品种也不断增加，供月月饼到处皆有，月饼的记载也比比皆是。如清代诗人袁景澜的《咏月饼诗》、杨光辅的《淞南采府》、袁枚的《随园食单》中均有提到。

经过历史的演变，月饼的种类已经极大丰富了。目前，依据受西方饮食文化的影响程度，将月饼分为传统月饼和非传统月饼。传统月饼又有四大派别，即广式月饼、潮式月饼、苏式月饼和京式月饼。非传统月饼的油脂及糖分较低，注重月饼食材的营养及月饼制作工艺的创新，外形上热衷新意，追求独特，同时在口感上不断创新，更符合现代人对美食与时俱进的追求。常见的非传统月饼有法式月饼、冰皮月饼、冰激淋月饼、果蔬月饼、海味月饼、纳凉月饼、椰奶月饼、茶叶月饼、杂粮月饼、榨菜月饼、象形月饼和保健月饼等。根据产地不同，月饼可分为京式月饼、晋式月饼、广式月饼、滇式月饼、潮式月饼、苏式月饼、台式月饼、港式月饼、徽式月饼、衢式月饼和秦式月饼等；按口味不同分为甜味月饼、咸味月饼、咸甜味月饼、麻辣味月饼等；按馅心不同分为桂花月饼、梅干月饼、五仁月饼、豆沙月饼、玫瑰月饼、莲蓉月饼、冰糖月饼、白果月饼、肉松月饼、黑芝麻月饼、火腿月饼和蛋黄月饼等；按饼皮不同分为浆皮月饼、混糖皮月饼、酥皮月饼和奶油皮月饼等；按造型不同分为光面月饼、花边月饼等。

发展至今，人们已经赋予月饼丰厚的内涵。我们将东方式的“思亲”“思乡”“团圆”观念，同民族团结和国家统一融于一体。月饼已不单单是一种食品，而是一种文化，一种气氛，一种情结。

八、面发糕

糕(Cake)是以面粉、米粉为主要原料，再辅以白糖、食盐、猪油、植物油、果脯、杂粮、果馅等辅料，经蒸制或焙烤而成的食品。尤其是唐宋以后，糕的品种越来越多，糕的名字也是层出不穷。有的以用料为名，有的以形状为名，有的以地域为名等。唐代宰相韦巨源的宴会名录就曾出现七返膏(糕)、水晶龙凤糕、玉露团等糕点名称。

“糕”与“高”发音相同，因此自古被老百姓赋予了步步高升、蒸蒸日上的美好寓意。通常，糕被作成层状，一层比一层高，象征着日子红红火火、甜甜蜜蜜、年年高、步步高，糕成为很多节气和重要日子的吉祥食品。如春节的花糕、重阳节的重阳糕、闰月年的留娘糕等。

花糕是长江以北地区春节期间广泛制作的一种发酵面食。每当腊月二十以后，人们就开始忙碌着蒸过年的花糕了。蒸花糕所用原料主要是面粉和干枣。面粉一般采用当年收获的新鲜小麦磨成的面粉，以红枣做装饰。花糕整体造型生动，线条流畅，结构明朗，色彩丰富，绮丽雅致，情趣悦人，增强了春节喜庆的气氛，寄托了人们对新年新生活早早(枣)蒸蒸日上的美好愿望。

“留娘糕”也被叫作“闰月糕”。中国有些地方有“闰月年、留娘年”的说法。通常闰月年女儿会给自己的母亲送一个花糕，希望母亲全年健康长寿，顺顺利利。传说在很久以前，河南嵩山有一个姑娘非常孝顺。在某年闰月里，中原大地闹起了饥荒。姑娘就想到在平常的年景里，父母尚不能吃饱，今年又多出一个月，不知道他们该如何度过，日子肯定会更加拮据。于是，远嫁外地的她赶紧把自家仅剩的一点粮食搜罗起来做成了花糕，翻山越岭回家去探望双亲，千里送粮。故事传开，孝道称颂，由此以后每逢闰月年，当地就有了出嫁的女儿给父母送花糕的习俗。

通常留娘糕上一定要有13颗红枣，代表闰年的13个月，上有装饰用的面捏花、鸟、鱼、虫、中国节等万物形象。据民俗学家介绍，在我国黄河、淮河、长江流域很多地方都有闰月年送母亲“留娘糕”的风俗。至今仍有不少人在闰月年买“留娘糕”，不仅送给母亲，还会送给其他长辈。

南方较为有名的糕有广东地区的马拉糕。马拉糕是广东茶楼里常见的发酵面制点心之一。原是新加坡的马来族人爱吃的一种食品，原名叫“马来糕”，后传入香港、广东一带，才被广东地区称为“马拉糕”。正宗的马拉糕由面粉、鸡蛋、猪油、牛油混合发酵三日，最后放在蒸笼蒸制而成。马拉糕的特色之一是气孔有三层，顶层是直的，而底层是横的。通常制成大圆状，切成小块发售。马拉糕呈金黄色，新鲜时非常蓬松、柔软，带有淡淡的香味。若发酵足够，马拉糕的颜色会变成深褐色。

随着工艺的改进和工业化的发展，速冻马拉糕也有了很大的市场。马拉糕的品种也多种多样，有红糖、南瓜、黑米等口味。安琪酵母股份有限公司为了简化制作各种糕的制作方法和工艺，研发了各种糕类的预拌粉，有桂花糕预拌粉、米发糕预拌粉、红糖糕预拌粉、马拉糕预拌粉等。这类预拌粉可以简化传统做糕的烦琐工序，只需要严格按照操作流程操作就可以做出满意的糕产品。

九、馕

馕(Baked nang，Pancake)被称为维吾尔族大饼，是维吾尔族饮食文化中具有代表性的传统主食。馕不仅伴随着维吾尔族世世代代的生存发展，也被赋予了民族历史发展的烙印，同时还彰显着维吾尔族文化魅力以及深刻的文化内涵。

有人说馕一词源于波斯语，曾广泛分布于阿拉伯半岛、土耳其、中亚和西亚诸国，是维吾尔族、哈萨克族、柯尔克孜族等民族的传统食物。而馕出现的时间目前尚待考证。但据史料记载，维吾尔族烤馕的历史已有 2 000 余年。最初他们称馕为“俄可买克”。伊斯兰教传入新疆维吾尔自治区后才有了“馕”的称呼，后由维吾尔族将馕发扬光大起来。

维吾尔族先民回鹘人西迁后的喀喇汗王朝时期，因独特的地理环境成为东西方文化的枢纽、丝绸之路的要塞，商品贸易日益繁荣。可以想象得出，当时的人们在享受商品贸易的同时，也服务奉献于商品贸易。在这一过程中，馕便开始凸显出越来越重要的作用与地位。

馕的形状多种多样，口味千差万别。根据大小不同，馕分为最大的馕与最小的馕；就形状而言，馕有香蕉形、葡萄形、蛇形、鸟形、鱼形、鳄鱼形等，还有按照维吾尔民族乐器“热瓦扑”形状打制的，种类多达上百种；按照制作的原料划分，馕可分为面馕与馅馕；按照制作方法划分，馕可分为大麦和荞麦混在一起打制的馕、发酵后形成的馕、在油中煎制而成的馕、几层薄面重叠压制后烤制的馕、蒸馕和焖馕等。现在的馕多为圆形，经烤制而成，表皮金黄色。

传统的馕都是用馕坑焙烤而成，炽热的火焰将泥土的气息与小麦芳香融合，散发出绵延而悠长的焦香，最接近粮食本质和食物原色，使得馕简单、地道、本色，充分体现了粮食之美。

关于馕还有着很多故事和传说。相传唐僧师徒四人西天取经的途中路过火焰山，也就是现在的新疆吐鲁番地区，而师徒四人正是以馕饼为食物才得以走出火焰山。还有维吾尔族劳动模范库尔班大叔骑着毛驴去北京见毛主席的感人故事，当时库尔班大叔给毛主席准备的礼物中就有他亲手打出来的馕。小小的馕承载了一位维吾尔族老人爱国爱党之情。

在新疆，打馕的师傅可以称得上身怀绝技，不论严寒酷暑，他们都会盘坐在馕坑旁，向火热的馕坑探下去半个身子将馕饼贴在馕坑内壁上，待馕被烤熟后再用火钩子将馕取出，一系列动作一气呵成，仿佛天生就是为打馕而生的。除此之外，每个打馕的师傅打出的馕饼无论是从口感上，还是在形状上都有着不小的差别。有的像甜甜圈，有的像小面包，还有的大如车轮。馕上面还刻着精美的图案，但这些图案也代表着每一位馕饼师傅独有的打馕技术，人们在购买馕饼的时候只需要看一下馕饼上的图案就知道这是谁打的馕。

随着新疆维吾尔自治区大力推进馕产业的发展，馕产业已经由过去零散化、小规模经营走向了精细化、规模化发展之路。随之而来的是馕饼这一特色产业带动着农业、旅游、交通运输、生产制造等多行业的发展，可以说小小的馕饼让新疆的人民都富裕起来。自治区各地的馕产业园区大力宣传“馕文化”，产业园区不仅有馕的生产加工区，还有馕的文化展示区、体验区，让旅游者或消费者可以直观地了解馕的历史和发展。馕已经成为新疆的一张特色名片。

十、春饼和春卷

春饼(Spring cake，Spring pancake)是用面粉加水烙制或者蒸制而成的一种薄饼，通常卷菜肴而食，是我国北方地区立春时节的应季食物。

立春是二十四节气之首；立，是“开始”之意；春，代表着温暖、生长，是万物开始生发的节点，自古备受我国民众的重视。汉代崔寔《四民月令》中就有“立春日食生菜，取迎新之意”的记载；明代刘若愚《酌中志·饮食好尚纪略》中说到：“至次日立春之时，无贵贱皆嚼萝卜。”清代富察敦崇《燕京岁时记》亦说：“打春即立春，是日富家多食春饼，妇女等多买萝卜而食之，曰‘咬春’，谓可以却春困也。”

春饼作为立春的应季食物蕴含着喜迎春天、祈盼丰收之意。这道食物有着浓厚的迎春之意。唐代“诗圣”杜甫有诗名为《立春》，开头即写道：“春日春盘细生菜，忽忆两京梅发时。”里面所讲的“春盘”即为“春饼”的古称，当时的人们在立春日取韭菜、薄饼等置于盘中卷食，寓以迎新之意。清代袁枚也曾形容过南京当时的春饼：“薄如蝉翼，大若茶盆，柔润绝伦。”现如今的春饼一般是两张叠放，食用时常常和豆芽、菠菜、韭黄、粉线等炒成的合菜一起卷而食之。春饼看似简单，但却能容纳万千，包容万物，蕴含着深刻的处世哲学。

春卷是我国南方地区立春时节的时令食品，又称春饼、春盘、薄饼，与春饼同源同宗。只是因为地理环境、人文风俗的不同，在形式上与春饼有所差异。春卷皮的制作工序稍显复杂，经由醒面、制皮、制馅、卷叠、炸制等环节。制作春卷时，要求制作者有很高的和面技术，和面不能太散，也不得太稀，以手能抓住面糊、手心向下而面糊不下滑为宜。经炸制后的春卷皮薄、香、酥脆，别具风味。

无论是春饼还是春卷，在现代人的记忆里更多的是寄予“一年之计在于春”的美好祝愿，体味的是那份情愫，那份春之吉兆，意图吉祥。

第三节　面食艺术

艺术是借助一些手段或媒介塑造形象、营造氛围来反映现实、寄托情感的一种文化。语出《后汉书·伏湛传》：“永和元年，诏无忌与议郎黄景校定中书五经、诸子百家、蓺术。”这里“蓺”即“艺”，古代主要指六艺以及术数方技等各种技能，现代艺术的内容和含义则更加丰富、多元化。

在华夏文明长达五千年的历史长河中，面食作为中华饮食文化的重要组成部分也顺时而变，应运而行。其作用已不仅仅是一种生理上的需求，而是由最初的饱腹功能逐渐被赋予了更多的文化内涵，具有了文化艺术的美学价值和哲学意义。

一、面道

中国饮食的独特魅力不仅在于它的口味精美，还在于它给了人们视觉、味觉、触觉上的综合享受，同时还兼具社交功能、文化功能和精神信仰的作用。中国自古就有将饮食“艺术化”的趋势。孔子曾有言曰：“食不厌精，脍不厌细。”《晏氏春秋》中说：“和如羹焉。水火醯醢盐梅，以烹鱼肉，焯之以薪，宰夫和之，齐之以味。”古人还提出了“十美风格”的饮食标准，讲究味、色、香、质、形、序、器、适、境、趣的和谐统一，将对美食的美味享受升华到了精神文化的情趣需求。

这一点体现在诗词歌赋以及专业的饮食书籍中，如《诗经》《周礼》《礼记》《饼赋》《齐民要术》《四民月令》《荆楚岁时记》《食经》《烧尾宴食单》《酉时杂俎》《太平广记》《东京梦华录》《山家清供》《本心斋疏食谱》《梦粱录》《饮膳正要》《王祯农书》《云林堂饮食制度集》《五杂俎》《天工开物》《宋氏养生部》《本草纲目》《食物本草》《闲情偶寄》《随园食单》《养小录》《调鼎集》《素食说略》《随息居饮食谱》《调疾饮食辩》和《食宪鸿秘》等。

现代人用“精、美、情、礼”四个字来概括饮食的基本内涵；反映饮食活动过程中饮食品质、审美体验、情感活动、社会功能、艺术情趣。同样在面食中精与美体现了面食产品的形、色、观，而情与礼，则表达了面食的精神需求、社会功能和艺术情趣。“精、美、情、礼”既单独存在，各得其所，又彼此相容，相得益彰。唯其“精”，才能有其“美”；唯其“美”才能发乎“情”；唯其“情”，才能合乎“礼”，环环相生，完美统一，由此造就了面食的文化艺术。

历经千年的岁月长河，中华面食不断传承、创新、发展，形成了自己独特的造型艺术形态，最具代表性的有面塑、花馍、象形面点等。

二、面塑

面塑，俗称面花、礼馍、花糕、捏面人、花馍、乡花，于史前诞生，并历经千年延续至今。徐璐在《关中面花文化内涵追溯》中写道，关中面花的起源有三种说法：第一种是女娲造人时的塑造意识；第二种是用面塑的形象代替上古时期的金石礼器、图腾演化；第三种是起源于民间祭祀活动中用面塑动物来代替宰杀牛羊等动物的习俗，记载于唐朝封演的《封氏闻见记六》中。

面塑是指以面粉、糯米粉、甘油或澄面等为原料制成面团后，用手和各种专用塑形工具捏塑成花、鸟、鱼、虫、景物、器物、人物和动物等具体形象的手工技艺。面塑是中国文化和民间艺术的一部分，也是研究历史、考古、民俗、雕塑和美学不可忽视的实物资料。面塑广泛分布于我国的山东、河南、山西、陕西、上海、甘肃、北京、天津和河北等地，很多地方的面花艺术被评为国家级、省、市级非物质文化遗产。该艺术充分展示了民众的审美情趣和艺术才能，使蕴含在民间习俗中的文化传统得到传承和彰显。

最早的面塑与民间祭祀活动有关。用面塑动物形象代替宰杀牛羊祭祀，初期流行于我国以面食为主的北方，后来逐步向其他地区传播发展。从新疆吐鲁番阿斯塔那唐墓出土的面制人俑和小猪，距今已经有 1 300 多年历史了。后来面塑越来越多地用于节日、时令、婚丧嫁娶和寿辰等重大活动以及重要日子。发展到今天的新派面塑艺术，则大胆地进行了风格的创新、技法的提升以及适用场景的拓展，把面塑艺术推向了更高层次的发展阶段，使面塑作品更重实用，应用范围更广，观赏价值更高。南宋《东京梦华录》中有捏面人记载：“以油面糖蜜造如笑靥儿。”那时的面人都是能吃的，谓之为“果食”。各地不同的风土人情和礼俗讲究使得面塑艺术具有了鲜明的地域特色和丰富的表现形态。就其捏制风格来说，黄河流域比较古朴、粗犷、豪放；长江流域则偏向细致、优美、精巧。面塑讲究“一印、二捏、三镶、四滚”，经过面塑艺人长期的摸索，发展至今，面塑作品已经可以做到不霉、不裂、不变形、不退色。现在通常所说的面塑主要是指用于收藏的面塑，一般用精面粉、糯米粉、盐、防腐剂、色素及油脂等制成。

三、花馍

花馍是指用于食用的面塑，多使用面粉、淀粉、果蔬、杂粮等制作而成。根据地域和风格的不同又有菏泽面塑、霍州面塑、忻州面塑、绛州面塑、上海面塑、河南面花、山西面花、关中面花和胶东花饽饽等。

“莱”字，原作“来”，就是“小麦”的意思。“莱州”的含义就是“麦子之州”。山东莱州以及以此为中心的胶东地区是中国小麦最早的种植地区，悠久的小麦种植历史形成了一系列的社会活动和风俗习惯，造就了富有特色的麦作文化。胶东花饽饽主要流行于我国胶东地区的文登一带，是一种源自民间，生长和扎根于百姓生活，具有浓厚乡土气息的面食艺术，最能表达胶东人质朴的感情和精神内涵。胶东花饽饽以面为原料，用简单的工具捏塑成千姿百态的人物、活灵活现的动物、鲜艳美丽的花草树木等。胶东花饽饽的特点是表面光亮、造型简练夸张、用色大胆泼辣，有着浓厚的乡土气息，多用于时令节气和场景，如清明节的燕子归来；三月初二的龙母寿诞；六月初八的龙王寿诞；七月七的牛郎会织女等。

胶东人过年，家家户户都要蒸大枣饽饽。饽饽表面挑出鼻，插入红枣。枣饽饽用来供奉祖先、财神、菩萨等天地众神。过年还要蒸元宝、圣虫、刺猬等花饽饽。元宝主要用于供奉财神，希望来年生意兴隆、财源不断。圣虫放在粮囤面桶当中，直到农历二月二才分给孩子们食用。圣虫的“圣”取其谐音“剩”，意为剩余，寓意五谷丰登、年年有余。刺猬口含红枣，满身硬刺，非常可爱，放在米柜面缸中、钱柜衣橱里，祈求财物增多、用之不尽。

正月十五元宵节也是灯节，家家户户用豆面捏面灯。灯座捏成十二属相或者其他造型，生动多样。面灯点燃后放在锅台、粮囤等处，祝愿生活蒸蒸日上。

清明节捏燕子寓意春天来了，万物复苏，燕子归来，表达人们对美好生活的向往。胶东还有一个习俗就是姑娘新婚后的第一个农历三月三，要从娘家带一篮面花春燕回婆家，表示燕子归巢，并有白头偕老、家庭安乐的吉庆意思。

文登沿海一带的渔民还有祭祀海神的风俗。每年谷雨时节祭祀供奉海神、海神娘娘。人们尽心竭力制作了许多鱼身、蟹身、虾身等形态各异的花饽饽摆在供桌上。中央放一条大面鱼，象征富贵有余。两边各放五个一摞的大枣饽饽，周边放各种各样的面花。渔民们希望这些花饽饽等供品能保佑渔民出海一帆风顺、满载而归。

在婚嫁时，一般做喜饼、喜豆、鸳鸯戏水、龙凤呈祥、盆鱼、元宝、石榴、莲子等花饽饽来分享喜悦，表达对新人的祝福。

对于小孩子则有过百岁（百天）、过生日的风俗，尤其是孩子过第一个生日，非常重视。要制作虎头、句句、葫芦、元宝、橛、桃子和属相等花饽饽来祝贺，表达对孩子的关怀爱护之情。老虎头是小孩过生日用的，寓意孩子身体健康，虎虎生威。葫芦寓意孩子像葫芦一样长得快、健康，同时也希望宝葫芦将来能给孩子带来财富。过百岁、过生日还要做句句花饽饽，句句类似纺锤形状，上面用花草或动物点缀，有长命富贵之意。

盖房上梁等民间活动，主人家要制作元宝、老虎、圣虫、狮子、肥猪等花饽饽来供奉，表示恭请土神安家，保佑金梁永固。

四、象形面点

中国面食文化源远流长，中式点心品种繁多，形态丰富多彩，造型生动逼真。我国面点的成形手段主要有手工成形、印模成形、机器成形等，其中以手工成形为主。通过面点师的巧手捏塑成各种形状，力求简洁自然、形象生动，从而既能满足人们对饮食的欲望，又能使人们产生美感。从总体上看，面点的外形都有一定的共同特征。

1. 几何形态

面点造型大量采用几何形态，主要是模仿生活中的各种几何形状制作而成。又可分为单体几何形和组合式几何形。常见的单体几何形有圆形（汤圆和藕粉团子）、三角形（粽子）、梯形（粽子）、方形（方糕）、长方形（锅饼）、菱形（千层油糕）、几何体组合形（立体裱花蛋糕）等。

2. 象形形态

1）仿植物形。仿花卉的有蒸制品中的月季花、牡丹花等；油酥制品中的荷花酥、百合酥、海棠酥；水饺制品中的兰花饺、梅花饺等。仿水果的有酵面中的石榴包、寿桃包、葫芦包等；船点中的柿子、雪梨、葡萄、橘子、苹果等。仿蔬菜的有青椒、萝卜、蚕豆、花生等。

2）仿动物形。常见的有酵面中的刺猬包、金鱼包、蝙蝠夹、蝴蝶夹等；饺子制品中的蜻蜓饺、燕子饺、知了饺、鸽饺等；船点中的金鱼、玉兔、雏鸡、青鸟、玉鹅、白猪等。

3. 自然形态

采用较为简易的造型手法使点心在成熟过程中自然形成不规则的形态。如开花馒头、开口笑、宫廷桃酥、蜂巢蛋黄角和芙蓉珍珠饼等。

随着社会经济的发展，象形面点这几年也呈现出了蓬勃发展的态势。以中国粮油学会发酵面食分会为代表的社会团体，长期以来始终致力于中华发酵面食的普及和推广，依托安琪酵母股份有限公司，自 2010 年开始，先后举办了十届全国发酵面食产业发展大会和六届“安琪酵母杯”中华发酵面食大赛。其中“安琪酵母杯”中华发酵面食大赛已经成长为中华发酵面食领域唯一的、全球性的、最具影响力的赛事活动，吸引了来自中国台北、新加坡、印度尼西亚、菲律宾、马来西亚、越南、加拿大、奥地利、泰国等众多海内外选手，在东南亚地区乃至全球掀起了中华发酵面食的热潮，进一步落实和弘扬了习主席提出的劳动精神、劳模精神、工匠精神，在行业内形成了执着专注、精益求精、勇于创新、追求卓越的良好氛围。

面食艺术作品在彰显中国文化自信的同时，也推动了行业的发展，给面食生产技术的提高和研发创意的革新提供了源泉。第一届“安琪酵母杯”中华发酵面食大赛的冠军作品——猪头包，一经出现就吸引了大量食品生产企业的目光。猪头包憨态可掬、造型简单、活灵活现，既生动传神地展示了小猪可爱的形态，又简化了生产制作的难度，让象形产品有了从手工制作向机械批量生产转化的可能，打开了行业在象形面点制作方面的一扇窗，重新定位了部分手工制作食品的开发思路。

象形面点类产品在全国得到迅速普及和推广，出现了思念中华面点、三全卡通包等行业品牌，进一步满足了人民对美好生活的向往。时下代表性的人物有国宴大师之称的王志强，其代表作品有“熊猫戏竹”“冰山企鹅”“小鸡出壳”“花开富贵”等，制作的青苹果、红柿子等作品不但形真而且味似，在《舌尖上的中国》节目播出以后，让世人看到了象形面点艺术的新发展。

总之，面食发展到今天，原料在向健康化、天然化的方向发展；技法上呈现出兼收并蓄、传统为主、中西合用的态势；功能内涵上越来越多元化、融合化。小麦面食加工一方面响应健康中国、全民健康的国家规划，迎合民众对健康食品的需求；另一方面满足了老百姓对美好生活的向往和对精神文化艺术的追求。

思考题

1. 面食品和面食品文化的形成有什么联系？
2. 面食品艺术的形成原因是什么？

参考文献

[1] 王仁湘. 饮食与中国文化. 北京：人民出版社，1993.
[2] 杨帆. 馓子——古老的祭祀食品. 焦作日报，2015-03-31.
[3] 张惠. 我国近年来山西面食文化研究综述. 晋中学院学报，2015，32(5)：37-40.
[4] 赵中悦，王文军. 山西面食. 太原：三晋出版社，2010.
[5] 徐璐. 关中面花文化内涵追溯. 渭南师范学院学报，2009，24(3)：88-91.
[6] 陈洪华，李祥睿. 中式面点制作教程. 北京：化学工业出版社，2020.
[7] 隋继学，李淑荣. 速冻食品加工技术. 2版. 北京：中国农业大学出版社，2014.

（位凤鲁）